航天科技图书出版基金资助出版

空天高速飞行器异类操控技术

王　鑫　崔家山　仲　秦　编著

中国宇航出版社
·北京·

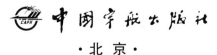

图书在版编目（CIP）数据

空天高速飞行器异类操控技术 / 王鑫，崔家山，仲秦编著. -- 北京 : 中国宇航出版社，2020.12

ISBN 978-7-5159-1875-4

Ⅰ.①空… Ⅱ.①王… ②崔… ③仲… Ⅲ.①超高音速飞行器－飞行控制－研究 Ⅳ.①V448.2

中国版本图书馆 CIP 数据核字(2020)第 243308 号

责任编辑　舒承东　　　**封面设计**　宇星文化

出　版
发　行　中国宇航出版社

社　址　北京市阜成路 8 号　**邮　编**　100830
(010)60286808　(010)68768548

网　址　www.caphbook.com

经　销　新华书店

发行部　(010)60286888　(010)68371900
(010)60286887　(010)60286804(传真)

零售店　读者服务部　(010)68371105

承　印　天津画中画印刷有限公司

版　次　2020 年 12 月第 1 版
2020 年 12 月第 1 次印刷

规　格　787×1092

开　本　1/16

印　张　12.5

字　数　304 千字

书　号　ISBN 978-7-5159-1875-4

定　价　108.00 元

航天科技图书出版基金简介

航天科技图书出版基金是由中国航天科技集团公司于2007年设立的，旨在鼓励航天科技人员著书立说，不断积累和传承航天科技知识，为航天事业提供知识储备和技术支持，繁荣航天科技图书出版工作，促进航天事业又好又快地发展。基金资助项目由航天科技图书出版基金评审委员会审定，由中国宇航出版社出版。

申请出版基金资助的项目包括航天基础理论著作，航天工程技术著作，航天科技工具书，航天型号管理经验与管理思想集萃，世界航天各学科前沿技术发展译著以及有代表性的科研生产、经营管理译著，向社会公众普及航天知识、宣传航天文化的优秀读物等。出版基金每年评审1～2次，资助20～30项。

欢迎广大作者积极申请航天科技图书出版基金。可以登录中国宇航出版社网站，点击“出版基金”专栏查询详情并下载基金申请表；也可以通过电话、信函索取申报指南和基金申请表。

网址：http：//www.caphbook.com

电话：(010) 68767205，68768904

前　言

空天高速飞行器在未来装备发展和进入太空领域将发挥战略引导作用。由于空天高速飞行器特殊的机体/发动机一体化设计、超高的飞行速度和复杂多变的飞行环境，空天高速飞行器比传统的飞行器具有更加显著的快时变、强耦合和非线性的不确定性约束。在国内的科研领域，对高超声速条件下的机体稳定控制、新的操纵执行机构和新类型的飞行控制方案有着强烈的需求。目前关于空天高速飞行器的异类操控技术公开发表的文献很少，且缺乏系统性。本书旨在填补国内的空白，针对空天高速飞行器与传统飞行器截然不同的、独特的动力学特性，不是将传统的飞行控制技术简单、机械地移植到空天高速飞行器的飞行控制方案中，而是采用新型的变体变形控制、多操纵面控制和等离子体主动控制方法，开展为空天高速飞行器“量身定做”却又不失通用性的控制新技术研究。

全书共5章。第1章由仲秦执笔；第3章由崔家山执笔；第2、4、5章由王鑫执笔，全书的修改和统稿由王鑫完成。本书是作者们在国内外同行的研究成果和所在研究团队的最新研究成果基础上编写而成的，希望起到抛砖引玉的作用。感谢恩师西北工业大学闫杰教授引领我进入此研究领域。感谢北京航空航天大学李惠峰教授、大连理工大学夏广庆教授等给出的宝贵指导意见。全书的成文感谢王江江、孟廷伟、李锦朝、张立华等研究生的大力帮助；同时感谢家人尤其是慈母邓林香的支持。

本书的出版得到了航天科技图书出版基金的资助，部分研究工作由两项国家自然科学基金面上项目（编号61873210、61871302）和ZB预研教育部联合基金项目（编号6141A02022379）提供支持，在此一并致谢。本书的主要读者对象包括航空宇航专业、控制科学与工程专业的高年级本科生、研究生以及相关科研院所的科技工作者等。由于空天飞行器和高超声速飞行器的发展迅猛且远未成熟，本书内容仅是空天高速飞行技术领域的沧海一粟。受限于作者的水平，书中难免存在不足和疏漏之处，恳请读者批评指正。

王　鑫

2019年冬于西工大航天苑

目　录

第 1 章　研究综述

1.1　高超声速飞行器综述

自 20 世纪 50 年代以来，航空航天界就开始研究吸气式高超声速飞行。所谓高超声速技术[1]（Hypersonic Technology），是研究以吸气式发动机或组合发动机为动力、在大气层（含临近空间的大气层）或大气层外实现飞行马赫数大于 5 的远程飞行的飞行器技术。在大气层内飞行的高超声速飞行器可充分利用空气中的氧作为氧化剂，提高飞行器的有效载荷。高超声速技术应用的远期目标是实现低成本进入太空、天地往返飞行等任务。高超声速技术具有很强的前瞻性、战略性和带动性，高超声速技术的研究将对未来的空间技术、军事发展战略和空间军事应用，以及整个科学技术的进步产生重大的影响。由于高超声速技术在军用和民用方面都具有广泛的应用价值，其已引起世界各大国的广泛关注；他们都在投入力量，大力开展高超声速技术的研究试验工作。高超声速飞行器按其功能和使命可分为四类：再入大气层飞行器（Reentry Vehicle，RV）；高超声速巡航飞行器（Hypersonic Cruise Vehicle，HCV）；入轨和再入大气层飞行器（Ascent and Reentry Vehicle，ARV）；气动辅助轨道转移飞行器（Aeroassisted Orbit Transfer Vehicle，AOTV）。高超声速飞行器按构型和应用又可以划分为下面四种类型：

1）空气助力式（有翼的）再入飞行器。这类飞行器由火箭或助推火箭发射，再入过程中进行可控的、无动力的飞行，最后水平着陆。美国的航天飞机、俄罗斯的暴风雪号航天飞机、日本的希望号试飞器均属此类。

2）火箭推进式空天运输系统。这类飞行器是在吸气式推进技术研制受挫的情况下提出的，亦是完全重复使用的单级入轨和两级入轨系统，可水平或垂直发射，图 1－1 所示为英国“霍托”空天飞行器。

3）吸气式高超声速飞行器。此类飞行器包括单级入轨和两级入轨两种吸气式完全重复使用的运输系统，能够水平起飞和水平着陆，是真正意义上的空天飞机。这些年来，美国、欧洲、日本和俄罗斯均投入了大量经费进行有关气动力、热、推进技术、材料、结构、制导、控制及其子系统的研究。其中代表性的有美国开展的 X－51A 计划（2013 年）和俄罗斯的 Yu－71 试验飞行器（如图 1－2 所示）。

4）空天飞行器。这类高超声速飞行器主要是根据军事需求提出来的，可以是火箭推进，也可以采用吸气式发动机推进，图 1－3 所示为美国的 X－37B 轨道验证空天飞行器（2015—2020 年）。

虽然采用火箭技术可以使飞行器达到很高的速度（可达到第三宇宙速度），但需自带燃料和氧化剂，有效载荷小，飞行成本高、时间短，且一般不能重复使用。而采用吸气式发动机的飞行器无须自带氧化剂，可直接从大气中吸取氧气，依靠空气动力飞行，使用碳氢化合物等类型的燃料，具有有效载荷大、飞行成本低并可长时间重复使用的优点。所以目前采用吸气式发动机的高超声速飞行器及其相关技术更为人们所关注。吸气式高超声速飞行器技术的应用前景非常广泛，除了可大幅度提高飞机和巡航导弹的速度、航程和生存能力外，还可大大降低空间发射成本。

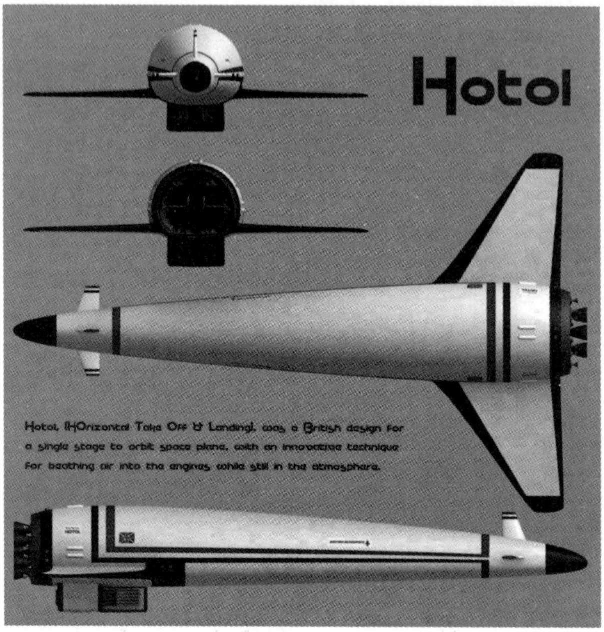

图 1-1　英国“霍托”空天飞行器

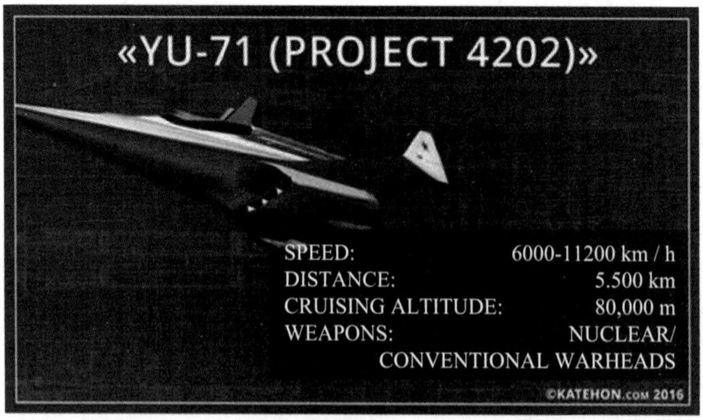

图 1-2　Yu-71 高超声速试验飞行器

先进的推进系统是实现高超声速飞行的关键。目前在高超声速飞行器的动力技术中，最有前途的是超燃冲压发动机（Supersonic Combustion Ramjet，Scramjet）技术[2]。超燃冲压发动机属于喷气式发动机，空气进入发动机经过压缩、燃烧，由喷管排出，从而产生

图1-3 美国X-37B轨道验证空天飞行器

推力。Scramjet在高超声速飞行时，可利用进气道的激波进行压缩，省去了压气机和涡轮，本身没有高速旋转部件，重量降了许多。与涡喷发动机相比，没有了压气机和涡轮；与火箭发动机相比，不用带沉重的氧化剂，而是利用空气中的氧气，推进效率提高了很多。Scramjet的难点和缺点在于超声速条件下点火困难，因为超声速条件下普通火焰稳定器总压损失极大，超声速进气道不能自启动，要完成空气压缩，必须达到一定马赫数才能启动。为克服此困难，目前普遍应用组合发动机，分为火箭基组合（RBCC）和涡喷基组合（TBCC）两种形式。Scramjet试验成本很高，地面试验模拟高马赫数只能采用秒级的瞬态风洞，目前中美俄等国家均采用飞行试验作为检验超燃冲压发动机实际性能的重要手段。

空天高超声速飞行器的研究是一项复杂的系统工程，涉及众多基础学科，其关键技术包括推进系统技术、机体/推进一体化技术、高超声速空气动力学技术、防热材料与结构技术、制导与控制技术等。高超声速飞行器的研制能够推动科学技术全面发展，具有前瞻性、战略性和带动性。为叙述方便，本书将空天高速飞行器表述为亚轨道高度以下的吸气式高超声速飞行器和跨大气层的空天飞行器两种主要类型，在阐述其飞行控制共性技术的同时，针对空天飞行器的会明确指出。

1.2 高超声速飞行控制技术综述

针对吸气式高超声速飞行器的控制问题，首先要建立高超声速飞行条件下的数学模型，这本身就是高超声速研究领域的一个难点和关键点。高超声速飞行器是结构复杂、环境变化大且存在不确定性的多变量耦合非线性时变系统，难以建立精确的数学模型；由于高超声速飞行器本身是一个一体化的复杂对象，因此建立的模型如何反映高超声速条件下的特性是区别高超声速飞行器控制与一般飞行器控制的主要问题。目前国外研究的高超声速飞行器建模问题分为概念飞行器和验证机建模两种，针对不同类型的高超声速飞行器采用的建模方法和侧重点不同。

在乘波体构型的概念飞行器建模研究中，Mohammad Shakiba 等人对纵向通道的高超声速概念飞行器进行了初步建模，分析了高超声速空气动力学以及推进、结构和控制系统之间的关系，提出了面向控制的六自由度建模概念[3]。Michael 等人则对纵向通道采用非线性的建模方法来分析高超声速飞行器的动力学特性，并采用拉格朗日方程建立了乘波体高超声速飞行器的弹性特性模型[4]。Hydar 等人采用工程设计方法建立了乘波体构型的进气道特性计算模型[5]。

在翼锥组合体构型的概念飞行器建模研究中，NASA 技术备忘录 4562 号给出了刚体情况下气动力和力矩的计算模型和改进的推力计算模型[6]。Haupt 等人给出了机体结构特性与气动特性的耦合关系[7]。Keshmiri 等人给出了翼锥组合体构型概念飞行器的六自由度仿真模型，模型的各个模块中给出了气动力、力矩、推力和运动学特性的计算公式[8]，但他们所建立的模型忽略了空气动力、推进力和机体的耦合作用。

美国的 X－43A 是作为乘波体构型并实际试飞获得真实试验数据的为数不多的验证机之一。Catherine 等人对 X－43A 验证机控制系统设计的建模问题给出了纵向和侧向的模型[9]。Eugene 等人对 X－43A 验证机的飞行试验数据进行了分析，对控制器参数进行了估算[10]。由于 X－43A 验证机的第一次飞行因分离失效而失败，因此针对高超声速分离过程的研究也被提出[11]。Mirmirani 等人针对类似 X－43A 的吸气式乘波体高超声速飞行器的建模问题，指出建立的模型必须考虑系统的不确定性因素[12]，注重动力学系统与控制系统设计的综合；同时指出高超声速飞行器在平飞段可以采用线性化建模的方法，而在全速域与全弹道控制问题中应考虑采用非线性的建模方法，研究操纵延迟、通道耦合、大范围速度变化、超燃冲压发动机工作后的气动耦合、高速飞行时的气动加热一系列因素对高超声速飞行器稳定性等性能的影响。

类似于澳大利亚 Hyshot 轴对称体验证机的建模和姿态控制，Austin 和 Mechanical 针对 Hyshot 验证机后续马赫数为 15 的试验而建立的仿真模型，除了动力学和运动学模型之外，还给出了系统性能不确定性的初步模型[13]。德国慕尼黑大学 Sachs 等人针对 HYTEX R－A3 升力体验证机采用线性化方法，建立了以攻角、俯仰角和飞行高度为纵向状态变量，以侧滑角、偏航角和滚转角为侧向状态变量，以舵面偏转角度和发动机油门大小为输入变量的状态空间模型[14]。此外还有关于高超声速飞行器导航与航迹规划领域的建模问题。

国内对高超声速飞行器的控制问题也加强了研究，公开发表的资料有北京航空航天大学的李惠峰教授[15]对各类型高超声速飞行器的制导控制技术给出了完整的框架。国防科技大学的罗世彬教授[16]对超燃冲压发动机/机体一体化设计进行了研究，其中在学科分析模型中给出了推进系统的详细模型，但气动计算模型采用了工程化设计方法，控制系统采用了俯仰角控制和燃料流量控制。西北工业大学的闫杰教授等[17]针对吸气式高超声速飞行器，研究了控制系统设计的综合优化问题。南京航空航天大学的姜长生教授[18]给出了近空间飞行器飞行控制系统设计的几个关键问题。西北工业大学的王鑫[19]针对操纵舵回路分析了伺服激励器的特性。控制系统作为高超声速飞行器动力系统演示验证的重要组成部分，国内的研究起步较晚，为保证各类试验验证飞行的顺利实施，其研究的重要性日益显现。目前国外的研究和飞行试验结果表明，要研制出满足全速域高超声速飞行条件的控制系统仍面临重大的挑战。

在国外，美国研制了许多高超声速验证机（如 X－30、X－33、X－34、X－37、X－38、X－43A、X－51A、HTV－2），因此在高超声速飞行器的控制系统研究方面也居于领先地位，许多研究工作都是基于以上的验证机展开的。近年来许多现代控制理论和方法都应用到了高超声速飞行器的控制系统设计中。早期比较简单的控制方法是线性二次调节器，近年来比较普遍的方法是动态逆或基于动态逆的控制策略[20]。Heller 在研究具有冲压式发动机的验证机飞行控制问题时，利用动态逆与 μ 综合相结合的方法设计了飞行器的纵向鲁棒控制器[21]。普林斯顿大学的 Wang Qian 在研究具有非线性动态逆结构的高超声速飞行器的飞行控制问题时，利用了遗传算法来寻找非线性动态逆的参数空间[22]。Austin 等人利用遗传算法设计了模糊逻辑控制器，并进行了仿真验证[13]。加州理工学院的 Maj Mirmirani 提出了全速域吸气式高超声速飞行器控制系统设计所面临的挑战，将其控制特点归纳为如下几个方面[12]：

1）系统建模和控制方法复杂；

2）飞行器机体和动力系统需要进行一体化设计；

3）高超声速气动热影响显著，高温使控制系统的控制效能下降；

4）高超声速飞行的速度变化范围大，飞行器的姿态控制复杂；

5）控制系统需要考虑到气动弹性形变对飞行器的影响；

6）乘波体飞行器的机身是产生升力最主要的部分；

7）高超声速飞行时结构变形将使机体附近的激波发生变化，导致冲压发动机在非理想的状态下工作，因此需要有一个几何可变的进气道来获得最优的气动力和推力特性。

在针对乘波体构型的吸气式高超声速飞行器控制研究方面，Parker 等给出了纵向通道采用微分几何方法实现近似反馈线性化的控制器设计[25]，其设计思想是采用忽略了机体弹性特性的简化纵向通道模型来进行设计。Ying Huo 和 Majdedin Mirmirani 等人采用改进的自适应线性二次型（ALQ）方法设计了吸气式高超声速飞行器纵向通道的高度与速度控制器[26]。Kevin 等人设计了 Anti－Windup 纵向通道线性控制器，在控制受限的情形下仍然可以跟踪飞行器的高度与速度，同时保证飞行器的攻角满足设计的指标[27]。这些控制算法大多关注纵向动力学特性，而忽视了侧向动力学，高超声速飞行器的控制器设计在引入侧向特性后将变得更加复杂。

针对 X－43A 验证机的控制器设计研究方面，Catherine 等人总结了 X－43A 马赫数 7 飞行试验所采用的飞行控制算法，给出了纵向和侧向的自动驾驶仪结构设计[9]。X－43A 的飞行控制方案采用经典的线性控制技术，控制器的设计基于一个线性的刚体模型和采用增益调度的方式在不同的特征点改变控制器的增益。纵向通道采用法向过载控制器结构和攻角控制器结构，前者应用于超燃冲压发动机点火工作前的飞行阶段，后者应用于超燃冲压发动机点火试验段的飞行阶段。侧向通道采用法向过载控制器结构，通过将侧向过载控制为零来实现侧滑角为零的飞行。由机体弹性引起的不确定性被引入到攻角控制中，用前馈补偿器来抑制超燃冲压发动机与气动的耦合影响以及不同飞行条件下动压变化的影响，控制器的参数随攻角和马赫数变化。许斌等[29]针对飞行器模型非线性、刚体弹性模型耦合、舵机特性含有死区和非线性的问题，提出一种新的算法，改进了传统神经网络控制算法只能取得半全局一致终端有界稳定的缺点，使得所有信号全局一致终端有界稳定，放宽了传统方法对初始条件的约束。Xiangwei Bu 等人针对飞行器弹性、参数不确定性、舵偏受限和外部扰动等问题采用神经网络控制方法，取得了良好的效果[30]。Fiorentini 等人针对飞行器存在的弹性运动与刚体运动耦合、非最小相位特性、发动机和机体动力学耦合、参数不确定的问题，采用非线性序列闭环和非线性动态逆方法相结合的控制策略实现飞行器速度和高度的稳定跟踪，并将攻角控制在期望的区间范围[31]。Yiyin Wei 等人针对飞行器发动机和机体气动耦合、刚体和弹性运动耦合的特性，提出一种增广的线性二次型控制器设计方法，完成了高度指令跟踪[32]。Zhu Yu 等人针对飞行器刚体和弹性运动耦合的时变模型，采用 H－inf 混合灵敏度控制方法实现了飞行器姿态控制[33]。以上研究中用到的控制方法对高超声速飞行器飞行控制系统的方案提出了很好的思路，但飞控系统的工程化及试验技术还有待深入研究。

综合国外和国内的研究成果，高超声速飞行控制系统的设计应首先保证各类验证飞行器的飞行试验成功，通过飞行中得到的试验数据来完善对高超声速条件下的气动特性、推力特性、结构特性和控制特性的认识，才会对未来高超声速飞行器的各种控制方法研究起到促进作用。因此通过高超声速演示验证飞行试验来量化其动力学特性的意义胜过做一次完全导引的飞行。由于高超声速飞行器在巡航阶段采用超燃冲压发动机作为动力，因此飞行器的控制系统首先要保证超燃冲压发动机的正常工作；对高超声速飞行器的攻角、侧滑角控制，要求动态误差在很小的角度范围内，也是现阶段高超声速飞行器姿态控制系统分析设计所关注的重点。

1.2.1 吸气式高超声速飞行器所面临的控制问题

典型的吸气式高超声速飞行器的飞行阶段可分为三个部分，即过渡段、巡航段和下降段，各个阶段所面临的控制问题是不同的。

1.2.1.1 过渡段

吸气式高超声速飞行器的过渡段一般是指高超声速飞行器从助推器上分离到超燃冲压发动机点火工作前的阶段。这个过程中超燃冲压发动机一般不工作，吸气式高超声速飞行器处于姿态调整的过渡阶段。在过渡段的姿态控制系统设计中，不要求小攻角的姿态控制，而要求在规定的时间内将高超声速飞行器的姿态尽快调整到一定的姿态角范围内，同时满足飞行器进入后续平飞段前的姿态角速度约束。考虑到分离过程的强扰动可能会对分离阶段的姿态调整产生巨大的冲击和超调，因此采用预置舵偏的控制策略。通过分析分离扰动可能的形式、大小和方向，将高超声速飞行器的控制舵面在分离前预置到一定的角度和方向上，使得分离扰动很大程度上被预置的舵偏控制力所抵消，为分离阶段快速的姿态调整创造良好的条件。根据分离后过渡段的飞行时序，可能需要引入姿态控制和飞行高度控制的复合控制逻辑，以使吸气式高超声速飞行器在过渡段结束后的飞行参数满足超燃冲压发动机启动工作的初始条件，由于飞行器的攻角可能在较大的角度范围内变化，因此可以采用精细设计的线性或非线性的姿态控制策略来完成过渡段的控制任务。

1.2.1.2　巡航段

吸气式高超声速飞行器的巡航段主要是指超燃冲压发动机工作情况下高超声速飞行器的飞行阶段。此阶段受限于发动机的工作条件，需要对吸气式高超声速飞行器机体的姿态角和姿态角速度进行精细的调节和控制。

首先分析高超声速飞行器飞行中的风场对姿态控制的影响。由于高空风场对高超声速飞行器所产生的附加攻角将影响飞行器的真实攻角，因此需要分析高空风场的环境特性，包括风向、风速、持续时间等统计信息，将风场可能带来的攻角变化代入姿态控制中来进行仿真验证。

其次为保证在平飞巡航段的精细姿态控制效果，本书拟采用机体变体、舵翼面变形、多操纵面复合舵面方法来设计飞行器的操纵机构。利用高超声速机体变体、舵翼面变形的特性实现最佳的可变气动特性和控制性能，同时普通的控制舵面不仅要抑制助推分离阶段大的扰动，还要完成巡航阶段小角度的姿态调整，这给操纵机构设计带来了很多困难。对此拟设计一种复合舵面，将舵面分为固定基础舵面和可活动偏转的翼尖舵面。分离阶段大的扰动靠面积较大的基础舵面来抑制，而小的可活动偏转的翼尖舵面则可以很好地完成巡航段的小角度精细姿态控制任务。

最后在姿态控制器结构上，探索采用姿态角反馈和姿态角速度反馈的复合双环控制结构。通过外环姿态角速度反馈来抑制姿态角的快速变化，而通过内环姿态角反馈结构来保证姿态角控制稳定。双环控制结构的参数和形式可在具体的控制算法中进行优化，以期达到良好的姿态角/角速度综合控制效果。

1.2.1.3　下降段

吸气式高超声速飞行器的下降段主要是指吸气式高超声速飞行器飞行轨迹中由巡航平飞状态转入下降至落点的阶段。这段主要是进行高超声速飞行器的一些射程和速度控制，必要时进行飞行参数的辨识和飞行记录装置的回收等工作。在目前高超声速飞行器的验证飞行中，下降段大多不作为飞行过程研究的核心阶段，因此本书对吸气式高超声速飞行器下降段的控制问题不做重点介绍。

1.2.2　空天飞行器所面临的控制问题

空天飞行器是高超声速飞行器的高级形式，也是实现空天飞行的重要手段和主要应用类型。基于空天飞行器跨域、高速、高温环境下精确自主控制的发展需求及核心科学问题，提出适用于高超声速飞行器的空气动力新概念；针对空天飞行器的跨域机动飞行，研究适合空天飞行器的新类型流动控制原理；针对空天飞行器的超轻质、防热、抗冲击结构一体化要求，探索创新机体构型和变体原理，发展结构/气动/控制协同设计的理论和方法；针对高精确度和高可靠性的要求，提出和发展智能自主控制和多场耦合的制导控制一体化理论与方法。

1.2.2.1　空天飞行器稳定性与机动性协调控制理论与方法

空天飞行器采用的气动构型受到总体、结构、材料力学性能、热防护、控制效率和执行机构排布的多种因素的制约，是一个多学科优化的基础问题。由此带来的与吸气式组合动力系统耦合、结构失稳及控制稳定裕度的不足，使得空天飞行器将同时面临强不确定、多通道状态耦合和非线性时变控制问题。在建模领域，空天飞行器的控制回路在动态和复杂随机扰动的作用下，要实现超宽飞行包线（高度 0～200 km、马赫数 0～20）下的控制任务，将面临稳定性和机动性协调控制技术的艰巨挑战。

1.2.2.2　空天飞行器轨迹/控制一体化的理论与方法

由于复杂的气动/动力/结构/热约束和高速跨域飞行等原因，空天飞行器的动力学、运动学模型均呈现快时变和多模态的特点。空天飞行器机体模型、运动模型中质心与绕质心交互影响复杂且耦合作用明显，这些外部因素为空天飞行器制导控制系统的设计提出了新的挑战。同时制导回路控制轨迹的时间尺度与控制回路控制姿态的时间尺度已经接近，不再严格满足制导控制双回路分离设计的传统条件。作为空天飞行器制导控制领域的重要趋势之一，制导控制一体化设计方法可以综合考虑飞行器质心和绕质心运动间的耦合特性，将制导环路和姿态控制环路进行一体化设计，从而提高空天飞行器的性能。需要充分考虑空天飞行器纵向和横侧向长短周期模态的新特性，充分考虑质心和绕质心运动的耦合项，以完成制导和姿控子系统的联合优化设计。

1.2.2.3　多类型混合操纵控制的理论与方法

单一和传统类型的舵翼面控制技术在全速域和全空域的飞行环境下难以单独满足空天飞行器的控制要求，需要积极探索高超声速条件下混合异类操纵和控制方法。空天飞行器需要考虑综合舵翼面、反作用控制系统（RCS）、喷流直接力、多操纵布局复合控制面、内部变质心等多种异类执行方式，通过控制分配和响应协调技术完成空天飞行器的控制任务。充分考虑异类执行机构的操纵效率、适应领域和控制输出特性，完成控制指令和控制层级的协调分配任务。在系统不确定性和故障情况下，仍能建立控制的重构机制，可提高控制精度并构建冗余、高可靠的控制系统。

1.2.2.4　新概念控制方法的机理与应用问题研究

空天飞行器控制领域的研究应秉持跨越发展的总体思路，积极促进学科交叉，实现结构变形、气动、主动流动控制、等离子体、射流等重点领域或重要方向的跨越发展，提升空天飞行器控制基础研究创新能力。为提高高超声速条件下飞行器的气动和结构动力学特性，研究采用不同机体或翼面变形模式时，空天飞行器在宽马赫数范围内的气动特性和操纵效率，并分析变形过程中面向控制的高超声速耦合动力学建模技术和热力学、弹性力学、操纵耦合的控制器设计问题。以等离子体激励和壁面流动控制为代表的等离子体主动控制发展很快，在简化气动布局、增升减阻、控制局部边界层激波等方面具有重要的应用潜力。等离子体合成射流（PSJ）激励控制具有诱导速度大、响应速度快、无外露活动部件、不消耗工质等优点，有望成为空天飞行器电磁与气动联合控制的新技术趋势。

从目前资料分析，世界上所有在研的大气层内空天飞行器都还未取得实质性成功，因此有针对性地开展配套技术研究工作仍任重道远。

1.2.3　国外和国内研究进展及现状

几十年来，通过世界各国坚持不懈的努力，高超声速技术已经从概念和原理探索阶段进入了以高超声速巡航导弹、高超声速飞机、跨大气层飞行器和空天飞机等为应用背景的技术开发和实体验证阶段。

1.2.3.1　俄罗斯

俄罗斯的高超声速技术可与美国比肩，处于世界领先地位，它是在苏联原有的冲压发动机技术基础上发展起来的。目前俄罗斯已进入高超声速飞行器的装备阶段，尤其在助推滑翔类高超声速飞行器领域领先美国实现了工程化研制。

俄罗斯的高超声速武器可以分为吸气式和滑翔式两大类。吸气式高超声速武器可以追溯到多年前的 GLL - AP - 02 飞行器，它的碳氢燃料超燃冲压发动机是俄罗斯吸气式高超声速导弹技术的核心。俄罗斯在过去数年里曾连续多次测试 3M22“锆石”高超声速导弹，如图 1 - 4 所示。“锆石”导弹经历了多年的研制和试验后，2017 年已经服役。“锆石”高超声速导弹还将装备俄罗斯海军，实现海上远程打击能力的突破。

俄罗斯的滑翔式高超声速武器也有长足的发展，进入 21 世纪后，俄罗斯重启高超声速武器研究，项目代号 4202。2016 年俄罗斯验证了高超声速滑翔弹头技术后，将其和 SS - 19 液体弹道导弹结合，发展了名为“先锋”的高超声速洲际导弹（如图 1 - 5 所示）。俄罗斯的高超声速滑翔弹头具备很远的滑翔距离和很强的机动能力，代表着俄罗斯在助推滑翔类高超声速领域超越了美国[34]。“先锋”导弹的滑翔弹头采用了带有大后掠尖锐前缘的扁平面对称高升阻比气动布局，明显区别于弹道导弹弹头惯常采用的圆锥体或钝头体等旋成体布局。飞行器后体背部布置有两片外倾的大后掠垂尾，翼面大幅截短以减小阻力，且从外观上看没有布置控制舵面；尾部下方布置有两片襟翼，用于气动飞行控制；尾部后方布置有显著的直接力控制系统的喷口，用于辅助控制飞行姿态。头部鼻锥、前缘和襟翼都采用了特殊耐热材料。高升阻比气动布局不但可以增加滑翔飞行距离，还可以显著提升弹头的机动能力和机动范围。“先锋”滑翔弹头与美国 HTV - 2 高超声速滑翔飞行器具有非常多的相似之处。两者均定位为洲际射程的高超声速助推滑翔导弹，均采用洲际弹道导弹作为助推器，最大速度在马赫数 20 以上，均采用了类似的高升阻比气动布局和气动控制方式，均具有较强的机动能力。两者外形差异表现在：1）“先锋”在尺寸上更长，外观上看长细比更大（具体数据不详）；2）布局上“先锋”采用了两片外倾垂尾，而 HTV - 2 没有任何尾翼。这两点或许是吸取了 HTV - 2 两次试飞失败的教训。

图 1-4 “锆石”高超声速导弹

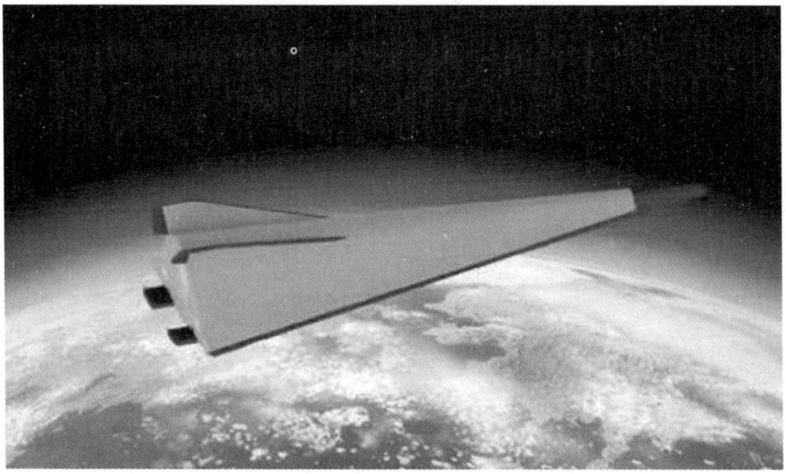

图 1-5 “先锋”高超声速洲际导弹

1.2.3.2 美国

美国在高超声速飞行器研究中居领先地位。从 20 世纪 60 年代开始，美国就有计划地开展高超声速飞行的相关技术的研究与探索，并成功进行了基于火箭发动机的 X-15 高超声速验证机的首次飞行试验。20 世纪 80 年代中期，美国开展了“国家空天飞机”（NASP）计划，NASP 计划虽然最终被取消，但 NASP 大大推动了高超声速技术的发展。从 1985 年至 1994 年的 10 年间，通过试验设备的大规模改造和一系列试验，仅 NASA 兰利研究中心就进行了包括乘波外形一体化和超燃冲压发动机试验在内的近 3 200 次试验，通过这些试验掌握了大量数据，从而为实际飞行器的工程设计打下了牢固的技术基础。

20 世纪 90 年代中期至今，美国开展了高超声速飞行器试验（Hyper - X）计划、高超声速技术（HyTech）计划和高超声速飞行（HyFly）计划，实现了超燃冲压发动机推动下的高超声速飞行。Hyper - X 计划由 NASA 资助，主要研究工作由波音公司和 NASA 兰利研究中心承担。该计划的主要目的是演示可用于高超声速飞机的超燃冲压发动机技术和一体化设计技术，扩展将来可以军用和民用的高超声速飞行的技术基础。其中 X - 43A 在 2004 年 3 月和 11 月两次试飞成功，最快飞行速度达到了马赫数 10。X - 43A 的试飞成功标志着超燃冲压发动机技术正式从实验室研究阶段走向工程研制阶段。美国空军在 1995 年推出了 HyTech 计划，并从 1996 年开始资助普惠公司开展 HySet 计划，研制 $Ma=4\sim8$ 的两维碳氢燃料双模态冲压发动机，其目的是验证适合于未来高超声速飞机和高超声速远程打击导弹的超燃冲压发动机技术。为了对 HyTech 超燃冲压发动机进行飞行试验，美国空军研究实验室（AFRL）与国防高级研究计划局（DARPA）联合主持制定了超燃冲压发动机验证机——乘波飞行器 X - 51A 计划，如图 1 - 6 所示。X - 51A 计划除了对 HyTech 超燃冲压发动机进行飞行试验外，还有以下目的：其一获得超燃冲压发动机的地面及飞行试验数据；其二是验证吸热式燃料超燃冲压发动机在实际飞行状态下的生存能力；其三是通过自由飞行试验来验证超燃冲压发动机能否产生足够的推力。X - 51A 于 2010 年 5 月至 2013 年 5 月间实施了 4 次飞行试验，试验期间超燃冲压发动机工作数百秒。该计划共建造了四架飞行器，为了节省开支，设计的飞行器试验后采用不回收方案。X - 51A 已经进行了四次试验飞行，前三次飞行试验都不完全成功，但收集到不少数据，加深了对超燃冲压发动机技术的认识。2013 年 5 月第四次试验飞行取得了较为圆满的成功，但四次试验中飞行器都没有达到马赫数 6 的最大设计飞行速度。

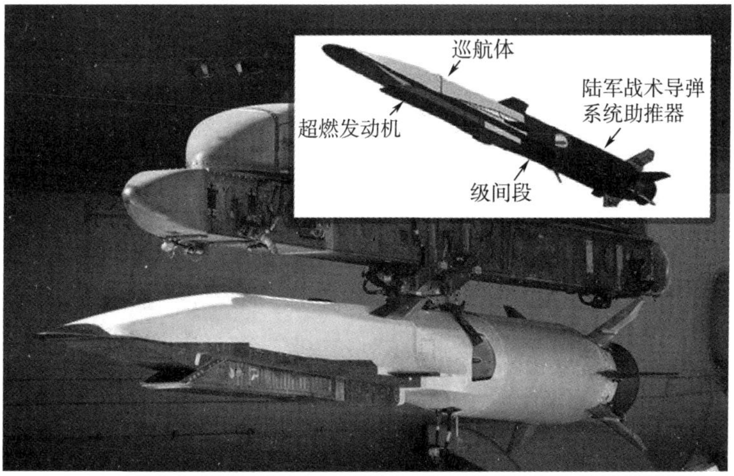

图 1 - 6　美国 X - 51A 验证飞行器

美国按既定框架推进“高超声速吸气式武器方案”（HAWC）和“战术助推滑翔”（TBG）两个演示验证项目，计划 2020 年开展首次飞行试验。继 2016 年成为 HAWC 项目主承包商之一后，美国雷神公司在 2019 年 2 月获得 6 330 万美元的 TBG 项目合同，与洛克希德·马丁公司在 HAWC 和 TBG 项目上形成有力竞争。雷神公司 2019 年 7 月宣布完成 TBG 项目的基线设计评审。在动力技术方面，美国持续探索涡轮基组合循环发动机（TBCC)、协同吸气式火箭发动机（佩刀 Sabre）等动力方案工程应用的可行性。此外，美国 OpFires 项目在 2019 年 10 月完成第一阶段的助推器初始设计工作，将并行开展助推器方案深化研究和武器系统集成研制，计划在 2022—2023 年期间开展三次全系统飞行试验[35]。美国在 2019 年 6 月完成高超声速空射快速响应飞行器 AGM－183 的挂飞试验，如图 1－7 所示。2020 年 3 月美国一家总部位于加州的初创公司提出了一种创新型组合动力概念[24]，名为“高超声速混合超导燃烧冲压加速磁流体动力（Hyscram）”发动机（如图 1－8 所示）。该公司将其定性为超导电混合 TBCC（superconducting electric hybrid TBCC)，在传统 TBCC 基础上融合了超导电力、等离子体磁流体力学（MHD）等技术，提供了一种实现从静止启动到马赫数 8 以上飞行的潜在动力方案，相关研究方案借鉴了俄罗斯 AJAX 高超声速飞行器项目的思路。Hyscram 可望供高超声速飞机、导弹等商业和军事应用，也可能用于运载系统。

图 1－7　高超声速空射快速响应飞行器

1.2.3.3　其他国家

20 世纪 90 年代，日本国家宇航实验室建立了较大规模的自由射流试验系统，完成了氢燃料超燃冲压发动机的缩比地面试验。日本高超声速计划的目标是发展单级入轨的空天飞机和高超声速运输机。目前，日本已经成功运行包含超燃冲压发动机工作模态的组合循环发动机。2004 年完成 Hope－X 空天飞机样机的飞行试验，用于在空间站和地面进行物

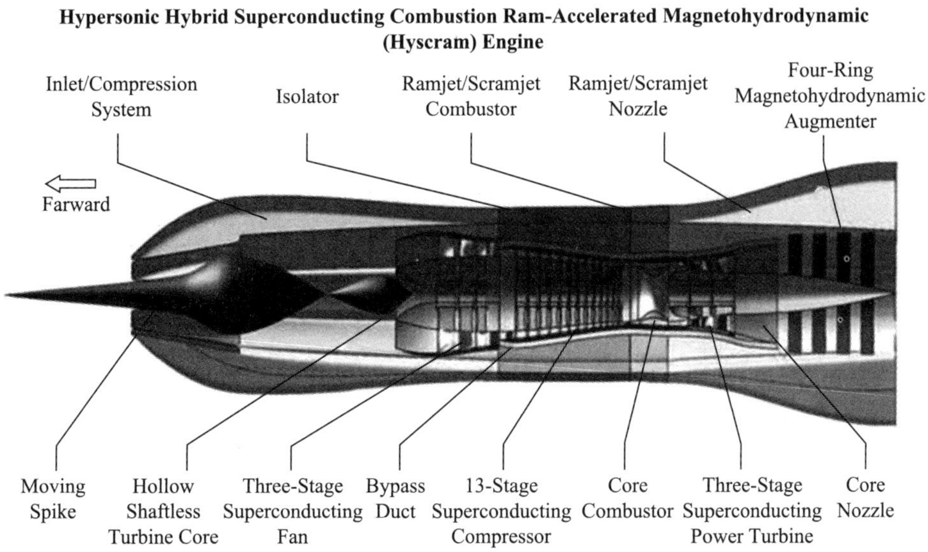

图 1-8　磁流体动力发动机

资运输。在 Hope-X 项目中，日本造出了 1 台验证机，进行了 4 次飞行，Hope-X 和如今的美国X-37B 飞机、欧洲 IXV 飞行器功能相似。2019 年日本公布了高超声速滑翔弹的研究计划[36]（如图 1-9 所示）。

印度早在 2012 年即明确提出要完成两级入轨可重复使用运载器的技术验证。2016 年 5 月 23 日，印度空间研究局（IRSO）首次开展了可重复使用运载器技术验证机（RLV-TD）的飞行试验，成功验证了自主导航制导与控制、热防护和飞行任务管理系统。2016 年 8 月 IRSO 完成了首次超燃冲压发动机带飞点火试验，试验中两台氢燃料超燃冲压发动机成功点火并且获得了正推力，持续工作时间达 5 s。两次试验的成功标志着印度在可重复使用运载技术领域迈出了重要一步。

英国设计了大空域宽速域下能以吸气/火箭双模态工作的 SABRE 发动机，并基于此研究了“云霄塔”空天飞机方案，如图 1-10 所示。“云霄塔”机身前段布置鸭翼，尾端布置单垂直尾翼。再入时三角下单主翼面处于飞行器头部弓形激波之外，热环境问题严重，所以在主翼面上采用了主动冷却控制技术。发动机位于翼尖位置，这么做是为了防止发动机喷出气流影响机身后段气动特性；每台发动机的四个喷管可在俯仰和偏航方向进行 3°的摆动；发动机舱前段有一定程度的下弯，主要是为了在上升段大攻角姿态下尽可能吸入更多的空气。“云霄塔”空天飞机呈现了鸭式布局的大长细比机身设计。“云霄塔”的飞行姿态控制方案如下：大气层内吸气式模态时，俯仰由鸭翼控制，滚转由副翼控制，偏航由尾部方向舵控制，此时发动机喷管摆动锁定；火箭模态上升过程中偏航控制是通过两台发动机差分推力调节实现的。上升时随着动压的减小，主发动机逐步接管俯仰控制，最后移交给姿控发动机。在重新进入大气层的过程中，姿控发动机保留控制权限，然后逐步将控制移交回鸭翼、副翼和方向舵[37]。

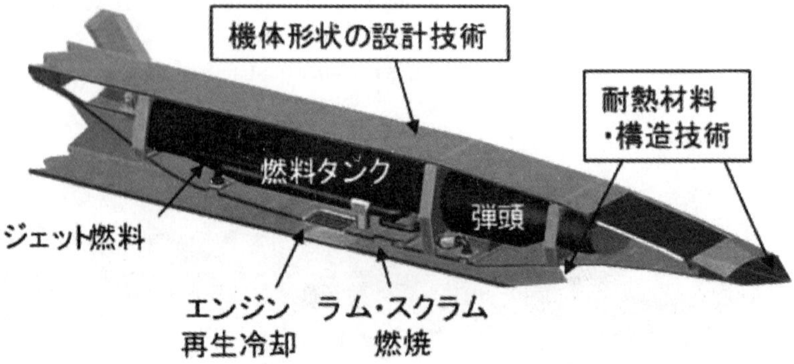

图 1-9　日本吸气式高超声速滑翔弹

图 1-10　“云霄塔”空天飞机方案

1.2.4　国内高超声速飞行器发展概况

我国的高超声速推进技术研究始于20世纪80年代后期，初期的研究工作主要是整理和吸收国外的研究成果，建立超声速燃烧和超燃冲压发动机的基本概念，对超燃冲压发动机性能进行初步分析等。90年代前期，研究集中在氢燃料超声速燃烧方面，研究目标是初步认识超声速燃烧的流场形态，主要的研究手段是数值模拟和少量的小尺度试验。21世纪初，国内研究者开始关注喷射方式对氢/空气混合和火焰稳定的影响，混合增强技术成为研究热点。在“十一五”计划中，我国把超燃冲压发动机作为发展的重中之重。国家高科技计划中开展了高速运动体的流体力学与运动学机理研究。在国家相关技术和验证的需求牵引下，航天三院、国防科技大学、中科院力学所、西北工业大学、北京航空航天大学、南京航空航天大学等单位进行了大量的预先研究和基础建设工作。

中国在 2018 年北京国际军民融合装备展览会上公开展出了高超声速飞行器“凌云”的模型，如图 1－11 所示。“凌云”高超声速飞行器是中国的临近空间科学与技术试飞平台，其主要用途是科研试验。

图 1－11　“凌云”高超声速飞行器及试飞器

2018 年 8 月，由中国航天科技集团有限公司空气动力技术研究院研制的高超声速飞行器系统星空 2 号试验成功[38]。2019 年 4 月，由厦门大学航空航天学院和北京凌空天行科技有限责任公司共同研制的厦门大学“嘉庚一号”火箭在我国西北部沙漠无人区成功发射[39]。“嘉庚一号”是一款创新型的带翼可回收重复使用火箭，用于飞行验证由厦门大学航空航天学院设计、研制的高超声速双乘波前体。“嘉庚一号”全程在大气层内飞行，最大飞行高度为 26.2 km。

中国科学院力学研究所提出了一种全新的“I”型双升力面布局，采用这种布局的飞行器（如图 1－12 所示）可同时满足高升阻比、高升力系数和高容积率的“三高”需求，为未来高超声速飞机的设计开辟了新途径[40]。但由于在高速飞行条件下，激波和摩擦阻力急剧上升，飞行器的升阻比很难提升。此外，升阻比和升力系数均与容积率存在强烈的矛盾关系，这是现阶段制约飞行器气动性能提升的瓶颈问题。2019 年 10 月，中国航天空气动力技术研究院第一研究所圆满完成两级入轨空天飞行器（如图 1－13 所示）风洞自由分离试验，两级并联飞行器成功分离，为未来两级入轨空天飞行器的研制提供了技术基础[41]。

图 1－12　“I”型双升力面飞行器

图 1－13　两级入轨概念空天飞行器

1.2.5　空天高超声速飞行器异类操控技术的基础技术

1.2.5.1　空天高速飞行器的精细姿态控制

在临近空间飞行的吸气式高超声速飞行器在技术发展上主要面临四大难题，分别是一体化的总体设计技术、动力系统技术、热防护技术和飞行控制技术。高超声速飞行器与传统飞行器的一个最显著的区别就是其高度的一体化设计以及各分系统之间的耦合关系，这导致了传统飞行器的设计方法在应用到吸气式高超声速飞行器的操纵控制上有相当大的难度。本书拟研究的空天吸气式高超声速飞行器飞行控制系统设计问题就面临以下新的难点：

1）吸气式高超声速飞行器所采用的超燃冲压发动机，由于其进气道的设计和工作条件限制，要求飞行器在飞行中攻角和侧滑角的动态误差小于±1°，这给飞行器的操纵响应和控制系统提出了非常高的精细度要求，我们称之为精细姿态控制；

2）吸气式高超声速飞行器不仅要求对姿态角度进行精细控制，还要求对姿态角速度进行精细控制，以满足吸气式高超声速飞行器发动机工作的需要，超燃冲压发动机工作时，进气道和尾喷口的流场扰动将造成气动参数变化，控制系统应在这个变化条件下保证飞行器的姿态精度；

3）超燃冲压发动机工作还将产生一定频率的振动，控制系统应具有抑制这个振动的能力并保证飞行器的姿态精度；

4）乘波体高超声速飞行器由于高升阻比构型易于产生较强的气动弹性影响，控制系统应在这个扰动条件下保证飞行器的姿态精度；

5）高超声速飞行器的飞控系统应在一个非常宽的速度包线内保证一定的飞行品质。

不难看出，上述五点中的前三点都是由于超燃冲压发动机工作要求精细姿态控制而引起，除了传统舵翼面操纵机构的技术路线之外，采用异类混合操纵方式是吸气式高超声速飞行器实现精细姿态控制的关键技术途径。

1.2.5.2　空天高速飞行器的变体变形控制

采用改变机体外形、机翼变体或变展长等方式的变体变形技术在空天高速飞行器上具有重要的应用价值。在控制领域，采用变体变形的方式可使飞行器根据飞行环境变化和操控效能的不同自主改变气动特性，进而匹配获得最优的控制性能。相比于固定外形的刚体飞行器，变体飞行器依托新材料特性、分布式传感器、新型作动器和先进飞行控制系统，具备更广域的飞行包线、更强的操控适应性和更优的飞行品质，是未来空天高速飞行器先进操控技术的重要发展方向之一。

不同于亚声速或超声速变形飞行器的研究，高超声速变形飞行器的研究难点在于飞行环境更为复杂，在考虑变形气动特性的同时还要考虑过载、气动加热和弹道规划等附加的约束。针对高超声速飞行器，在采用大水平翼面对称气动布局实现高升阻比的同时，往往给飞行器的主动段静不稳定状态下的姿态控制以及末段快速机动带来一定的设计困难，同时难以实现全速域、大空域的气动性能最优。另外，大水平翼面对称气动布局的几何包络尺寸较大，往往难以满足不同发射方式等对飞行器外形包络提出的强约束条件[42]。大展弦比的构型可以成为高超声速飞行器的一个可变形模式，如图 1-14（a）所示。在控制上利用良好的升阻比在低过载的条件下实现飞行器的侧滑转弯控制能力。高超声速飞行器的机翼变后掠的方式如图 1-14（b）所示，需要考虑变体后飞行器气动焦点和重心的适配，以保证飞行器具有良好的稳定性和操纵性，并通过飞行控制系统的设计来保证飞行器具有良好的飞行品质。高超声速飞行器的机翼/机体变形方式如图 1-14（c）所示，在操纵上利用静不稳定性提高可用过载和机动能力。采用辅助的操纵面和执行机构，实现变形和操纵的混合控制来最大程度优化高超声速飞行器的控制效能。

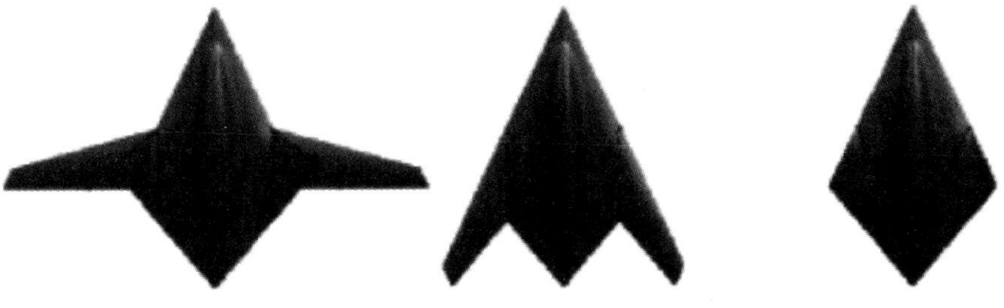

(a)　(b)　(c)

图 1-14　不同变形模式的高超声速飞行器

相对于传统飞行器，变形飞行器通过变形可以改善飞行性能，有望形成新的舵面设计和控制方法，提高飞行器操纵控制效率，同时可以拓宽其跨高度、跨速度稳定工作范围，具有机动能力强、工作空域广、控制品质好等优点。空天高速飞行器变形操纵控制的难点体现在：

1）时间/空间效应明显的非定常气动特性；

2）快速变化的结构动力学特性；

3）强非线性、显著气弹耦合、快时变及大不确定性等特性；

4）操纵机构位置/速率约束下优良的控制品质和高精度指令跟踪性能。

目前空天高速飞行器变体控制的相关研究成果并不多见。相较于传统固定外形的飞行器，动态自主变形的高超声速飞行器为实现高品质飞行控制，需要寻求在操纵机构位置/速率约束、热结构动力学和飞行模态辨识、可控平稳切换条件下的非线性控制方案[43,44]。强抗扰性和快速性则是空天高速飞行器飞行控制适应大外部扰动和高带宽机体变形回路引起快时变系统模态的必然要求，但其带来的高增益则易导致执行机构位置/速率饱和与弹性模态的激发。因此对空天高速飞行器飞行控制问题的研究，重点需要突破在变体多约束下的强抗扰和高跟踪精度、稳定和协调控制能力。本书将空天高速飞行器变体变形控制作为单独的一章（第 3 章）来分析。

1.2.5.3 空天高速飞行器的混合多操纵面控制

空天高速飞行器先进气动布局和操纵控制的发展是相辅相成的，在这些先进的气动布局方式中，多种类型操纵面的余度配置形成了广义多操纵面布局的气动冗余，因此多操纵面飞行器的飞行控制系统研究引起了国内外学者的广泛关注。多操纵面控制系统是一种冗余驱动（Over actuated system），不同的操纵面组合和不同类型操纵机构的组合体现为含有约束的冗余驱动分配问题。这里的约束主要体现为操纵面位置限制、速率限制、工作时间/环境限制和耦合动力学限制。因此混合的多操纵面控制是一个冗余多目标的控制分配优化问题。空天高速飞行器具有非常规布局是当前设计的一大特色，这样的操纵面布局在提高其控制系统的性能和可靠性方面具有很大的优势，是未来发展的主要方向。具体的优点有以下几个方面：

1）具有冗余的操纵面使得飞行控制系统能够充分利用当前的重构技术，解决高速飞行时各种响应优化问题和控制可达集实现问题；

2）飞行控制系统开发人员可以充分考虑各种最优目标，比如使得飞行阻力最小、操纵面偏转角度最小以避免非线性和气动热耦合等；

3）具有非理想状态下故障和缺陷容错的能力，提高任务充分可实现的能力。

与传统的飞行器相比，空天高速飞行器的混合异类操纵面组合存在气动特性复杂、控制效能冗余耦合的特点，直接导致相应的控制系统自由度增加、操纵机构耦合严重等一系列新的飞行控制问题[45]。

多操纵面布局使得空天高速飞行器飞行控制系统的设计更加复杂了，在保证正常飞行性能的情况下，如何正确分配使用多种操纵面使得操纵面的偏转均在约束范围内，这对飞行控制系统设计人员提出了很高的要求[46]。控制分配理论是完成冗余系统的控制系统设计的一种重要理论方法，因此它在多操纵面飞行器的飞行控制系统的设计中处于核心地位。控制分配技术使得飞行控制律的设计可以分成两个相对独立模块：一个模块是用于响应指令的飞行控制律模块，也就是产生虚拟指令（通常是力矩指令或角加速度指令）；另一个模块就是控制分配模块，当作动器效率在整个飞行过程中处于变化或者操纵面或作动器出现故障时，可以利用控制重分配实现控制重构[47]。另外，基于控制分配的重构控制技术还可以充分考虑执行机构的物理约束，当一个或多个作动器出现饱和或者由于其他原因不能产生正常的控制效应时，可以利用其他等效操纵面实现补偿，从而完成控制任务。这种重构控制方法同传统的重构控制方法比较，具有的明显优势就是不需要对复杂的控制律进行调整，减小了控制系统的设计难度。基于控制分配的重构控制技术在工程应用中具有重大的应用前景，同样也具有重大的理论价值。

如何合理有效地实现异类混合多操纵面的分配与协调，并利用高超声速飞行器的控制余度产生最大的控制效能是一个关键问题。由于操纵面的能力及空气动力学方面的原因，飞行器的这些操纵面都有一定的偏转限制，因此对这些位置受限的操纵面设计分配律就转变成了一个受限控制量分配问题。对受限控制量的分配问题，需要知道飞行器精确的操纵面气动效率。现有的一些多操纵面控制分配设计方法通常假设操纵面的气动效率是线性变化的，但是实际上高超声速飞行器的操纵面气动效率是非线性变化的，其控制分配属于非线性控制分配问题[48]。因此，对于再入过程中的控制力矩分配问题，应结合高超声速飞行器的气动布局特点，考虑各类变量（如舵面偏转位置、速率等）约束，对高超声速飞行器操纵特性进行更精确的描述，在多优化目标任务下展开受限控制量分配问题的优化设计与求解，提出有效快速的分配算法，并分析控制分配算法对于控制系统稳定性的影响。本书将空天高速飞行器混合异类多操纵面的控制问题作为单独的一章（第 2 章）来分析。

1.2.5.4　空天高速飞行器的主动控制技术

空天高速飞行器的主动控制技术涉及智能材料、控制理论和信息科学的交叉，是大幅提升空天高速飞行器控制效能和飞行环境、飞行任务适应性的重要技术手段。主动控制技术是一种飞行器设计新技术，它的出现是对飞行器设计思想的一次革命，对高性能飞行控制系统的设计产生了深远的和积极的影响。飞行器的主动控制技术主要包括以下几个方面。

（1）主动结构控制

空天高速飞行器的多类型操纵舵面、结构变体变形等是诱发机体振荡的来源，这种振荡不仅会造成飞行控制品质的恶化、激发弹性模态的耦合，还会影响机载高灵敏度电子设备仪器的性能。由于采用轻质薄壁的结构，使得空天高速飞行器结构刚度设计更加复杂和困难，因此趋于采用主动振荡控制器来抑制振荡。飞行器结构（包括机构）采用被动阻尼设计的方法通常只在高频振动时有效，而在低频和自然频率范围内往往无效。先进结构主动控制设计通常采用调整结构/机构振源相位的方法，使之与扰动相反，自动形成振动阻尼从而抑制振动的传播。非线性热弹性和气动不稳定性问题在高超声速飞行器上是极为重要的问题，应该在飞行器的设计阶段给予特别的重视。尤其是热力学问题更为重要，因为温度环境的变化可对高超声速飞行器结构的静力学与动力学特性产生显著影响，进而导致动力学不稳定乃至于灾难性的结构疲劳破坏。为了深入理解这类“热”结构的动力学行为，主动控制是近年来兴起的主要用于航空航天结构系统的新技术，为了抑制颤振边界上和颤振后的动力响应，可采用线性和非线性主动控制策略拓展颤振边界，并且能将不稳定极限环振动转变为稳定极限环振动，或者可以将这两种状态的转捩点推向更高的马赫数[49]。

（2）主动增稳和协调控制

在传统的高超声速飞行器控制领域，考虑到高超声速飞行器控制方案设计的挑战，越来越多的研究人员基于先进控制算法针对高超声速飞行器纵向运动系统进行控制器设计。基于标称飞行条件平衡点附近高超声速飞行器的线性化模型，研究人员分别将自适应控制、鲁棒控制、滑模控制、反演控制、增益调度控制以及线性时变控制等先进控制算法应用到高超声速飞行器纵向运动控制系统中。尽管这些控制方案在不同程度上提高了高超声速飞行器系统的鲁棒跟踪控制性能，但是高超声速飞行器系统本质上是非线性系统，当其所处飞行环境较为复杂时，系统自身的非线性特性将会充分呈现，此时上述控制方案很难取得令人满意的控制效果[50]。高超声速主动增稳和协调控制发展得很快，有望在提升控制效果方面取得重要进展。放宽静稳定性可以解决高超声速飞行器在高超声速飞行时稳定裕度过大的问题，但是会造成亚声速飞行阶段飞行器稳定性下降。针对高超声速飞行器在亚声速飞行时稳定性不足的问题，采用最优控制方法设计主动增稳控制系统并应用于放宽静稳性定后的高超声速飞行器[51]。

此外采用主动控制技术，有望在无舵面操控技术领域发挥独特的作用[52]。无舵面飞行器由于其升阻比高、隐身性能好等诸多优势得到越来越广泛的应用。过多的操纵舵面偏转会增加飞行器的雷达散射截面积。采用射流环量控制和反向射流控制两种主动流动控制技术可实现飞行器的无舵面飞行姿态控制。分析表明，利用射流环量控制和反向射流控制能产生规律变化且可控的滚转和俯仰力矩，反向射流产生的偏航力矩也是随控制信号规律变化的。

（3）主动流动控制

主动流动控制（AFC）是在物体流场中直接施加适当的扰动模式并与流动的内在模式相耦合来实现对流动的控制。主动流动控制的优势在于它能在需要的时间和部位出现，通过局部能量输入，获得局部或全局的有效流动改变，进而使飞行器飞行性能显著改善。主动流动控制技术作为一种新兴的飞行器姿态控制手段，可以在一定程度上提升飞行器的气动性能，优化飞行器的控制姿态[28]。在低速、亚声速和跨声速领域中，已有许多试验研究验证了主动流动控制技术在飞行器上的控制效果；而在高超声速领域，针对主动流动控制技术的可行性分析以及控制效果的研究还较少。

1）吹气和吸气的方式。对吹气和吸气技术的研究主要集中在吹气或吸气开孔方式、形状、位置的研究；吹气强、弱，吹气变化方式（恒定、周期性）的研究，吹气和吸气主动流动控制机理的研究。利用机翼前缘的吸气和后缘部分的吹气，对机翼表面的边界层内流动进行干预，能够有效延迟边界层内流动的分离，增大机翼表面层流区，达到增升减阻的目的。

2）微吹气或微射流的方式。它是通过改变旋涡运动的动力学模式来控制宏观的湍流运动，即直接、主动地向受控的流体中大量注入微尺度的扰动并直接耦合进宏观大尺度的流动中，进而影响、控制宏观大尺度流动。

3）等离子体主动控制方式。磁流体动力学（Magneto Hydro Dynamics，MHD）是流体动力学一个新的重要分支，主要研究导电流体在磁场中流动时与电磁场之间的相互作用和规律。近年来 MHD 技术在高超声速技术领域最具研究价值的是利用等离子体（Plasma）和电磁场的相互作用来改善高超声速飞行的特性。高超声速飞行所带来的气动热引发飞行器表面气流局部等离子化，利用等离子体的导电特性通过外加电磁场对高超声速飞行器进气道处、头部斜激波和气动操纵面处的气流进行局部的控制优化，可达到控制和改善边界层及进气道流动特性、飞行器减阻防热和实现操纵的目的。MHD 控制作用的核心思想，一是通过一定规律改变飞行器周围电磁场的大小、方向与作用区域来实现特定区域的流体分布优化，采用 MHD 控制方式能够影响和控制高超声速的流场形式，使之满足高超声速复杂条件尤其是偏离设计条件下的流体控制要求；二是基于 MHD 原理的等离子体激励器在原理上可以实现类似传统机械作动器操纵高超声速飞行器运动的功能。比起机械式作动器通过舵翼面翻转进行飞行控制的方式，等离子体激励器可安装在飞行器的内部，不用暴露在高温高压的外部气流中，因此工作环境得到改善而可靠性更高；同时等离子体激励器依靠电磁场激励，作动频率可以很快而不需要任何运动部件，因此实施操纵效果的响应速度更快，展现了很好的主动控制应用潜力。

4）等离子体合成射流理论与技术。通过完善等离子体合成射流激励器的设计理论，解决合成射流激励器用于高超声速飞行器环境适应性差、能量效率低、控制力弱等瓶颈问题。发展高超声速飞行器外流主动流动控制[23]，为解决高超声速飞行器动力系统进气道低马赫数不起动和燃烧室气-气掺混不充分问题提供了新的方法，为高超声速飞行器降热减阻增程和快响应控制瓶颈问题的解决提供了全新技术途径。空天高速飞行器领域主动控制技术的功能较多，本书不可能面面俱到。本书主要关注空天高速飞行器引入等离子体主动控制的新型异类操控技术，并在第 2 章中加以阐述。

1.3　本书的章节安排

本书主要针对高超声速飞行器和空天往返类高速飞行器的非传统操纵和控制方法展开分析和研究。上述两类飞行器本书简称为空天高速飞行器，由于空天高速飞行器的飞行状态和飞行环境复杂多变，使得飞行器的建模和控制问题极具挑战性。由于空天高速飞行器结合了环境、轨迹和姿态耦合、推力/气动/控制耦合等多个约束，迫切需要提出新的动力学分析方法、新的执行机构和新类型姿态控制方法，突破传统布局的舵翼面控制方式并提供变体变形、混合异类多操纵面以及等离子体流动主动姿态控制等技术手段。以跨学科的创新理论和源头创新方法为手段，方能在近空间飞行环境下的空气动力学、先进操控的理论和方法、高超声速飞行器自主协调控制理论和方法等方面实现突破。目前空天高速飞行器的异类操控技术尚未有系统的著作提供较全面的分析和研究成果，本书正是为了提供此领域的最新研究成果撰写的。考虑到异类操控目前尚未形成统一的技术方案，因此本书并未建立统一的飞行器数学模型，而是在各个章节中针对不同类型空天高速飞行器采用不同的模型和操控方案；同时公式符号定义在各章中是统一的。

第 1 章：研究综述。阐述国内外空天高速飞行器的研究意义、技术发展趋势和关键技术问题。提炼出与吸气式高超声速飞行密切相关的异类操纵技术的发展背景、主要类型和对控制系统设计带来的挑战。

第 2 章：空天高速飞行器混合异类多操纵面控制。分析基于异类多操纵机构的空天高超声速飞行器的姿态控制问题。空天高速飞行器的飞行阶段大致可以分为有/无动力爬升段、在轨飞行段、离轨段、再入段、末端能量管理段以及着陆段等。随着空天高速飞行器姿态控制设计理论的不断发展，控制器设计与控制分配设计相结合的设计方案逐渐成为姿态控制方向研究的重点。本章重点阐述多操纵面流场扰动特性建模和多操纵面的控制分配、舵翼面、射流反作用控制系统和等离子体主动协调控制、有无故障条件下的异类冗余控制中气动舵面的控制分配方法等内容。

第 3 章：空天高速飞行器变体变形控制。首先建立了变体空天高速飞行器的运动模型，然后针对空天高速飞行器进行外形改变时的稳定控制问题进行分析。以空天高速飞行器后掠角变形参数和展长变形参数为要点，以参数化方法设计增益平滑切换鲁棒控制器，实现空天高速飞行器的变体变形控制。增益协调鲁棒参数化控制系统设计首先需要在整个工作区域选取若干特征点。在选定的每一个特征点上，局部控制器的设计采用模型参考输出跟踪控制的参数化设计流程。当每一个特征点上的局部控制器设计完成之后，采用增益矩阵插值的方法得到全局平滑切换控制器。

第 4 章：空天高速飞行器 LPV 变形控制。重点对空天高速飞行器时变系统气动弹性多刚体动力学建模及分析、变体飞行器的稳定性分析、变体飞行器的主动控制和多胞 LPV 模型鲁棒控制器设计进行阐述。完成空天高速飞行器不同飞行阶段、不同任务指标驱动下的最优变体策略、变体稳定性、变体构型和气动耦合操纵控制的分析。

第 5 章：空天高速飞行器耦合度量化协调操控。考虑飞行器发动机内流体质量变化引起的附加力与力矩给控制系统带来的耦合强化与不确定性问题，旨在通过研究高超声速飞行器各通道之间以及各个变量之间的耦合特性，以此设计一种多层次鲁棒协调控制器，实现各通道各变量之间的协调一体化控制，在解决耦合问题的同时又具有良好的鲁棒姿态控制性能。设计高超声速飞行器与吸气式电推进系统结合后的耦合系统的控制方法，吸气式电推进系统通过二级执行机构协调控制器，协调产生的推力可以在稀薄大气中对飞行器进行辅助控制。

参考文献

[1] 刘薇，龚海华．国外高超声速飞行器发展历程综述 [J]. 飞航导弹，2020 (3)：20 - 27，59.

[2] 李季，田野，钟富宇，等．边界层抽吸对超燃冲压发动机流场特性的影响研究 [J]. 推进技术，2019，40 (12)：2700 - 2707.

[3] Mohammad Shakiba，Andrea Serrani. Control Oriented Modeling of 6 - DOF Hypersonic Vehicle Dynamics [A]. AIAA Guidance，Navigation，and Control Conference，2011，10.2514/6.2011 - 6227.

[4] Michael A Bolender，David B Doman. A non - linear model for the longitudinal dynamics of a hypersonic air - breathing vehicle [A]. AIAA Guidance，Navigation，and Control Conference，v 5 [C]. United States：American Institute of Aeronautics and Astronautics Inc.，2005. p 3937 - 3958.

[5] Hydar A，Frederick F，Zhang S. An engineering method for the construction and analysis of hypersonic vehicle configurations [A]. 13th AIAA/CIRA International Space Planes and Hypersonic Systems and Technologies Conference，v 3 [C]. United States：American Institute of Aeronautics and Astronautics Inc.，2005. p 1535 - 1550.

[6] Irene M Gregory，Rajiv S Chowdhry，John D McMinn，John D Shaughnessy. Hypersonic Vehicle Model and Control Law Development Using H_∞ and μ Synthesis. NASA Technical Memorandum 4562，1994，10.

[7] Haupt M，Niesner R，Unger R，et al. Computational aero - structural coupling for hypersonic applications [A]. 9th AIAA/ASME Joint Thermophysics and Heat Transfer Conference Proceedings，v 2 [C]. United States：American Institute of Aeronautics and Astronautics Inc.，2006. p 955 - 973.

[8] Keshmiri Shahriar，Colgren Richard，Mirmirani Maj. Six - DOF modeling and simulation of a generic hypersonic vehicle for control and navigation purposes [A]. AIAA Guidance，Navigation，and Control Conference 2006，v 7，2006，p 4680 - 4689.

[9] Catherine B，Ethan B，John M，et al. The X - 43A Hyper - X mach 7 flight 2 guidance，navigation，and control overview and flight test results [A]. 13th AIAA/CIRA International Space Planes and Hypersonic Systems and Technologies Conference，v1 [C]. United States：American Institute of Aeronautics and Astronautics Inc.，2005. p 682 - 704.

[10] Eugene A M，Stephen D D，Smith M. Aerodynamic parameter estimation for the X - 43A (hyper - X) from flight data [A]. AIAA Atmospheric Flight Mechanics Conference，v1 [C]. United States：American Institute of Aeronautics and Astronautics Inc.，2005. p 537 - 550.

[11] 乔宇航，石泳，赵飞．带级间连接托的高超声速飞行器分离干扰研究 [J]. 航空计算技术，2019，49 (6)：14 - 17.

[12] Maj Mirmirani，Chivey Wu，Andrew Clark，Sangbum Choi and Richard Colgren. Modeling for

control of a generic airbreathing hypersonic vehicle [A]. AIAA Guidance, Navigation, and Control Conference, v 5 [C]. United States: American Institute of Aeronautics and Astronautics Inc., 2005. p 3959 - 3977.

[13] Kevin Austin, B E Mechanical. Evolutionary Design of Robust Flight Control for a Hypersonic Aircraft [D]. PhD thesis, Department of Mechanical Engineering, Queensland University, Australia, 2002. 6.

[14] M Heller, G Sachs. Flight dynamics and robust control of a hypersonic test vehicle with ramjet propulsion. AIAA 1998 - 1521.

[15] 李惠峰. 高超声速飞行器制导与控制技术（上、下）[M]. 北京：中国宇航出版社，2012.

[16] 罗世彬. 高超声速飞行器机体/发动机一体化设计及多学科设计优化 [M]. 北京：科学出版社，2019.

[17] 闫杰，于云峰，凡永华. 吸气式高超声速飞行器控制技术 [M]. 西安：西北工业大学出版社，2015.

[18] 姜长生. 关于近空间飞行器飞行控制系统研究设计的几个问题 [J]. 电光与控制，2015，22（7）：1 - 13.

[19] Xin Wang. Modeling and Control of a Torque Load System with Servo Actuator′s Dynamics, Proceedings of the Institution of Mechanical Engineers Part G Journal of Aerospace Engineering, 2017. Volume 231, Issue 9. 2017. p1676 - 1685.

[20] 逯晓光，孔庆霞，余颖. 基于自适应动态逆的高超声速飞行器姿态复合控制 [J]. 宇航学报，2013（7）.

[21] M Heller, G Sachs. Flight dynamics and robust control of a hypersonic test vehicle with ramjet propulsion. AIAA 1998 - 1521.

[22] Qian Wang. Stochastic robust control of nonlinerar dynamic systems [D]. PhD thesis, Department of Mechanical and Aerospace Engineering, Princeton University, USA, 2001. 6.

[23] 罗振兵，等. 高超声速飞行器内外流主动流动控制 [M]. 北京：科学出版社，2019.

[24] 美国披露新型高超声组合循环发动机方案——Hyscram [EB/OL]. http://www.360doc.com/content/20/0703/08/48906365_921989517.shtml.

[25] Parker Jason T, Serrani Andrea, Yurkovich Stephen, Bolender Michael A, Doman David B. Approximate feedback linearization of an air - breathing hypersonic vehicle [C]. AIAA Guidance, Navigation, and Control Conference 2006, v 6, 2006, p 3633 - 3648.

[26] Ying Huo, Majdedin Mirmirani, Petros Ioannou and Mathew Kuipers. Altitude and Velocity Tracking Control for An Airbreathing Hypersonic Cruise [C]. AIAA Guidance, Navigation, and Control Conference 2006, v7, p 4690 - 4699.

[27] Groves Kevin P, Serrani Andrea, Yurkovich Stephen, Bolender Michael A, Doman David B. Anti - windup control for an air - breathing hypersonic vehicle model [C]. AIAA Guidance, Navigation, and Control Conference 2006, v 6, 2006, p 3649 - 3662.

[28] 战培国，程娅红，赵昕. 主动流动控制技术研究 [J]. 航空科学技术，2010（05）：4 - 8.

[29] Xu B, Yang C, Pan Y. Global neural dynamic surface tracking control of strict - feedback systems with application to hypersonic flight vehicle [J]. IEEE Transactions on Neural Networks &

Learning Systems，2017，26 (10)：2563 - 2575.

[30] Bu X，Wu X，Zhang R，et al. Tracking differentiator design for the robust backstepping control of a flexible air - breathing hypersonic vehicle [J]. Journal of the Franklin Institute，2015，352 (4)：1739 - 1765.

[31] Fiorentini L，Serrani A，Bolender M A，et al. Nonlinear Robust Adaptive Control of Flexible Air - Breathing Hypersonic Vehicles [J]. Journal of Guidance Control & Dynamics，2009，32 (2)：402 - 417.

[32] Wei Y，Chen Y，Duan G，et al. Reference command tracking of a hypersonic vehicle with elastic effects [C]. Guidance，Navigation and Control Conference，2017：1 - 6.

[33] Zhu Y，Shen H，Liu Y，et al. Optimal control and analysis for aero - elastic model of hypersonic vehicle [C]. Guidance，Navigation and Control Conference，2017：1911 - 1915.

[34] 俄罗斯“先锋”高超声速助推滑翔导弹综述及研判 [EB/OL]. https：//baijiahao. baidu. com/s? id=1598603277252856717&wfr=spider&for=pc.

[35] 张灿，林旭斌，刘都群，等 .2019 年国外高超声速飞行器技术发展综述 [J]. 飞航导弹，2020 (1)：16 - 20.

[36] 下定决心！日本公开高超声速武器计划，最迟四年后就可入役 [EB/OL]. https：//baijiahao. baidu. com/s? id=1651955106194686397&wfr=spider&for=pc.

[37] 康开华 . 英国“云霄塔”空天飞机的最新进展 [J]. 国际太空，2014 (7)：42 - 50.

[38] 中国乘波体高超声速飞行器“星空 2 号”试飞成功 [EB/OL]. https：//mil. huanqiu. com/gallery/9 CaKrnQhLBY.

[39] 献礼“中国航天日”厦门大学成功发射火箭“嘉庚一号”[EB/OL]. https：//www. sohu. com/a/3099 45076 _ 100253941.

[40] 力学所提出新型高超声速飞机气动布局 [EB/OL]. http：//www. cas. cn/syky/201802/t 20180202 _ 4634811. shtml.

[41] 我国完成两级入轨空天飞行器风洞自由分离试验 [EB/OL]. http：//www. 81. cn/hkht/2019 - 10/22/content _ 9658471. h tm? from=timeline.

[42] 彭悟宇，杨涛，涂建秋，等 . 高超声速变形飞行器翼面变形模式分析 [J]. 国防科技大学学报，2018，40 (3)：15 - 21.

[43] 殷明 . 变体飞行器变形与飞行的协调控制问题 [D]. 南京：南京航空航天大学，2016.

[44] 乐挺，王立新，艾俊强 . 变体飞机设计的主要关键技术 [J]. 飞行力学，2009 (5)：8 - 12.

[45] 孙超姣，陈勇，景博，等 . 基于权值优化的多操纵面抗饱和控制分配策略 [J]. 系统工程与电子技术，2019，41 (6)：184 - 190.

[46] 李蔚蓝 . 具有异类冗余执行机构的飞行器控制分配研究 [D]. 南京：南京航空航天大学，2018.

[47] 邵兴悦 . 高超声速飞行器异类混合多操纵面复合控制技术研究 [D]. 北京：北京航空航天大学，2014.

[48] 孙长银，穆朝絮，余瑶 . 近空间高超声速飞行器控制的几个科学问题研究 [J]. 自动化学报，2013，39 (11)：1901 - 1913.

[49] Laith K Abbas，陈前，Piergiovanni Marzocca，等 . 高超声速双楔形升力面的主动热气动弹性控制问题的研究（英文）[J]. Chinese Journal of Aeronautics，2008 (1)：12 - 22.

[50] 赵振华．主动抗干扰控制理论及其在飞行器系统中的应用研究 [D]. 南京：东南大学，2018.

[51] 梁冰冰，江驹，吴雨珊，等．放宽静稳定性高超声速飞行器的增稳控制方法 [J]. 哈尔滨工程大学学报，2015 (10)：1365－1369.

[52] 孙全兵，史志伟，耿玺，等．基于主动流动控制技术的无舵面飞翼布局飞行器姿态控制研究 [J]. 航空学报，2020，41 (12).

第 2 章　空天高速飞行器混合异类多操纵面控制

2.1　引言

本章主要针对基于混合异类多操纵机构的空天高速飞行器在姿态控制方面展开研究。空天高速飞行器的飞行阶段大致可以分为加速爬升、在轨飞行、再入飞行等阶段，混合异类多操纵面控制的目的首先是为了使空天高速飞行器在复杂多变的飞行环境中得到高精度、高效率的姿态和轨迹控制，其次是为了在以气动舵面操纵机构为主的基础上探索新型的飞行器控制方式，并且研究不同控制方式间的协同控制问题。空天高速飞行器模型是一个多学科融合的技术领域，在本章中我们关注的核心问题是如何保证空天高速飞行器在严苛环境中具有高效率、高精度的飞行性能。由于空天高速飞行器的飞行包线相比于传统飞行器有很大的不同，例如空天高速飞行器有更多类型的操纵机构、更加严苛多变的飞行环境以及更高难度的飞行任务，这导致传统的仅由气动舵面作为执行机构的控制器设计方法面临巨大挑战，混合异类多操纵面控制方法和新型的控制分配策略有望成为重点的解决途径。随着空天高速飞行器操纵机构的多样化和复杂化，以控制器与分配器组合为框架的控制系统设计方案成为目前空天高速飞行器姿态控制方案的基本结构。

2.2　国内外研究现状

2.2.1　控制分配技术

控制分配技术最初主要应用于航空领域的飞行器，飞行器根据实时飞行状态将期望力矩分配给气动操纵机构[1]。随着不同学科领域的融合发展，基于飞行器多操纵机构的分配算法和理论同时在不断更新发展，经历了从线性到非线性、从单目标到多目标、从静态到动态分配、从非优化到优化分配的发展过程。可以看出，随着多种类分配算法的不断优化，飞行控制系统的控制精度以及控制效率不断提高，从而保证了飞行器在复杂的环境下执行任务的适应能力。

（1）非优化分配方法

20 世纪在控制分配技术发展初期，以包括直接分配法、广义逆法、链式递增法为主的非优化控制分配理论率先得到发展。直接分配算法最早由 W C Durham[2] 提出并进行验证，验证结果表明该算法可以较好地完成多个舵面的力矩分配，但同时缺点也比较明显，该算法计算量大且算法结构较为复杂，导致实时性比较差，无法在高速飞行器中运用。W C Durham[3] 提出广义逆法，并第一次引入了目标函数的最优化理论。该算法同样地在飞行器上进行了验证，模型仿真结果表明该算法相对于直接分配法扩大了解的可行域，但在实际运行中气动操纵面的极限偏转情况依旧发生，执行机构控制效率受限。

（2）优化分配方法

Buffington 等[4]第一次将线性规划理论运用到具有多操纵机构的飞行器的控制方案设计当中。Harkegard 等[5]提出了加权最小二乘以及连续最小二乘分配算法，此两种方法的实时性以及分配精度在大多数飞行系统中都能满足要求。在实际应用方面，针对具有多操纵机构的 X-33 飞行器，Burken 等[6]第一次将二次规划设计方法应用到控制系统分配模块的设计中。该方案可以对目标函数进行更复杂的设计，二次规划相对于线性规划更容易实现。郭颢萌[7]提出了将二次规划方案应用到控制系统的动态分配中，该算法对开环伪逆的控制分配算法进行了改进。

（3）非线性分配方法

当操纵舵面参数可线性化程度差并且操纵机构间耦合严重时，非线性控制分配技术解决这一问题就具有优势。Bolender 等[9]利用有关操纵机构特性的非线性曲线分段线性化处理对模型问题求解。一般飞行器的气动数据可以用多项式进行拟合，对于具有多操纵机构的飞行器强非线性控制分配问题，Poonamallee[10]提出了对应的规划方案，利用序列二次规划算法以及对应的非线性气动数据表达式，可求得可行域内的最优分配解。为了处理实际分配问题中的不确定建模以及执行机构存在动态响应过程等情况，文献［11］针对异类多操纵机构的空天飞行器过驱动控制系统分配问题进行了设计研究。针对执行机构故障情况下的控制分配问题，支健辉等[12]提出有限时间稳定的自适应冗余控制分配方法。该算法对有约束控制分配问题结构化处理为无约束问题，并且为改进后的模型设计了自适应控制分配律，在实际模型中的仿真结果表明所设计方案具有有效性。针对飞行器实际控制分配中可能出现的操纵机构饱和的问题，陈勇等[13]首先将非线性控制分配问题线性化，提出了变参数控制分配方法，在模型中的仿真结果验证了所设计方案的控制效果。

关于二次规划算法的改进和优化，Simmons 等人[14]提出了一种基于频率权重符号优化的二次规划算法。文献［15］提出了基于 BFGS 算法的二次规划寻优算法，该方法计算量相对较小，收敛速度快，自适应程度高。针对执行机构驱动器存在模型不确定的情况，陈勇等[16]在操纵机构驱动补偿的基础之上提出并设计了基于动态特性鲁棒预测控制分配方案。基于驱动器的动态特性分析，臧希恒等[17]将动态分配问题转换成具有线性矩阵不等式约束的问题模型。

（4）基于智能算法的分配方法

计算机技术的发展以及人工智能技术的兴起，使得控制分配算法的智能化改进不断发展，利用先进的智能化算法解决控制分配中的实际问题，使得分配算法在工程实践中的有效性和实用性不断提高。针对过驱动空间飞行器的姿态控制，Kosari 等[18]提出基于差分进化方法的控制分配方案，在系统模型的实际仿真中验证了所设计方案良好的控制性能。针对空间飞行器执行机构操纵特性具有强非线性的问题，文献［19］提出了自编码机神经网络建模的深度学习方法，该方法可以有效处理非线性气动数据。Fan Yong[20]在遗传算法基础上提出了可行域最优搜索控制分配方案，利用该方法在可行域空间内搜寻最优的控制分配解；仿真验证了智能优化算法在分配问题求解中的优势。针对空天高速飞行器姿态控制问题，姚从潮等人[21]结合多目标遗传算法和模糊控制算法求解执行机构操纵力矩在可行域内的最优解，仿真验证了该算法的有效性。目前在控制领域求解最优化问题时常用的智能算法有天牛须算法、鱼群算法等[22,23]。天牛须算法[24]是一种新型的智能随机优化搜索算法，该方法可在定义域全局范围内进行搜索，且具有较快搜索速度。由于该算法具有特殊结构，相比应用已经成熟的粒子群算法和遗传算法等传统智能寻优算法，该算法的计算量大大减小，局部空间内的收敛能力更强；然而全局搜索能力相对较差，可以在该算法的基础上结合其他算法的结构特点以增强其全局搜索能力。相对于非智能分配算法，智能优化算法对于强耦合或强非线性实际控制系统具有良好的控制性能，缺点是智能算法通常情况下计算量较大，导致应用于控制分配系统中实时性不强。计算机技术尤其是硬件运算能力的不断提高，使得智能控制分配策略在非线性控制分配问题中的性能不断增强。

（5）混合异类多操纵机构控制分配技术

混合异类操纵机构具有不同的操纵特性，控制分配方法相对于单一操纵机构考虑的因素更多。针对空天高速飞行器气动舵与 RCS（反作用控制系统）的控制分配问题，Doman[25]首次提出了针对异类混合操纵机构的混合整型规划求解方案，RCS 是一类具有开和关两种工作状态的离散操纵机构，在控制精度以及消耗能量最小约束下，在考虑执行机构限制的基础上使用混合整型规划的方法确定 RCS 的最优点火组合。针对具有推力矢量和反推力作用系统的空天高速飞行器模型，文献［26］依据直接力与推力矢量的操纵特性，在考虑控制对象以及执行机构模型的基础上设计了复合控制方法。

2.2.2　异类操纵机构

常规飞行器一般利用气动操纵面实现姿态控制，分别由升降舵、方向舵、左右副翼控制俯仰方向、偏航方向、滚转方向的偏转运动[27]，以及其他的冗余气动舵面对三个方向进行冗余控制。空天高速飞行器的兴起与发展以及其特殊的飞行环境，使得传统的操控方案较难满足空天高速飞行器的控制需求。异类混合多操纵机构控制技术在现代飞行控制方案设计中占有非常重要的地位。异类机构包括气动操纵面、RCS、合成射流主动流控制、变惯量、推力矢量等[28]，异类多操纵机构的配置使得空天高速飞行器的控制系统可靠性大大提高，并且使得飞行器的升阻比等飞行特性得到优化。由于空天高速飞行器具有飞行速度快、跨域飞行的特点，使得飞行器控制器的设计以及异类操纵机构的控制分配存在更大的挑战。因此，近年来针对空天高速飞行器的控制器设计以及异类操纵机构的分配器设计成为国内外学者竞相研究的热点。空天高速飞行器可以在临近空间飞行，稀薄的空气导致动压较低，气动舵面在该阶段的控制效率低。此外，再入阶段空天高速飞行器处于高超声速甚至极超声速的飞行状态，气动舵面的偏转受气动热影响很大，舵面偏转受到严重的限制，仅依靠舵面无法保证空天高速飞行器的稳定飞行[29]，必须依靠其他类型的执行机构进行辅助控制才能保证空天高速飞行器再入姿态的稳定。异类混合控制分配算法是飞行器控制器设计的难点和重点之一。相对于多个气动操纵面的控制分配，异类操纵机构间的分配复杂度更高。本章的研究重点是异类混合多操纵机构，包括气动舵面、RCS 以及等离子主动流动控制在空天高速飞行器姿态控制方面的应用。

2.2.3 高速主动流动控制

流动控制激励器理论是主动流动控制技术架构中最为重要也是最基础的部分。从工作本质上来说，主动流动控制激励器作为一种能量转换器件，可以将输入的化学能或电能转换为动能或热能，从而对空天高速飞行器所处的高速流场产生控制作用。主动流动控制激励器依据干扰外流场机制的不同主要包括流体式、机械式及等离子体式几种类型，如图 2－1 所示。

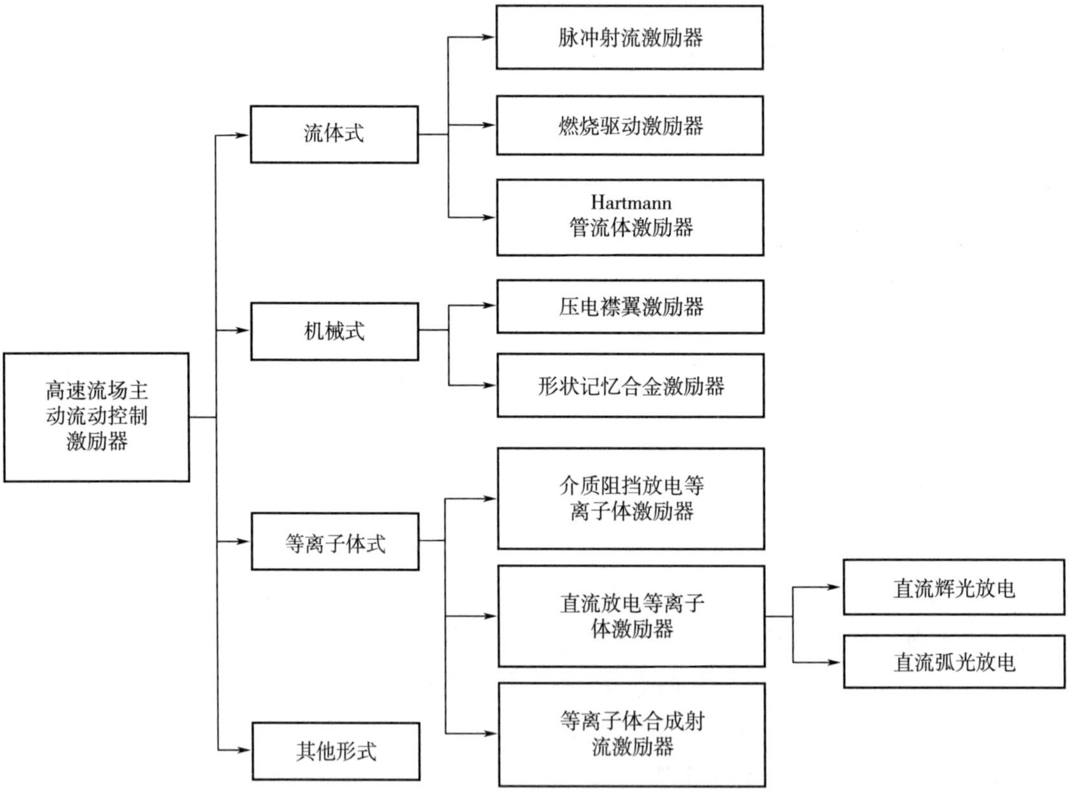

图 2－1 主动流动控制激励器分类示意图

流体式激励器包括零质量和非零质量两种类型，区别为能量传输过程的不同，以在低速流动控制中的应用为主[30,31]。流体式激励器的优点是没有机械活动部件，结构紧凑、简单，相对于机械偏转机构故障发生概率低。该类型激励器中，有源非零质量激励器适用于高速流场中执行机构的控制。自适应材料研究与应用是机械式激励器发展的基础[32]，工程中常见的自适应材料有压电材料、形状记忆合金以及电活性材料等。压电襟翼激励器[33]和形状记忆合金激励器[34,35]是两种用于高速流动控制的激励器。目前主动流动控制激励器中等离子体激励器是很有潜力的一种[36-41]。该类型激励器响应快、对流场控制效果好并且可以适应多种应用环境。目前各国学者在等离子体激励器高速流场领域的应用研究也有一定进展[42-44]。相关风洞实验研究表明，弧光放电激励器[45]和火花放电等离子体合成射流激励器[44]在高速流场控制实验中表现出了优良性能。射流激励器在流动控制技术的应用中是一个重要的发展方向。该类型激励器在腔体上开一个小孔（或缝），如果在激励器孔口（或缝）处建立压差则可以形成射流。以腔体内气体增压方式作为分类依据[46]，射流激励器可以分为四种类型：压缩型、升温型、加质型、组合型（前三种基础结构的结合类型）。

主动流动控制激励器对高速飞行器的控制作用主要是通过向外流场输入动能或者热能进而产生扰流作用来实现的，通过对以上四种类型射流激励器的研究，射流激励器类型具有能控、快响应、高频、高可靠性、高效率等特点。“磁/电流体力学”理论提出了气体放电对于高速流场的扰动进而对飞行器产生控制作用[47]，大量研究人员在电磁场的超声速/高超声速主动流动控制技术机制和应用研究中进行了广泛而深入的探索[48,49]。以气体放电工作机制作为分类依据，等离子体激励器主要分为介质阻挡放电（DBD）、直流放电以及合成射流三种类型。

(1) DBD 等离子体激励器

DBD 等离子体激励器结构包括绝缘介质以及两个非对称电极，其中阳极裸露在介质表面，阴极则埋于绝缘介质里面，如图 2-2 所示。在阴极和阳极之间施加高压、高频交流电源，在激励器上表面则会形成非对称电场。该电场会使附近空气电离，形成等离子体，等离子体的流动会诱使周围气流向埋入电极方向移动，形成用于主动流动控制的壁面射流。

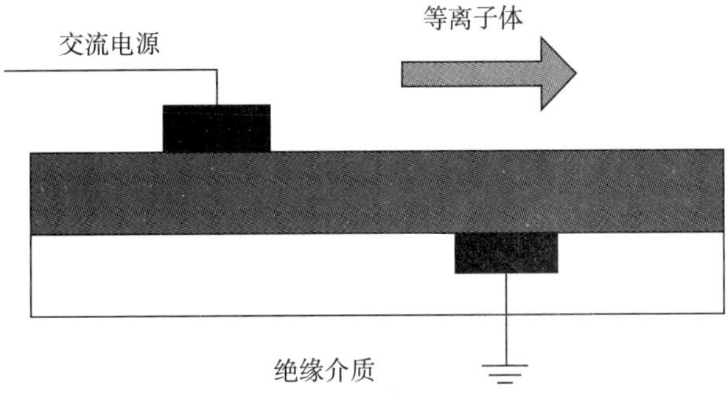

图 2-2　DBD 等离子体激励器的结构

等离子体激励器对流场产生干扰作用的工作机理包括三种：电流体动力效应、焦耳快速加热引起气体膨胀效应和有磁流体动力效应[50]。DBD 激励器布局于飞行器的不同位置，对飞行器的俯仰、偏航、滚转力矩有重要影响，并且可通过改变激励器输入电压对气动力矩产生线性控制作用。此外，为了提高气动舵面的控制效率，等离子体流动控制技术可以辅助舵面控制成为复合型操纵机构。为了研究 DBD 激励器在高速流场控制领域的实验特性以及作用机理，文献 [53] 研究发现可以通过改变 DBD 等离子体激励器电极结构来实现上述需求。纳秒脉冲放电方式近年来成为研究热点，Roupassov 等人[54,55]对纳秒脉冲放电特性进行了研究。DBD 激励器利用纳秒脉冲放电产生的这种效应，可以应用于高速流场控制。

(2) 直流放电等离子体激励器

依据输入电压的大小，直流放电等离子体激励器一般包括直流辉光放电和直流弧光放电等离子体激励器两种类型[56]，输入功率以及放电电流大小是这两种激励器最大的区别。辉光放电的电流大小一般为 100 mA，弧光放电的电流大小约为 1 A。该类型激励器的典型结构如图 2-3 所示，主要结构为布置在绝缘介质同侧的耐高温电极，且阴极和阳极之间没有绝缘介质。直流放电等离子体激励器的电极形状、电极布置方式以及电极对数可以根据实际控制及参数需求进行设计。

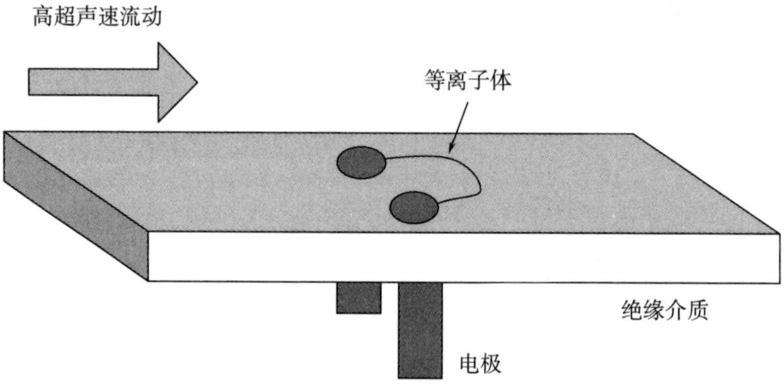

图 2-3　直流放电激励器的典型结构

Menart 等[57]关于 F_{bu} 的超声速流动对于等离子体与普通电阻丝的加热特性对外流场的干扰作用做了对比实验，实验测量结果表明等离子体的加热速度比电阻丝要快一个数量级，体现出前者在气体加热效应方面具有优势。Shin[58]研究发现该类型激励器对于高速流场产生干扰作用的响应时间小于 100 μs，且在流场中形成的强压缩波接近声速，这种效应用于显著改变高速流场结构[59,60]。直流放电等离子体控制效果受电极对数、电极结构、电极的布置方式、环境气压以及输入电压等因素影响。文献 [61] 研究发现随着电极个数的增加，等离子体的控制效果逐渐增强，而相比于沿高速流方向布置电极的结构，沿横向布置的电极结构拥有更好的控制效果[62]。Leonov 等人[62]的实验表明，等离子体弧光放电相对于辉光放电产生的压力增加量并不明显，Shin 等[58,63]的研究结果显示，直流放电等离子体的流动控制的主要影响因素为气体加热效应，此外静电力对于流动控制也有重要作用。在弥散放电模式下，直流放电等离子体对外流场的控制效率随着等离子体功率的增大而增强。弥散放电过渡到弧光放电，等离子体输入功率过大会导致超声速流边界层的分离。Samimy[64,65]对直流弧光放电激励器进行优化，相关实验表明，增大高速来流速度会导致该优化激励器工作效率的减小[66]。

(3) 等离子体合成射流激励器

如图 2-4 所示，等离子体合成射流激励器没有机械活动部件，腔体上开有小孔（或缝），需要以电能为输入能量。该类型激励器通过电极放电产生的等离子体加热腔体内气体，加热效应使气体膨胀增压从开口处高速喷出，实现对外流场的干扰作用。其优点是等离子体不与受控流场直接接触，减小了直接影响，但目前在研或应用的该类型激励器产生的射流速度较低，导致对于高速流场的控制效果不佳。Grossman 等人[67]在已有激励器基础上设计了火花放电合成射流激励器，通过对激励器腔体内气体放电产生高能合成射流。

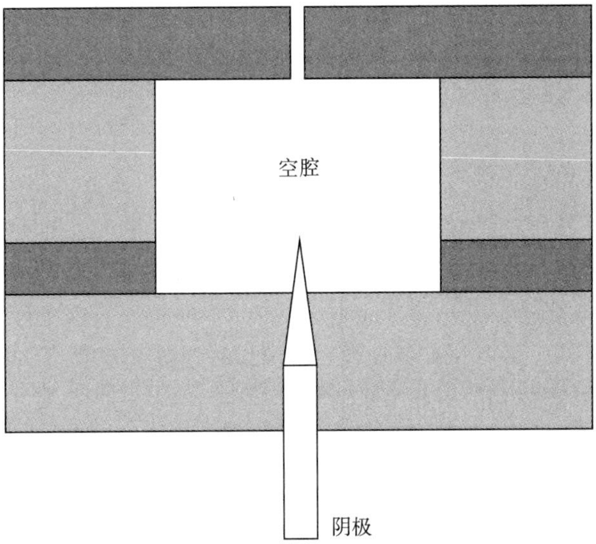

图 2-4　等离子体合成射流激励器结构示意图

文献［68］的研究表明，经过改进的等离子射流激励器可以生成高速射流以及接近声速的压缩波，对受控外界流场具有大的能量注入能力以及较强的压缩波扰动能力。Cybyk 等[69,70]研究了激励器的结构特征参数和能量沉积对于产生射流性能的影响，风洞实验结果表明了该类型激励器在超声速甚至高超声速流场中流动控制的有效性。在相关领域的研究中，合成射流激励器实现了对反射激波边界层分离区域大小的控制和激波边界层中激波强度的控制[71,72]。

2.3　动力学建模与分析

2.3.1　坐标系定义及转换

（1）地面坐标系 $o_1-x_g y_g z_g$

坐标原点 o_1 为飞行器在地球表面的发射点；ox_g 轴在发射点的地球的切平面上，指向发射方向；oy_g 沿当地地理垂线垂直向上；oz_g 与其他两轴构成右手坐标系，在本章中简记为 g 系。

（2）机体坐标系 $o-x_b y_b z_b$

坐标原点 o 为飞行器质心；ox_b 轴指向飞行器头部；oy_b 轴位于轴对称或面对称机体的

纵向对称平面内，并且在方向上始终垂直于 ox_b ，向上为正；oz_b 与其他两轴构成右手坐标系，在本章中简记为 b 系。

（3）航迹坐标系 $o-x_ky_kz_k$

坐标原点 o 为飞行器质心；ox_k 轴沿飞行速度方向；oy_k 在过 ox_k 的铅垂面内，垂直于 ox_k ，向上为正；oz_k 与其他两轴构成右手坐标系，在本章中简记为 k 系。

（4）速度坐标系 $o-x_vy_vz_v$

坐标原点 o 为飞行器质心；ox_v 轴沿飞行速度方向；oy_v 轴位于轴对称或面对称机体的纵向对称平面内，并且垂直于 ox_v ，向上为正；oz_v 与其他两轴构成右手坐标系，在本章中简记为 v 系。

（5）机体坐标系和地面坐标系

俯仰角 ϑ ：机体纵轴 ox_b 与 ox_gz_g 平面的夹角，抬头为正；

偏航角 ψ ：机体纵轴 ox_b 在 ox_gz_g 平面上的投影与 ox_g 间的夹角，当机头向左偏转时该角为正值；

滚转角 γ ：机体轴 oy_b 与包含机体纵轴 ox_b 的铅垂面间的夹角，当机体向右偏转时该角为正值。

2.3.2 动力学和运动学建模

假设空天高速飞行器为刚体，飞行器的运动可以理解为由质心的平动和绕质心的转动两部分构成。由牛顿定律以及动量矩定理可以导出

$$\sum \boldsymbol{F} = \frac{\mathrm{d}}{\mathrm{d}t}(m\boldsymbol{V})\bigg|_{\mathrm{i}} \tag{2-1}$$

$$\sum \boldsymbol{M} = \frac{\mathrm{d}\boldsymbol{H}}{\mathrm{d}t}\bigg|_{\mathrm{i}} \tag{2-2}$$

其中，$\sum \boldsymbol{F}$ 为作用于飞行器上的合外力，m 为飞行器质量，$\boldsymbol{V}$ 为机体质心在 g 系中的速度；$\sum \boldsymbol{M}$ 为飞行器的合外力矩，$\boldsymbol{H}$ 为动量矩，符号 $\big|_{\mathrm{i}}$ 表示均是在惯性坐标系下做运算。

（1）质心运动方程

1）在 k 系下建立力学方程组可以有如下表示形式

$$\begin{cases} \mathrm{d}V/\mathrm{d}t = \dfrac{-x}{m} - g\sin\theta \\ \mathrm{d}\theta/\mathrm{d}t = \dfrac{1}{mV}(y\cos\gamma_V - z\sin\gamma_V - mg\cos\theta) \\ \mathrm{d}\psi_V/\mathrm{d}t = -\dfrac{1}{mV\cos\theta}(y\sin\gamma_V + z\cos\gamma_V) \end{cases} \tag{2-3}$$

2）飞行器在地面空间上的位置可以由 g 系中 x ，y ，z 三个参数确定，飞行器质心的运动学方程可以表示为

$$\begin{cases}\dot{x}=V\cdot\cos\theta\cdot\cos\psi_V\\ \dot{y}=V\cdot\sin\theta\\ \dot{z}=-V\cdot\cos\theta\cdot\sin\psi_V\end{cases}\tag{2-4}$$

（2）质心转动方程

1）在 b 系中，机体绕质心旋转的动力学方程组可以表示为

$$\begin{cases}M_x=\dot{\omega}_x\cdot I_x+(I_z-I_y)\omega_y\omega_z\\ M_y=\dot{\omega}_y\cdot I_y+(I_x-I_z)\omega_x\omega_z\\ M_z=\dot{\omega}_z\cdot I_z+(I_y-I_x)\omega_y\omega_x\end{cases}\tag{2-5}$$

其中，ω_z，ω_y，ω_z 分别为机体转动角速率沿 b 系各轴的分量；分别为合外力矩 $\sum \boldsymbol{M}$ 在 b 系三个轴上的分量。在本章中 $[M_x, M_y, M_z]^{\mathrm{T}}$ 与 $[l, m, n]^{\mathrm{T}}$ 等价。I_x，I_y，I_z 分别为三个轴向的转动惯量，上式可以转化为

$$\begin{cases}\dot{\omega}_x=\dfrac{M_x}{I_x}-\dfrac{\omega_y\omega_z}{I_x}(I_z-I_y)\\ \dot{\omega}_y=\dfrac{M_y}{I_y}-\dfrac{\omega_x\omega_z}{J_y}(I_x-I_z)\\ \dot{\omega}_z=\dfrac{M_z}{I_z}-\dfrac{\omega_x\omega_y}{I_z}(I_y-I_x)\end{cases}\tag{2-6}$$

2）机体绕质心旋转的运动学方程可以表示为

$$\begin{cases}\dot{\vartheta}=\omega_y\sin\gamma+\omega_z\cos\gamma\\ \dot{\psi}=(\omega_y\cos\gamma-\omega_z\sin\gamma)/\cos\vartheta\\ \dot{\gamma}=\omega_x-\tan\vartheta(\omega_y\cos\gamma-\omega_z\sin\gamma)\end{cases}\tag{2-7}$$

3）攻角、侧滑角、速度偏角与其他状态量的关系可以表示为

$$\begin{cases}\dot{\alpha}=\omega_z-\omega_x\cos\alpha\tan\beta+\omega_y\sin\alpha\tan\beta-\dfrac{g\cos\theta\cos\gamma_V}{V\cos\beta}-\dfrac{y}{mV\cos\beta}\\ \dot{\beta}=\omega_x\sin\alpha+\omega_y\cos\alpha+\dfrac{1}{mV}[z-mg\cos\theta\sin\gamma_V]\\ \dot{\gamma}_V=(\omega_x\cos\alpha-\omega_y\sin\alpha)\sec\beta+\\ \qquad\dfrac{g}{V}\tan\beta\cos\gamma_V\cos\theta+\dfrac{1}{mV}[y(\sin\theta\sin\gamma_V+\tan\beta)+z\sin\theta\cos\gamma_V]\end{cases}\tag{2-8}$$

2.4 异类多执行机构的空天高速飞行器模型

2.4.1 模型介绍

高超声速飞行器为获得更强的机动性与容错性等飞行性能上的提升，通常会配置多种气动操纵面。除常规气动力操纵机构外，飞行器还会配置 RCS 或者合成射流控制装置，以实现对高超声速飞行器的辅助和冗余控制。本章空天高速飞行器采用如图 2－5 所示的

类 X-37B 模型的气动操纵面布局，可实现高速飞行器多个轴向的控制。图 2-5 中空天高速飞行器采用翼身组合体布局，机翼由边条翼和处于机体后部的主三角翼构成。机身尾部上方有外倾式 V 型双垂尾，每片垂尾后缘可偏转作为方向舵使用，方向舵可从根部开裂为阻力板，机身底部后缘向后延伸出体襟翼，体襟翼也可上下偏转作为纵向操纵舵使用。类 X-37B 飞行器气动执行机构包括升降舵、体襟翼、方向舵和内外副翼四组机构，各操纵面对于机体的具体控制作用为：

1）内副翼同时同向偏转进行俯仰控制；

2）外副翼同时差动使用可以完成机体滚转方向的控制；

3）V 型垂尾外侧可转动部分为方向舵，向外偏转进行侧向控制；

4）体襟翼作为升降舵使用，可参与俯仰控制。

表 2-1 为类 X-37B 飞行器气动操纵面相关参数。

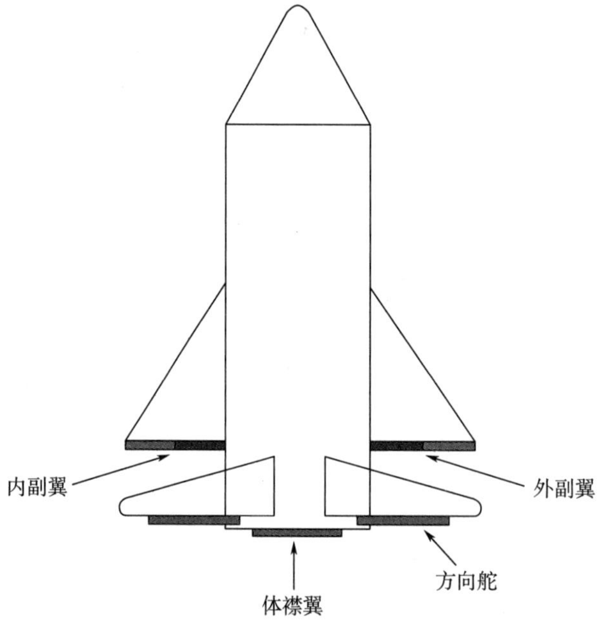

图 2-5　类 X-37B 飞行器的空天高速飞行器示意图

表 2-1　类 X-37B 飞行器气动操纵面相关参数

	正向定义	编号	角度偏转范围/（°）
左方向舵	左偏	lr	−25～25
右方向舵	左偏	rr	−25～25
左外副翼	下偏	loa	−30～30
左内副翼	下偏	lia	−30～30
右外副翼	下偏	roa	−30～30
右内副翼	下偏	ria	−30～30
体襟翼	下偏	bf	−30～30

2.4.2　控制系统建模

图 2-5 中的空天高速飞行器不仅具有控制输出冗余的气动舵面，而且还具有异类执行机构，如 RCS、等离子主动流动控制装置等。不同的气动舵面存在着不同的偏转速率以及舵偏位置极限等约束，异类执行机构也存在各自的操纵特性，因此控制器设计过程中须格外关注协调控制问题。RCS 是"0-1"开关型操纵机构，只有开启和关闭两种状态，在控制器设计时和连续型执行机构区别较大。此外执行机构间的耦合现象在复合控制中也是不可避免的，如果不对各执行机构的力矩分配进行优化，不同操纵机构之间的控制效能可能会存在相互抵消的情况，降低整体性能甚至有可能对控制机构造成损害。因此，在设计异类操控系统时对控制器和分配器予以分立，将空天高速飞行器再入姿态控制问题分解为控制器设计和控制分配器设计，从而使这两部分设计环节更高效、更有针对性。图 2-6 为异类操控系统框架示意图。

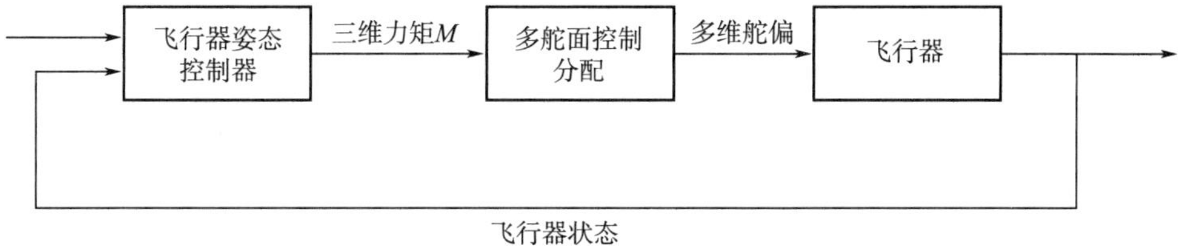

图 2-6　异类操控系统框架示意图

将制导指令和飞行器各状态量送入姿态控制器中，得到三轴输出的期望力矩指令 $\boldsymbol{v}=[M_x, M_y, M_z]^{\mathrm{T}}$，控制分配环节以设定的优化指标以及约束条件为基础，根据期望力矩产生合适的舵偏指令和其他类型操控机构的操纵指令，各指令经过执行机构的动力学环节后产生实际作用于机体的输出力矩，进而可以对高速飞行器机体姿态产生控制作用。

为分析方便，可以将控制分配环节统一写为向量非线性形式

$$\boldsymbol{v}=g(\boldsymbol{x},\boldsymbol{u}) \tag{2-9}$$

其中，$\boldsymbol{v}=[M_x, M_y, M_z]^{\mathrm{T}}$，$\boldsymbol{x}$ 为系统的状态变量，$\boldsymbol{u}\in\mathbf{R}^m$ 为操纵机构的输入量，映射 g 满足 $g:\mathbf{R}^n\times\mathbf{R}^m\rightarrow\mathbf{R}^3$。因此，飞行器系统的控制分配问题可以描述为：对于控制系统产生的期望力矩 $\boldsymbol{v}$，求解非线性方程 $\boldsymbol{v}=g(\boldsymbol{x},\boldsymbol{u})$ 的解 $\boldsymbol{u}(t)$，使操纵输入量 $\boldsymbol{u}(t)$ 在不超过约束条件的情况下满足期望力矩的要求。若 $\boldsymbol{v}=g(\boldsymbol{x},\boldsymbol{u})$ 对于 $\boldsymbol{u}$ 来说在定义域内是单调非线性的，则在处理这一类分配问题时，一般的做法是可以利用局部仿射线性化的方式对转换后的分配问题求解。在 $\boldsymbol{u}_0$ 处将 $g(\boldsymbol{x},\boldsymbol{u})$ 泰勒展开

$$g(\boldsymbol{x},\boldsymbol{u})\approx g(\boldsymbol{x},\boldsymbol{u}_0)+\underbrace{\frac{\partial g(\boldsymbol{x},\boldsymbol{u})}{\partial \boldsymbol{u}}}_{\boldsymbol{B}_e(\boldsymbol{x})}\cdot(\boldsymbol{u}-\boldsymbol{u}_0) \tag{2-10}$$

从而可以通过处理控制分配问题转换为具有如下结构的线性表达形式

$$\bar{\boldsymbol{v}}=\boldsymbol{B}_e(\boldsymbol{x})\boldsymbol{u} \tag{2-11}$$

式中，$\bar{\boldsymbol{v}}=\boldsymbol{v}-g(\boldsymbol{x},\boldsymbol{u}_0)+\boldsymbol{B}_e(\boldsymbol{x})\boldsymbol{u}_0$。

若控制分配问题 $\boldsymbol{v}=g(\boldsymbol{x},\ \boldsymbol{u})$ 对于 $\boldsymbol{u}$ 是非单调非线性或强耦合非线性的关系时，上述近似处理结果可能会出现较大偏差，因此上述结论不再适用。现在考虑线性控制分配问题

$$\boldsymbol{B}_e(\boldsymbol{x})\boldsymbol{u}=\boldsymbol{v}(t) \tag{2-12}$$

式中，控制效率矩阵 $\boldsymbol{B}_e(k\times m)$ 的秩为 k 。操纵机构的位置和速率约束为

$$\boldsymbol{u}_{\min}\leqslant\boldsymbol{u}(t)\leqslant\boldsymbol{u}_{\max}$$

$$\boldsymbol{\rho}_{\min}\leqslant\dot{\boldsymbol{u}}(t)\leqslant\boldsymbol{\rho}_{\max}$$

在离散系统中 $\dot{\boldsymbol{u}}(t)$ 可近似表示为

$$\dot{\boldsymbol{u}}(t)=\frac{\boldsymbol{u}(t)-\boldsymbol{u}(t-T)}{T}$$

其中，T 为采样时间。联立上式，操纵机构限制可以表示为

$$\underline{\boldsymbol{u}}(t)\leqslant\boldsymbol{u}(t)\leqslant\bar{\boldsymbol{u}}(t)$$

其中

$$\underline{\boldsymbol{u}}(t)=\max\{\boldsymbol{u}_{\min},\boldsymbol{u}(t-T)-T\boldsymbol{\rho}_{\min}\}$$

$$\bar{\boldsymbol{u}}(t)=\min\{\boldsymbol{u}_{\max},\boldsymbol{u}(t-T)+T\boldsymbol{\rho}_{\max}\}$$

2.4.3　气动力和气动力矩模型解析

空天高速飞行器受到的气动力和力矩可以写成动压、飞行器结构参数及气动参数三者乘积的形式。

在 v 系中，气动力以向量形式可以表示为

$$\boldsymbol{Q}=\begin{bmatrix}Q_x\\Q_y\\Q_z\end{bmatrix}=\begin{bmatrix}-D\\L\\Y\end{bmatrix}=\begin{bmatrix}q\cdot S\cdot C_x\\q\cdot S\cdot C_y\\q\cdot S\cdot C_z\end{bmatrix} \tag{2-13}$$

在 b 系中，气动力矩以向量形式可以表示为

$$\boldsymbol{M}=\begin{bmatrix}M_x\\M_y\\M_z\end{bmatrix}=\begin{bmatrix}l\\m\\n\end{bmatrix}=\begin{bmatrix}q\cdot S\cdot b\cdot m_x\\q\cdot S\cdot b\cdot m_y\\q\cdot S\cdot \bar{c}\cdot m_z\end{bmatrix} \tag{2-14}$$

其中，动压 $q=0.5\rho V^2$；ρ 为大气密度；S 为飞行器参考面积；b 为机翼展长；$\bar{c}$ 为飞行器平均气动弦长；C_x，C_y，C_z 分别为关于气动操纵舵面和飞行状态在气动力中的阻力系数、升力系数、侧向力系数；m_x，m_y，m_z 分别为关于气动操纵舵面和飞行状态在气动力矩中的滚转力矩系数、偏航力矩系数以及俯仰力矩系数。

飞行器的气动力参数 C_i 可以描述为以飞行状态量 Ma，α，$\bar{\dot{\alpha}}$，β，$\bar{\dot{\beta}}$，气动操作面偏转量 δ_{loa}，δ_{lia}，δ_{lr}，… 为变量的非线性函数。气动力系数的具体表达形式可以用函数分别表示为

$$
\begin{cases}
C_x = f(Ma,\alpha,\bar{\dot{\alpha}},\beta,\bar{\dot{\beta}},\delta_{\rm loa},\delta_{\rm lia},\delta_{\rm ria},\delta_{\rm roa},\delta_{\rm lr},\delta_{\rm rr},\delta_{\rm bf},\delta_{\rm df}) \\
\quad = C_{x0} + \dfrac{C_{x,\delta_{\rm loa}} - C_{x,\delta_{\rm roa}}}{2} + \dfrac{C_{x,\delta_{\rm lia}} - C_{x,\delta_{\rm ria}}}{2} + C_{x,\delta_{\rm lr}} + C_{x,\delta_{\rm rr}} + C_{x,\delta_{\rm bf}} + C_{x,\delta_{\rm df}} \\
C_y = f(Ma,\alpha,\bar{\dot{\alpha}},\beta,\bar{\dot{\beta}},\delta_{\rm lia},\delta_{\rm ria},\delta_{\rm lr},\delta_{\rm rr},\delta_{\rm bf},\delta_{\rm df}) \\
\quad = C_{y0} + \dfrac{C_{y,\delta_{\rm lra}} - C_{y,\delta_{\rm ria}}}{2} + C_{y,\delta_{\rm lr}} + C_{y,\delta_{\rm rr}} + C_{x,\delta_{\rm bf}} + C_{x,\delta_{\rm df}} \\
C_z = f(Ma,\alpha,\beta,\bar{\dot{\beta}},\delta_{\rm lr},\delta_{\rm rr}) \\
\quad = C_{z_0} + C_{z,\delta_{\rm lr}} + C_{z,\delta_{\rm rr}}
\end{cases}
$$

同理，飞行器的气动力矩参数 m_i 可以描述为以飞行状态量 Ma，α，β，$\bar{\dot{\alpha}}$，$\bar{\dot{\beta}}$，$\bar{\omega}_x$，$\bar{\omega}_y$，$\bar{\omega}_z$，气动操作面偏转量 $\delta_{\rm loa}$，$\delta_{\rm lia}$，$\delta_{\rm lr}$，… 为变量的非线性函数。气动力矩系数的具体表达形式可以用函数分别表示为

$$
\begin{cases}
M_x = f(Ma,\alpha,\beta,\bar{\dot{\alpha}},\bar{\dot{\beta}},\delta_{\rm loa},\delta_{\rm roa}) = m_{x0} + \dfrac{m_{x,\delta_{\rm loa}} + m_{x,\delta_{\rm roa}}}{2} \\
M_y = f(Ma,\alpha,\beta,\bar{\dot{\alpha}},\bar{\dot{\beta}},\delta_{\rm lr},\delta_{\rm rr}) = m_{y0} + m_{y,\delta_{\rm lr}} + m_{y,\delta_{\rm rr}} \\
M_z = f(Ma,\alpha,\beta,\bar{\dot{\alpha}},\bar{\dot{\beta}},\delta_{\rm lia},\delta_{\rm ria},\delta_{\rm lr},\delta_{\rm rr},\delta_{\rm bf},\delta_{\rm df}) \\
\quad = m_{z0} + \dfrac{m_{z,\delta_{\rm lia}} + m_{z,\delta_{\rm ria}}}{2} + m_{z,\delta_{\rm lr}} + m_{z,\delta_{\rm rr}} + m_{z,\delta_{\rm bf}} + m_{z,\delta_{\rm df}}
\end{cases}
$$

与上式相关的角速率项是相应变量的无量纲形式，可以用如下表达式对其进行求解

$$
\begin{cases}
\bar{\omega}_x = \dfrac{\omega_x L_{\rm ref}}{2V} \\
\bar{\omega}_y = \dfrac{\omega_y L_{\rm ref}}{2V} \\
\bar{\omega}_z = \dfrac{\omega_z L_{\rm ref}}{2V}
\end{cases}
$$

式中，$L_{\rm ref}$ 为阻尼参考长度，V 为飞行器的实时飞行速度。

上式中攻角变化率 $\bar{\dot{\alpha}}$ 和侧滑角变化率 $\bar{\dot{\beta}}$ 分别是 $\dot{\alpha}$ 和 $\dot{\beta}$ 的无量纲形式，可以表示为

$$
\bar{\dot{\alpha}} = \frac{\dot{\alpha} b}{2V_0}
$$

$$
\bar{\dot{\beta}} = \frac{\dot{\beta} l}{2V_0} \tag{2-15}
$$

其中，b 为参考气动弦长，l 为参考翼展。参考文献［80，81］提供了风洞和 CFD 仿真的气动数据，通过非线性模型的建模方法可以得到解析形式的气动参数模型。

图 2-7～图 2-11 给出了气动操作面偏转量与力矩系数的关系示意图，图中数据均是在 $Ma=7$，$\beta=5°$，$H=50$ km 的条件下计算得出的。

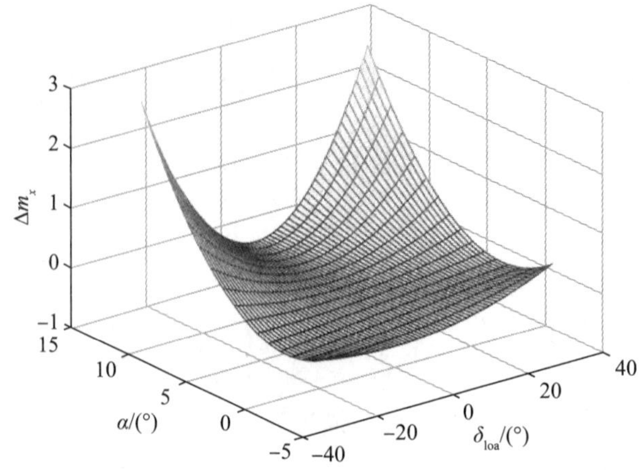

图 2-7　$\delta_{loa} - m_x$ 示意图

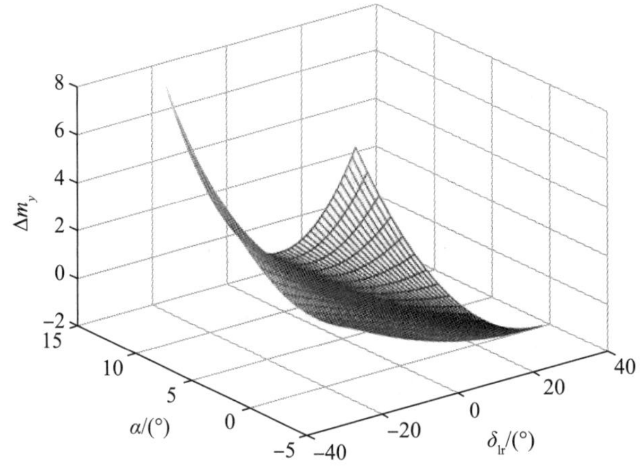

图 2-8　$\delta_{lr} - m_y$ 示意图

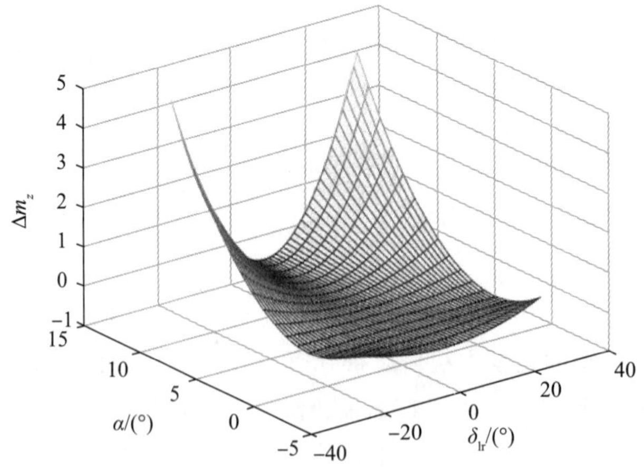

图 2-9　$\delta_{lr} - m_z$ 示意图

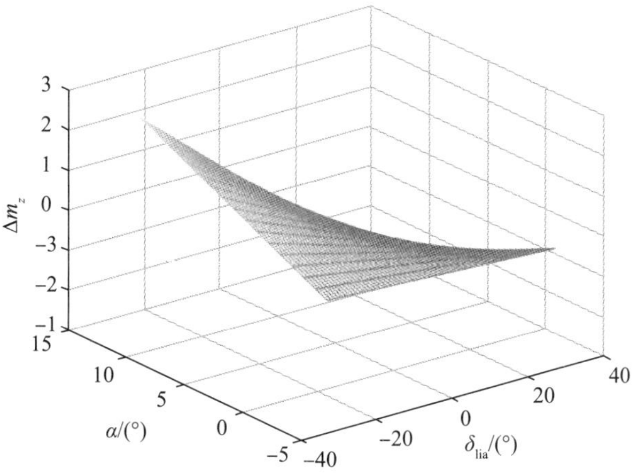

图 2-10　$\delta_{lia}-m_z$ 示意图

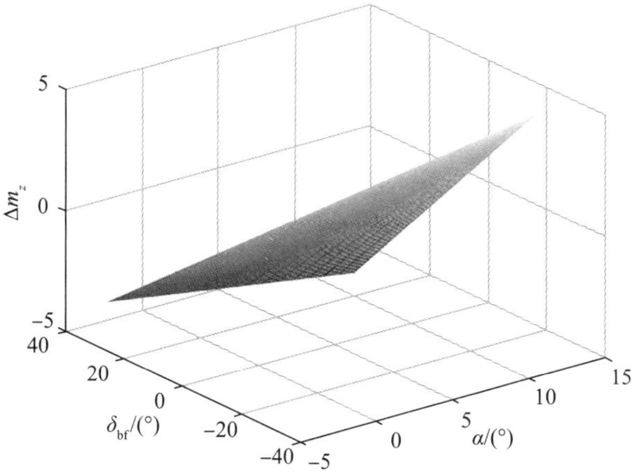

图 2-11　$\delta_{bf}-m_z$ 示意图

2.5　RCS 模型

在本章的空天高速飞行器模型中，RCS 包含 10 个喷管，以轴对称方式安装于类 X-37B 飞行器机身尾部的两侧，控制装置通过反作用力对各轴产生力矩，进而控制机身姿态，各喷管安装方式如图 2-12 所示。

2.5.1　RCS 模型及控制机理

RCS 的作用机理是通过喷管向外高速喷射气体，通过气体的喷出产生反作用推力。由于特殊设计的喷管安装位置，使得产生的反作用推力不通过飞行器质心，因此产生控制飞行器姿态的输入力矩。由于 RCS 喷管只有开和关两种工作状态，因此对于机体只能产生离散的力或力矩，这与连续偏转的气动舵面在操纵特性方面是不相同的。我们需要依据 RCS 所特有的机构操纵机制，建立关于执行机构的输入输出映射关系。

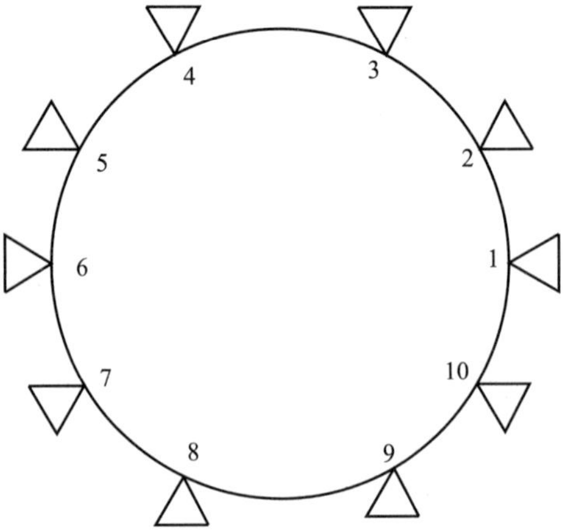

图 2-12　RCS 喷管分布示意图

在本章飞行器模型中，RCS 装置由 10 个喷管组成，经过设计各喷管的组合输出，可以对机体产生滚转力矩、俯仰力矩以及偏航力矩。其中，第 i 个（$i=1,2,\cdots,10$）喷管的反作用推力可以表示为

$$F_i=\begin{cases}0, & u_i=0\\ F_{\mathrm{RCS}}, & u_i=1\end{cases} \tag{2-16}$$

其中，F_{RCS} 是单个喷管产生的反作用推力，u 为喷管 i 的开关指令，0/1 分别代表关闭/启动两种工作状态，F_i 表示第 i 个喷管的反作用推力。在机体坐标系中，RCS 第 i 个喷管开启时对机身所在位置产生的反作用推力以向量形式表示为 $[0,\ F_i\sin\varepsilon_i,\ F_i\cos\varepsilon_i]^{\mathrm{T}}$，$\varepsilon_i$ 为第 i 个喷管的方向角；在机体坐标系中，第 i 个 RCS 喷管在机身尾部的安装位置以向量形式表示为 $[x_i,\ y_i,\ z_i]^{\mathrm{T}}$。

RCS 所有喷管对于机身的反作用力表示为

$$\boldsymbol{F}_{\mathrm{R}}=\begin{bmatrix}F_{\mathrm{R}x}\\ F_{\mathrm{R}y}\\ F_{\mathrm{R}z}\end{bmatrix}=\sum_{i=1}^{10}\boldsymbol{F}_{\mathrm{R}_i}u_i=\sum_{i=1}^{10}\begin{bmatrix}0\\ F_i\sin\varepsilon_i\\ F_i\cos\varepsilon_i\end{bmatrix} \tag{2-17}$$

在机体坐标系下第 i 个喷管的反作用力矩为

$$\boldsymbol{M}_i=\boldsymbol{r}_i\times\boldsymbol{F}_{\mathrm{R}_i}=\begin{bmatrix}x_i-0\\ y_i-0\\ z_i-0\end{bmatrix}\times\begin{bmatrix}0\\ F_i\sin\varepsilon_i\\ F_i\cos\varepsilon_i\end{bmatrix}=\begin{bmatrix}F_i\sin\varepsilon_i\cdot z_i-F_i\cos\varepsilon_i\cdot y_i\\ -F_i\cos\varepsilon_i\cdot x_i\\ F_i\sin\varepsilon_i\cdot x_i\end{bmatrix} \tag{2-18}$$

则 RCS 产生的总输出力矩为

$$\boldsymbol{M}_{\mathrm{R}}=\begin{bmatrix}M_{\mathrm{R}x}\\ M_{\mathrm{R}y}\\ M_{\mathrm{R}z}\end{bmatrix}=\sum_{i=1}^{10}\boldsymbol{M}_i u_i \tag{2-19}$$

对上式力矩模型进行控制效率规范化处理，可得

$$\boldsymbol{M}_{\mathrm{R}}=\boldsymbol{B}(\cdot)_{\mathrm{R}}\boldsymbol{u} \tag{2-20}$$

其中，$\boldsymbol{M}_R = [M_{Rx}, M_{Ry}, M_{Rz}]^T$ 表示 RCS 提供的三轴力矩，$\boldsymbol{B}(\cdot)_R \in \mathbf{R}^{3\times10}$ 表示 10 个 RCS 喷管的力矩分配矩阵，$\boldsymbol{u} = [u_1, u_2, \cdots, u_{10}]^T$ 用来表示 RCS 喷管的开关状态向量。

2.6　等离子体合成射流用于高速控制

2.6.1　等离子合成射流激励器

等离子合成射流的流场特性是高速主动控制研究的一个重点。参考文献［82］通过阴影技术获得合成射流激励器稳定工作周期内的流场图，通过测量技术得到的结果图可以了解射流干扰下流场演变的大致过程。所使用激励器以微秒量级的响应时间形成射流，此后一段时间会经历射流速度逐渐增大，腔内压力降低，射流速度达到极值后逐渐降低，直至本次射流喷射完成。喷射完成后腔体出现负压，外部低温气体回填，气体回填速度也会逐渐增大，达到极值后逐渐降低，回填过程始终为出口负向速度。所以当激励器稳定工作时，一个周期内在腔体小孔处一般会先后经历吹出和吸入两个过程。参考文献［82］研究了低气压条件下不同工作参数对三电极激励器的影响，包括电容大小、腔体体积以及出口直径等激励器参数。此外还分析并实验验证了电容大小、腔体孔口直径以及射流方位角对于流场干扰作用的影响。在此基础之上，就激励器孔口构型以及在实验区域布局位置对斜激波干扰作用的影响也进行了相关对比实验研究。通过对不同工作参数的对比实验分析，可以为等离子合成射流干扰流场的定量控制提供理论基础。

2.6.2　等离子合成射流对斜激波的控制

在研究合成射流对激波的影响实验中，我们主要研究的是压缩流动中合成射流对于斜激波的影响。图 2－13 为压缩拐角流动示意图，超声速压缩拐角流动包含有激波边界层以及分离层、剪切层、再附激波等复杂结构。来流与斜劈相互作用，在斜劈上侧形成一道斜激波。在整个流场发展的过程中，在逆压梯度的影响下边界层逐渐由薄变厚；由于来流与平板前缘相互作用，在观测区的上方形成一个前缘马赫波，该马赫波越过斜劈，对斜激波的影响只在两激波交点的下游。

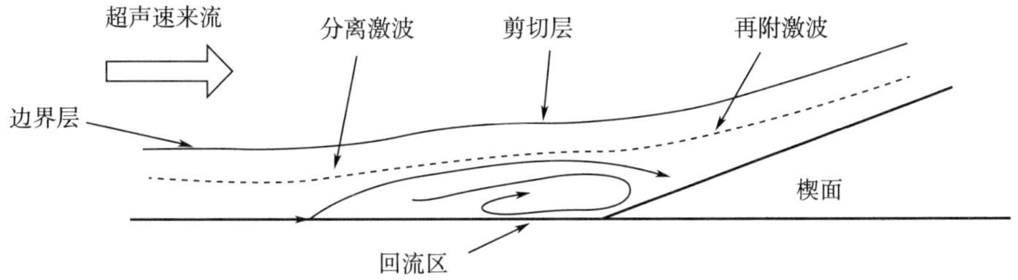

图 2－13　超声速楔面流动示意图

斜激波是一种强压缩波，在激波前后流体的物性参数，如温度、压力、密度等会发生跃变，根据激波公式

$$\rho_1 v_1 = \rho_2 v_2 \tag{2-21}$$

$$(\rho_1 - \rho_2) v_{1n} = \rho_2 (v_{2n} - v_{1n}) \tag{2-22}$$

$$v_{1n} = v_1 \sin\beta \tag{2-23}$$

$$v_{2n} - v_{1n} = -\frac{v_1 - v_2}{\sin\beta} \tag{2-24}$$

其中，v_1，v_2 分别为斜激波前和斜激波后的速度；ρ_1，ρ_2 为斜激波前后的密度；v_{1n}，v_{2n} 为速度的法向速度；β 为斜激波与平面的夹角；α 为斜劈角度。根据上述关系式，可得 β 与 α 的关系式

$$\frac{\tan\beta}{\tan(\beta-\alpha)} = \frac{v_{1n}}{v_{2n}} = \frac{\rho_1}{\rho_2} = \frac{(\gamma-1)Ma^2\sin^2\beta}{2+(\gamma-1)Ma^2\sin^2\beta} \tag{2-25}$$

$$\tan\alpha = 2\cot\beta\,\frac{Ma^2\sin^2\beta - 1}{Ma^2(\gamma+\cos2\beta)+2} \tag{2-26}$$

通过上述关系式，在确定斜劈的角度以及来流的马赫数以后，即可确定激波角度的理论计算值。根据实验理论分析，可以得到如下流场中激波前后各参数的关系表达式

$$\frac{\rho_2}{\rho_1} = \frac{Ma_1^2}{1+\frac{\gamma-1}{\gamma+1}(Ma_1^2-1)} \tag{2-27}$$

$$\frac{p_2}{p_1} = \frac{2\gamma}{\gamma+1}Ma^2 - \frac{\gamma-1}{\gamma+1} \tag{2-28}$$

$$\frac{T_2}{T_1} = \frac{(2\gamma Ma_1^2 - \gamma + 1)[(\gamma-1)Ma_1^2+2]}{(\gamma+1)^2 Ma_1^2} \tag{2-29}$$

其中，下标 1，2 分别表示波前波后；γ 为比热比（理想气体为 1.4）。若是分析斜激波的参数关系式，需要将上述一组关系式中的 Ma_1 替换为 $Ma_1\sin\beta$，β 为激波角。

等离子合成射流激励器主要的控制参数为输入电压信号的幅值、频率以及激励器的相关结构参数，例如电极间距、空腔体积等。相比于结构参数，等离子合成射流激励器的输入信号更容易得到控制，因此在研究合成射流对激波影响的相关实验中，主要改变输入信号的幅值以及频率。在进行风洞实验时，将合成射流激励器置于斜坡前缘的平板上，根据所设计装置结构特点的不同，使得激励器尽可能有效地收集来流动压。在激励器腔内经过电极放电加热等一系列物理过程，使得射流从激励器出口喷出，与平板上部的流场相互作用，形成一道激波。根据参考文献［83］的超声速风洞实验得到的实验结果，通过对比在无合成射流以及有合成射流影响下的流场纹影图，可知在射流激励器的作用下壁面上的激波基本被消除，合成射流对压缩拐角产生的激波能起到较好的控制作用。

2.6.3 等离子合成射流在高速流场中的姿态控制

等离子合成射流对斜激波的控制作用使得合成射流激励器对于飞行器在高超声速来流中的控制成为可能。参考文献［84］基于等离子体合成射流在楔面实验中的快响应特性，提出了空天高速飞行器等离子体合成射流控制技术，并通过建立简化的高超声速流场控制模型，对等离子体合成射流控制高超声速飞行器进行数值研究。从参考文献［84］的仿真

结果中可以看出，等离子体合成射流不仅对斜激波产生了控制，对膨胀波以及尾流也有一定的控制作用。因此可以根据高速飞行器机体表面的流场特性，在机身设计的关键位置处安装等离子合成射流激励器装置。通过设计空间维度和时间维度合作机制，可以对飞行器的气动特性产生可控的效果。

由文献［84］可知，激励器空间位置的布局对于合成射流对飞行器外界流场的影响是至关重要的。通过激励器不同位置布局对于流场干扰的分析可知，射流对于飞行器流场的控制具有一定的时效性，只有当射流发生频率达到一定的量值后才可以实现对流场的完全控制。射流对于膨胀波、斜激波均有影响，但从流场结构的变化可以看出射流对斜激波的影响要远大于对膨胀波的影响。射流布置的位置与其影响范围有关，布置得越靠近翼和舵的前缘，其影响的范围也越大。通过合理布局射流激励器位置，射流可以对飞行器外流场结构（包括膨胀波和斜激波）产生控制作用。等离子合成射流对飞行器外流场的改变进而会影响飞行器表面的压力分布以及升阻特性，从而实现对于高速飞行器机体的姿态控制。

2.7　等离子体超声速流动控制

空天高速飞行器在大部分飞行阶段处于几马赫甚至几十马赫的飞行状态。传统飞行器的执行机构以气动舵面为主，然而气动舵面为机械偏转执行机构，跟踪指令的响应时间较长，以气动操纵面为主要执行机构将会使高速飞行器的控制精度以及控制效率受到影响。相对于机械偏转类型的执行机构，没有机械活动部件的等离子主动流动控制执行指令的响应时间更短，更适合用于高速飞行器的控制。等离子体激励器应用于流动控制作用的机制主要包括三种类型：电流体动力效应、焦耳快速加热引起气体膨胀效应和有磁流体动力效应。在超声速流动的工况下，等离子体碰撞的幅度将会非常大，而这种效应是不可能通过静电相互作用实现的。有关实现直流放电等离子体加热效应的方法中，可以采用准直流电丝状等离子体来实现快速流动控制，并辅助机械襟翼的响应，可以减小高超声速飞行过程中产生气动力矩的延迟。

2.7.1　Q－DC 等离子体主动流动控制概念

图 2－14 为 Q－DC 丝状等离子体的主动流动控制示意图。Q－DC 等离子体驱动装置由一个布置在绝缘介质同侧的耐高温电极阵列构成，在阴极和阳极之间没有绝缘介质，且激励装置安装于一个具有斜面的偏转襟翼的上游。在高超声速来流和等离子体激励器关闭的情况下，斜面处将产生斜激波。当等离子激励器开启时，由于 Q－DC 丝状等离子体的放电作用产生局部热源，此时激波将向上游移动，在电极处形成等离子体诱导的激波。此时激波位置的变化导致电极阵列处和斜面处的压力迅速变化，这种变化导致飞行器在纵向产生俯仰力矩，进而辅助减少襟翼的响应时间来产生快速气动控制姿态的效果。

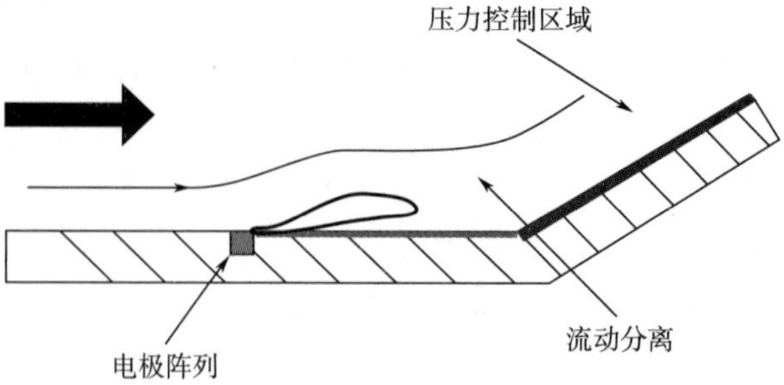

图 2-14　Q-DC 等离子体驱动用于超声速流量控制

Q-DC 丝状等离子体最初被用于超燃冲压发动机管道驱动流动以及超声速燃烧的启动装置。为了利用这一现象进行气动控制，需要研究不同流量和等离子体参数下的压力变化。在已有的研究中可以发现，在马赫数 2 的超声速条件下，等离子体激励器的响应时间小于 300 μs，足以满足大部分系统的控制需求[85]。在上述研究的基础上，参考文献［86］将实验条件扩展到 Q—DC 等离子体放电处于高速来流状态，此时空气密度明显低于低速飞行环境。参考文献［86］通过风洞实验研究马赫数变化对气流驱动性能的影响，进而阐明飞行速度的变化对等离子气流驱动性能的影响。

2.7.2　超声速来流下 Q-DC 等离子体驱动特性

为了研究等离子体流动控制效果和控制参数的关系，参考文献［86］在马赫数 4.0 的超声速风洞中进行了一系列对比实验，探讨 Q-DC 丝状等离子体对气动力的控制机制。

图 2-15 是等离子体驱动测试模型示意图。在壁面前缘上游 30 mm 处主要结构为布置在绝缘介质同侧的耐高温电极阵列，且 3 个阳极和 2 个阴极交替放置，电极之间没有绝缘介质。一个带有电容器组的定制电源系统连接到试验设备的电极上，在 3 个阳极上施加高达 5 kV 的高压以产生 Q-DC 丝状等离子体，其余两个阴极接地。使用快速压力传感器在压缩斜坡表面和电极阵列后的壁面压力端口进行压力测量，采样率为 50 kHz，以量化流动控制效果。由于 Q-DC 等离子体激励对于外流场的干扰，壁面处的压力迅速降低，电极阵列处的压力增加，两者在壁面前缘沿同一方向产生俯仰力矩。该装置产生的俯仰力矩系数

$$C_M = \frac{\text{绕斜坡前缘的俯仰力矩}}{\frac{1}{2}\rho U_\infty^2 S_R L_R}$$

其中，ρ 为来流密度，U_∞ 为来流速度，S_R 为斜坡面积，L_R 为斜坡跨度。

在将上述结论应用于俯仰力矩计算时，采样时刻壁面区域以及电极阵列区域的压力在各区域内计算可得。由参考文献［86］实验结果分析可知，在固定测试条件下，俯仰力矩系数与等离子体功率呈线性关系，保证了气动力矩在等离子体功率容许范围内的线性控制。

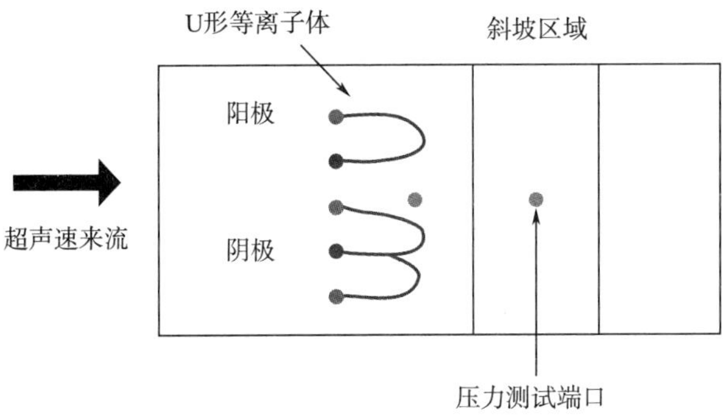

图 2－15　等离子体驱动测试模型

2.7.3　基于 Q－DC 等离子体激励的气动力矩控制

本节将用多组 Q—DC 等离子体激励装置作为执行机构，完成对飞行器俯仰力矩、偏航力矩以及滚转力矩的控制。在本章提出的类 X－37B 模型的基础上，在飞行器两侧翼面的分别配置 P1～ P4 四组 Q—DC 等离子体激励装置，如图 2－16 和图 2－17 所示。

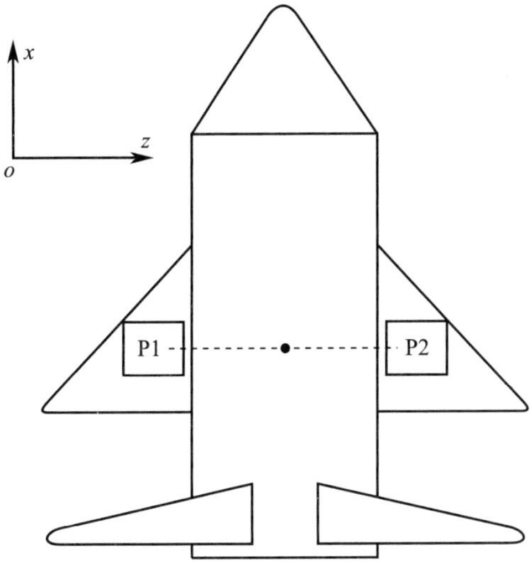

图 2－16　激励器安装示意图（P1、P2）

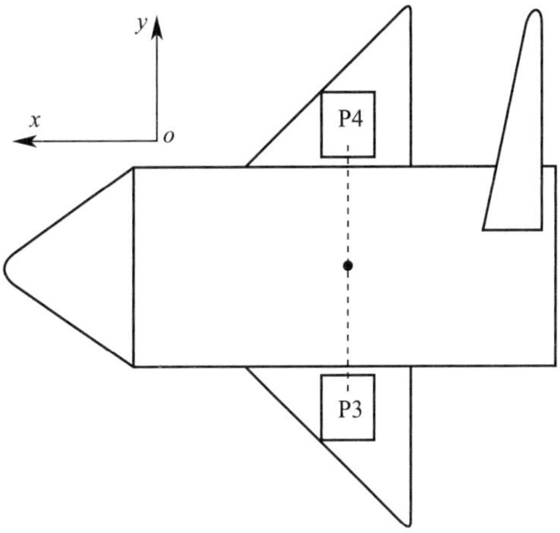

图 2－17　激励器安装示意图（P3、P4）

（1）俯仰力矩

由 2.7.2 节的结论可知，当等离子体放电对外流场产生干扰时，电极阵列区域压力的变化值为正，可以表示为

$$\Delta P_{\mathrm{el}}=k_1\cdot w_{\mathrm{pl}} \tag{2-30}$$

壁面区域压力的变化值为负，可以表示为

$$\Delta P_{\mathrm{ramp}}=k_2\cdot w_{\mathrm{pl}} \tag{2-31}$$

其中，$k_1=k_1(\rho,U_\infty)$，$k_2=k_2(\rho,U_\infty)$，即 k_1，k_2 均与来流密度和速度有关；w_{pl} 为等离子体功率。电极阵列区域压力值为

$$P_{\mathrm{el}}=P_{\mathrm{el0}}+\Delta P_{\mathrm{el}}=P_{\mathrm{el0}}+k_1\cdot w_{\mathrm{pl}} \tag{2-32}$$

壁面区域压力值为

$$P_{\mathrm{ramp}}=P_{\mathrm{ramp0}}-\Delta P_{\mathrm{ramp}}=P_{\mathrm{ramp0}}-k_2\cdot w_{\mathrm{pl}} \tag{2-33}$$

其中，P_{el0}，P_{ramp0} 为等离子体激励没有引入时各区域的压力，且均与来流密度和来流速度有关。由于电极阵列区域以及壁面区域有各区域内压力等值的假设，则可以计算出在外流场干扰情况下，安装等离子体激励后翼面所产生的俯仰力矩

$$\begin{aligned}M_{zw}&=-\iint_{s_1}l_1\cdot P_{\mathrm{el}}\mathrm{d}s+\iint_{s_2}l_2\cdot P_{\mathrm{ramp}}\cdot\cos\theta_r\mathrm{d}s\\&=-\frac{al_{\mathrm{el}}^2}{2}\cdot P_{\mathrm{el}}+\frac{al_{\mathrm{ramp}}^2}{2}\cdot P_{\mathrm{ramp}}\cdot\cos\theta_r\\&=-\frac{al_{\mathrm{el}}^2}{2}\cdot(P_{\mathrm{el0}}+k_1\cdot w_{\mathrm{pl}i})+\frac{al_{\mathrm{ramp}}^2}{2}\cdot\cos\theta_r\cdot(P_{\mathrm{ramp0}}-k_2\cdot w_{\mathrm{pl}i})\\&=(-\frac{al_{\mathrm{el}}^2}{2}\cdot P_{\mathrm{el0}}+\frac{al_{\mathrm{ramp}}^2}{2}\cdot\cos\theta_r\cdot P_{\mathrm{ramp0}})-(\frac{al_{\mathrm{el}}^2}{2}\cdot k_1+\frac{al_{\mathrm{ramp}}^2}{2}\cdot\cos\theta_r\cdot k_2)\cdot w_{\mathrm{pl}i}\end{aligned} \tag{2-34}$$

其中，s_1，s_2 分别为电极区域和壁面区域的面积，l_1，l_2 分别为压力点到斜坡前缘的距离，l_{el}，l_{ramp} 分别为电极阵列区域和斜坡区域垂直于斜坡前缘方向的长度，a 为壁面前缘的长度，θ_r 为壁面角度，$w_{\mathrm{pl}i}(i=1,2)$ 为激励器装置 1 和 2 的输入功率，公式中负号表示俯仰力矩的方向，如图 2-18 所示。由公式推导的结果可知，俯仰力矩和等离子体功率近似为线性关系。

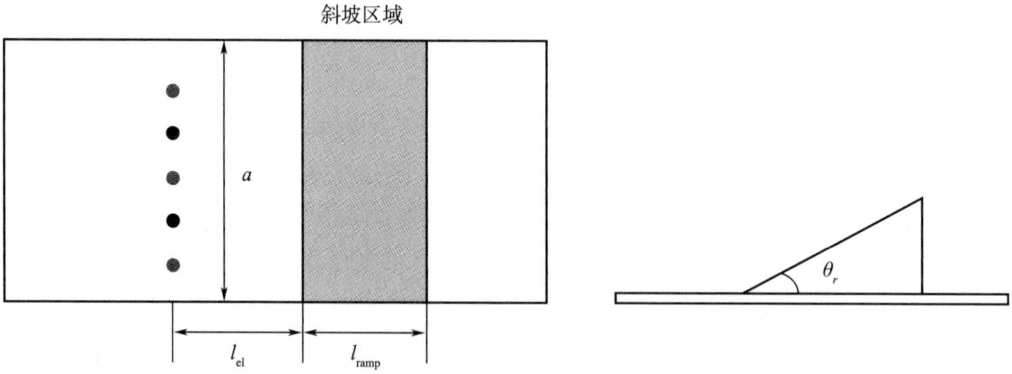

图 2-18　参数示意图

（2）偏航力矩

根据俯仰力矩的求解方法，可以得到偏航力矩表达式

$$M_{yw}=-\left(\frac{al_{\mathrm{el}}^2}{2}\cdot P_{\mathrm{el0}}+\frac{al_{\mathrm{ramp}}^2}{2}\cdot\cos\theta_r\cdot P_{\mathrm{ramp0}}\right)-\left(\frac{al_{\mathrm{el}}^2}{2}\cdot k_1-\frac{al_{\mathrm{ramp}}^2}{2}\cdot\cos\theta_r\cdot k_2\right)\cdot w_{\mathrm{pl}j} \tag{2-35}$$

其中，$w_{\mathrm{pl}j}(j=3,4)$ 为控制偏航力矩的等离子体功率，其余参数与俯仰方向的定义一致。

(3) 滚转力矩

同理，滚转力矩可以由两组等离子体的差动输入实现

$$
\begin{aligned}
M_{xwi} &= -\left(\iint_{s_1} l_1 \cdot P_{\mathrm{el}} \mathrm{d}s + \iint_{s_2} l_2 \cdot P_{\mathrm{ramp}} \cdot \cos\theta_r \mathrm{d}s\right) \\
&= -\left[\frac{(a^2+2.4a)l_{\mathrm{el}}}{2} \cdot P_{\mathrm{el}} + \frac{(a^2+2.4a)l_{\mathrm{ramp}}}{2} \cdot P_{\mathrm{ramp}} \cdot \cos\theta_r\right] \\
&= -\left[\frac{(a^2+2.4a)l_{\mathrm{el}}}{2} \cdot (P_{\mathrm{el0}} + k_1 \cdot w_{\mathrm{pl}i}) + \frac{(a^2+2.4a)l_{\mathrm{ramp}}}{2} \cdot \cos\theta_r \cdot (P_{\mathrm{ramp0}} - k_2 \cdot w_{\mathrm{pl}i})\right] \\
&= -\frac{(a^2+2.4a)}{2} \cdot (l_{\mathrm{el}} \cdot P_{\mathrm{el0}} + l_{\mathrm{ramp}} \cdot \cos\theta_r \cdot P_{\mathrm{ramp0}}) - \frac{(a^2+2.4a)}{2} \cdot \\
&\quad (l_{\mathrm{el}} \cdot k_1 - l_{\mathrm{ramp}} \cdot \cos\theta_r \cdot k_2) \cdot w_{\mathrm{pl}i} \\
&\quad (i = 1,3)
\end{aligned}
\tag{2-36}
$$

$$
\begin{aligned}
M_{xwj} &= \iint_{s_1} l_1 \cdot P_{\mathrm{el}} \mathrm{d}s + \iint_{s_2} l_2 \cdot P_{\mathrm{ramp}} \cdot \cos\theta_r \mathrm{d}s \\
&= \frac{(a^2+2.4a)l_{\mathrm{el}}}{2} \cdot P_{\mathrm{el}} + \frac{(a^2+2.4a)l_{\mathrm{ramp}}}{2} \cdot P_{\mathrm{ramp}} \cdot \cos\theta_r \\
&= \frac{(a^2+2.4a)l_{\mathrm{el}}}{2} \cdot (P_{\mathrm{el0}} + k_1 \cdot w_{\mathrm{pl}j}) + \frac{(a^2+2.4a)l_{\mathrm{ramp}}}{2} \cdot \cos\theta_r \cdot (P_{\mathrm{ramp0}} - k_2 \cdot w_{\mathrm{pl}j}) \\
&= \frac{(a^2+2.4a)}{2}(l_{\mathrm{el}} \cdot P_{\mathrm{el0}} + l_{\mathrm{ramp}} \cdot \cos\theta_r \cdot P_{\mathrm{ramp0}}) + \\
&\quad \frac{(a^2+2.4a)}{2}(l_{\mathrm{el}} \cdot k_1 - l_{\mathrm{ramp}} \cdot \cos\theta_r \cdot k_2) \cdot w_{\mathrm{pl}j} \\
&\quad (j = 2,4)
\end{aligned}
\tag{2-37}
$$

$$
\begin{aligned}
M_{xw12} &= M_{xw1} + M_{xw2} = \frac{(a^2+2.4a)}{2}(l_{\mathrm{el}} \cdot k_1 - l_{\mathrm{ramp}} \cdot \cos\theta_r \cdot k_2) \cdot (w_{\mathrm{pl2}} - w_{\mathrm{pl1}}) \\
M_{xw34} &= M_{xw3} + M_{xw4} = \frac{(a^2+2.4a)}{2}(l_{\mathrm{el}} \cdot k_1 - l_{\mathrm{ramp}} \cdot \cos\theta_r \cdot k_2) \cdot (w_{\mathrm{pl4}} - w_{\mathrm{pl3}})
\end{aligned}
\tag{2-38}
$$

其中，M_{xwi}，M_{xwj} 为两组等离子体差动实现的滚转力矩，与各组等离子功率的差值之和线性相关。

2.8 操纵机构分配算法

在空天高速飞行器中，姿态控制系统中角速率回路的动力学方程可以表示为

$$
\boldsymbol{I}\dot{\boldsymbol{\omega}} + \boldsymbol{\omega} \times \boldsymbol{I}\boldsymbol{\omega} = \boldsymbol{M} \tag{2-39}
$$

其中，$\boldsymbol{\omega} = [p, q, r]^{\mathrm{T}}$ 是机体旋转角速率向量表示形式，$\boldsymbol{I}$ 为惯性张量矩阵，$\boldsymbol{M}$ 为外部输

入的总力矩向量，具体可以表达为

$$\boldsymbol{M}=\begin{bmatrix}M_x\\M_y\\M_z\end{bmatrix}=\begin{bmatrix}L+L_{\text{jet}}+L_{\text{rcs}}\\M+M_{\text{jet}}+M_{\text{rcs}}\\N+N_{\text{jet}}+N_{\text{rcs}}\end{bmatrix} \tag{2-40}$$

其中，$[L, M, N]^{\mathrm{T}}$ 为气动力矩，$[L_{\text{jet}}, M_{\text{jet}}, N_{\text{jet}}]^{\mathrm{T}}$ 为等离子体对外流场控制产生的力矩，$[L_{\text{rcs}}, M_{\text{rcs}}, N_{\text{rcs}}]^{\mathrm{T}}$ 为 RCS 产生的控制力矩。具体各力矩产生的形式已经在前面几节给出。

空天高速飞行器异类混合多操纵机构的输入量包括：

1）气动操纵舵面的偏转角度

$$U_{\mathrm{A}}=[\delta_{\text{lia}},\delta_{\text{ria}},\delta_{\text{loa}},\delta_{\text{roa}},\delta_{\text{lr}},\delta_{\text{rr}},\delta_{\text{bf}}]^{\mathrm{T}} \tag{2-41}$$

2）RCS 各喷管的开关状态

$$U_{\mathrm{R}}=[u_1,\cdots,u_{10}]^{\mathrm{T}} \tag{2-42}$$

3）主动流动控制装置中各通道等离子体激励器的输入功率

$$W_{\text{pl}}=[w_{\text{pl1}},w_{\text{pl2}},w_{\text{pl3}},w_{\text{pl4}}]^{\mathrm{T}} \tag{2-43}$$

在多操纵机构输入的作用下，动力学系统角速率回路中的 $\boldsymbol{\omega}$ 需要对外回路参考信号 $\boldsymbol{\omega}_c$ 有较强的跟踪能力

$$\boldsymbol{\omega}_c(t)=[p_c(t),q_c(t),r_c(t)]^{\mathrm{T}} \tag{2-44}$$

通过等式转化，角速率方程等价为

$$\dot{\boldsymbol{\omega}}=-\boldsymbol{I}^{-1}\boldsymbol{\Phi}\boldsymbol{I}\boldsymbol{\omega}+\boldsymbol{I}^{-1}\boldsymbol{M}_c \tag{2-45}$$

其中

$$\boldsymbol{\Phi}=\begin{bmatrix}0&-r&q\\r&0&-p\\-q&p&0\end{bmatrix} \tag{2-46}$$

式中，$\boldsymbol{M}_c$ 是通过相应控制算法设计的期望力矩，且实际异类多操纵机构产生的输出力矩可以表示为

$$\boldsymbol{U}=\boldsymbol{B}_u\begin{bmatrix}\delta_{\text{lia}}\\\delta_{\text{ria}}\\\vdots\\\delta_{\text{bf}}\\f_1(w_{\text{pl1}},w_{\text{pl2}})\\f_2(w_{\text{pl3}},w_{\text{pl4}})\\f_3(w_{\text{pl1}},w_{\text{pl2}},w_{\text{pl3}},w_{\text{pl4}})\\u_1\\\vdots\\u_{10}\end{bmatrix} \tag{2-47}$$

其中，$f_1(\cdot)$，$f_2(\cdot)$，$f_3(\cdot)$ 为等离子体激励功率对滚转、偏航、俯仰各通道力矩贡献效

果的线性关系表达式，具体见 2.7 节。

$$\boldsymbol{B}_{\boldsymbol{u}}=[\boldsymbol{B}_1,\cdots,\boldsymbol{B}_{21}]\in\mathbf{R}^{3\times 21} \tag{2-48}$$

$$[\boldsymbol{B}_1,\boldsymbol{B}_2,\cdots,\boldsymbol{B}_7]=\begin{bmatrix}\dfrac{\partial l}{\partial\delta_{\text{lia}}} & \dfrac{\partial l}{\partial\delta_{\text{ria}}} & \cdots & \dfrac{\partial l}{\partial\delta_{\text{bf}}}\\ \dfrac{\partial m}{\partial\delta_{\text{lia}}} & \dfrac{\partial m}{\partial\delta_{\text{ria}}} & \cdots & \dfrac{\partial m}{\partial\delta_{\text{bf}}}\\ \dfrac{\partial n}{\partial\delta_{\text{lia}}} & \dfrac{\partial n}{\partial\delta_{\text{ria}}} & \cdots & \dfrac{\partial n}{\partial\delta_{\text{bf}}}\end{bmatrix} \tag{2-49}$$

$$[\boldsymbol{B}_8,\boldsymbol{B}_9,\boldsymbol{B}_{10},\boldsymbol{B}_{11}]=\begin{bmatrix}-1 & 1 & -1 & 1\\ 0 & 0 & 1 & 1\\ 1 & 1 & 0 & 0\end{bmatrix} \tag{2-50}$$

$$\boldsymbol{B}_i=\begin{bmatrix}F_i\sin\varepsilon_i\cdot z_i-F_i\cos\varepsilon_i\cdot y_i\\ F_i\cos\varepsilon_i\cdot x_i\\ -F_i\sin\varepsilon_i\cdot x_i\end{bmatrix},(i=12,\cdots,21) \tag{2-51}$$

其中，$\boldsymbol{B}_i(i=12,\cdots,21)$ 中具体各参数见 2.5.1 节。

引入记号 $\boldsymbol{A}_{\boldsymbol{B},k}$ 表示 $\boldsymbol{A}_{\boldsymbol{B}}$ 在第 k 个采样时刻的取值，则飞行器控制输入在第 k 个采样周期存在的物理约束可以表示为

$$\boldsymbol{U}_{\text{A},k}\in\boldsymbol{D}_{\text{A},k},\boldsymbol{U}_{\text{R},k}\in\boldsymbol{D}_{\text{R},k},\boldsymbol{W}_{\text{pl},k}\in\boldsymbol{D}_{\text{pl},k}$$

其中 $\boldsymbol{D}_{\text{A},k}$，$\boldsymbol{D}_{\text{R},k}$，$\boldsymbol{D}_{\text{pl},k}$ 分别为气动舵面、RCS 状态以及等离子体激励功率的物理约束。

控制分配的首要目标是使各异类操纵机构在每一采样时刻产生的实际输出力矩与控制器的期望力矩之间的误差尽可能小，因此可以设计如下目标函数

$$J_k(\boldsymbol{U}_{\text{A}},\boldsymbol{U}_{\text{R}},\boldsymbol{W}_{\text{pl}})\triangleq\left\|\boldsymbol{B}_{\boldsymbol{u},k}\begin{bmatrix}\delta_{\text{lia}}\\ \delta_{\text{ria}}\\ \vdots\\ \delta_{\text{bf}}\\ f(w_{\text{pl1}})\\ \vdots\\ f(w_{\text{pl4}})\\ u_1\\ \vdots\\ u_{10}\end{bmatrix}-\boldsymbol{U}_{\boldsymbol{v},k}\right\| \tag{2-52}$$

因此，异类多操纵机构在满足各自操纵特性的基础下，最优控制的分配目标可以表述为以下形式

$$\min_{\boldsymbol{U}_{\text{A},k}\in\boldsymbol{D}_{\text{A},k},\boldsymbol{U}_{\text{R},k}\in\boldsymbol{D}_{\text{R},k},\boldsymbol{W}_{\text{pl},k}\in\boldsymbol{D}_{\text{pl},k}} J_k(\boldsymbol{U}_{\text{A},k},\boldsymbol{U}_{\text{R},k},\boldsymbol{W}_{\text{pl},k}) \tag{2-53}$$

2.8.1　异类执行机构分配方案

对于空天高速飞行器姿态运动而言，满足飞行器对于控制力矩的需求是控制分配的基

础，在此基础之上再使分配结果满足各飞行阶段的分配指标。基于本章提出的空天高速飞行器模型，其具有 8 个气动操纵面、4 个等离子体主动流动控制机构以及 10 个喷管的 RCS。空天高速飞行器通常会经历助推爬升、亚轨道巡航以及再入飞行等阶段，因此使得空天高速飞行器对不同复杂环境的适应性变得尤为重要。

由于异类执行机构间存在各自的操纵特性，使得空天高速飞行器可以适应多种复杂的飞行环境，我们需要根据空天高速飞行器执行的不同任务以及不同飞行阶段，对飞行器的操纵机构进行合理的控制分配设计。由于空天高超声速飞行器任务区域跨度大，通过前面几节对于各操纵机构特性的分析，将控制机构分为三种工作模式：气动舵面＋等离子主动流动控制、气动舵面＋等离子主动流动控制＋RCS、纯 RCS。这三种工作模式在再入飞行阶段可以分别应用于再入末期、再入中期以及再入初期。下面根据不同操纵机构组合的特点分别设计了对应于三种工作模式的分配模块以及算法。

（1）工作模式 1

工作模式 1 的执行机构由气动舵面以及等离子体主动流动控制组成，该模式处于再入飞行阶段的后期，逐渐增大的动压使得气动操纵机构已经可以完成空天高速飞行器的控制，所以不需要对 RCS 进行控制分配。

由于上述两类执行机构具有不同的操纵特性，需要在控制分配中对不同机构的赋值权重进行设计，以实现操纵能量消耗最小、雷达截面积最小及期望指令跟踪误差最小等控制目标。控制分配策略通过为每个操纵机构配置不同的权系数以及参考位置等控制分配参数，可以很好地协调各操纵机构的输出量，并且满足飞行器操纵面最小偏转、最小阻力、最小机翼载荷、最小雷达截面积、最少能量消耗等控制分配模态的设计目标。

若在设计过程中不考虑飞行器操纵机构的动态特性，执行机构的输出量可近似地认为跟踪分配输入指令。然而操纵机构实际驱动器模型不仅存在位置速率约束，而且其动态特性也是不可忽略的。假设驱动器模型框图如图 2－19 所示。

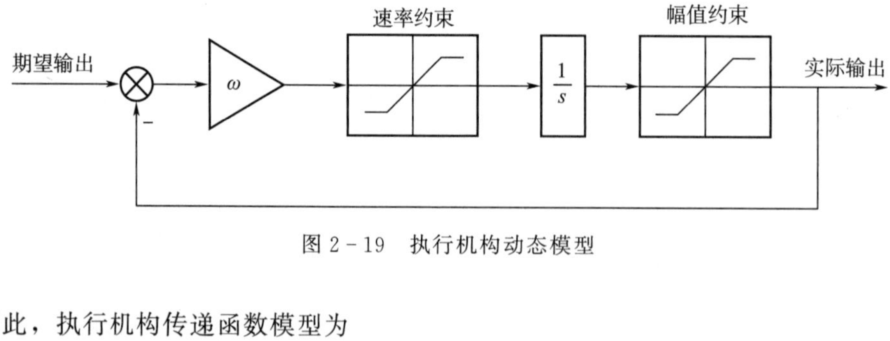

图 2－19　执行机构动态模型

因此，执行机构传递函数模型为

$$H(s)=\frac{\omega}{s+\omega} \tag{2-54}$$

其中，ω 为系统带宽，它反映操纵面跟踪输入指令的快慢。

因此，气动舵面的动态模型可以表示为

$$\dot{\delta}_i(t)=-\omega_A\cdot\delta_i(t)+\omega_A\cdot u_i(t) \tag{2-55}$$

其中，$i=\text{lia, ria, loa, roa, lr, rr, bf}$。

等离子体输出机构的动态模型同样表示为

$$\dot{W}_j(t)=-\omega_W\cdot\dot{W}_j(t)+\omega_W\cdot u_j(t) \tag{2-56}$$

其中，$j=w_{\text{pl1}},\ w_{\text{pl2}},\ w_{\text{pl3}},\ w_{\text{pl4}}$。

所以执行器总的动态模型可以表示为

$$\dot{\boldsymbol{x}}(t)=\boldsymbol{A}_{\text{all}}\cdot\boldsymbol{x}(t)+\boldsymbol{B}_{\text{all}}\cdot\boldsymbol{u}(t) \tag{2-57}$$

其中

$$\boldsymbol{x}(t)=[\delta_{\text{lia}},\cdots,\delta_{\text{bf}},w_{\text{pl1}},\cdots,w_{\text{pl4}}]^{\mathrm{T}}$$

$$\boldsymbol{u}(t)=[u_{\text{lia}},\cdots,u_{\text{bf}},u_{w_{\text{pl1}}},\cdots,u_{w_{\text{pl4}}}]^{\mathrm{T}}$$

$$\boldsymbol{A}_{\text{all}}=-\begin{bmatrix}\omega_A & & & & & \\ & \ddots & & & & \\ & & \omega_A & & & \\ & & & \omega_W & & \\ & & & & \ddots & \\ & & & & & \omega_W\end{bmatrix}$$

$$\boldsymbol{B}_{\text{all}}=-\boldsymbol{A}_{\text{all}}$$

则动态控制分配模型可以表示为

$$\begin{aligned}&\min_{\boldsymbol{\sigma}_{\text{cmd}}(t)} J_1=\|\boldsymbol{W}_1[\boldsymbol{v}(t)-\boldsymbol{v}_d(t)]\|+\|\boldsymbol{W}_2[\boldsymbol{\sigma}(t)-\boldsymbol{\sigma}_s(t)]\|\\&\text{s. t. }\ \boldsymbol{v}(t)=\boldsymbol{B}_e\cdot\boldsymbol{\sigma}_{\text{act}}(t)\\&\dot{\boldsymbol{x}}(t)=\boldsymbol{A}_{\text{all}}\cdot\boldsymbol{x}(t)+\boldsymbol{B}_{\text{all}}\cdot\boldsymbol{\sigma}_{\text{cmd}}(t)\\&\boldsymbol{\sigma}_{\text{act}}(t)=\boldsymbol{x}(t)\\&\underline{\boldsymbol{\sigma}}_{\text{act}}(t)\leqslant\boldsymbol{\sigma}_{\text{act}}(t)\leqslant\bar{\boldsymbol{\sigma}}_{\text{act}}(t)\end{aligned} \tag{2-58}$$

其中，$\boldsymbol{W}_1\in\mathbf{R}^{3\times3}$，$\boldsymbol{W}_2\in\mathbf{R}^{11\times11}$ 均为正定的非奇异对称权系数矩阵，分别用来表示控制精度以及机构输出对于目标函数的重要程度，$\boldsymbol{\sigma}_s(t)$ 为平衡状态时的操纵机构的期望输出。

在实际系统中，控制分配是由控制周期决定的，将动态控制分配模型离散化如下

$$\begin{aligned}&\min_{\boldsymbol{\sigma}_{\text{cmd}}(k)} J_1=\|\boldsymbol{W}_1[\boldsymbol{v}(k+1)-\boldsymbol{v}_d(k)]\|+\|\boldsymbol{W}_2[\boldsymbol{\sigma}_{\text{act}}(k+1)-\boldsymbol{\sigma}_s(k+1)]\|\\&\text{s. t. }\ \boldsymbol{v}(k+1)=\boldsymbol{B}_e\cdot\boldsymbol{\sigma}_{\text{act}}(k+1)\\&\boldsymbol{x}(k+1)=\boldsymbol{A}_{\text{all}}\cdot\boldsymbol{x}(k)+\boldsymbol{B}_{\text{all}}\cdot\boldsymbol{\sigma}_{\text{cmd}}(k)\\&\boldsymbol{\sigma}_{\text{act}}(k)=\boldsymbol{x}(k)\\&\underline{\boldsymbol{\sigma}}(k+1)\leqslant\boldsymbol{\sigma}_{\text{act}}(k+1)\leqslant\bar{\boldsymbol{\sigma}}(k+1)\end{aligned} \tag{2-59}$$

动态控制分配的目标可表述为最小化本次采样的期望力矩与下一采样的实际力矩误差以及本次采样的输出与下一采样的实际输出的误差。下面分析动态控制分配的具体方法。

首先，引入松弛变量 $\gamma>0$，令目标函数的最小值小于 γ，$\gamma-J_1>0$，即

$$\gamma - \| \boldsymbol{W}_1 [\boldsymbol{v}(k+1) - \boldsymbol{v}_d(k)) \| + \| \boldsymbol{W}_2 (\boldsymbol{\sigma}_{\text{act}}(k+1) - \boldsymbol{\sigma}_s(k+1)) \| > 0 \tag{2-60}$$

那么在考虑系统动态特性下，控制分配问题等价于以下矩阵不等式的表示方式

$$\min_{\boldsymbol{\sigma}_{\text{cmd}}(k)} \gamma$$

$$\begin{bmatrix} \gamma & [(\boldsymbol{\sigma}_{\text{act}}(k+1) - \boldsymbol{\sigma}_s(k+1))^{\mathrm{T}}] \boldsymbol{W}_2 & [\boldsymbol{v}_d(k) - \boldsymbol{B}_e(k+1)\boldsymbol{\sigma}_{\text{act}}(k+1)^{\mathrm{T}}] \boldsymbol{W}_1 \\ \boldsymbol{W}_2(\boldsymbol{\sigma}_{\text{act}}(k+1) - \boldsymbol{\sigma}_s(k+1)) & \boldsymbol{I} & \boldsymbol{0} \\ \boldsymbol{W}_1 [\boldsymbol{v}_d(k) - \boldsymbol{B}_e(k+1)\boldsymbol{\sigma}_{\text{act}}(k+1)] & \boldsymbol{0} & \boldsymbol{I} \end{bmatrix} > 0$$

$$\gamma > 0$$

$$\boldsymbol{e}_i \boldsymbol{\sigma}_{\text{act}}(k+1) - \boldsymbol{e}_i \underline{\boldsymbol{\sigma}}(k+1) > 0, i = 1,2,\cdots,11$$

$$\boldsymbol{e}_j \bar{\boldsymbol{\sigma}}(k+1) - \boldsymbol{e}_j \boldsymbol{\sigma}_{\text{act}}(k+1) > 0, j = 1,2,\cdots,11 \tag{2-61}$$

其中

$$\boldsymbol{x}_{\text{act}}(k+1) = \boldsymbol{A}_{\text{all}} \boldsymbol{x}_{\text{act}}(k) + \boldsymbol{B}_{\text{all}} \boldsymbol{\sigma}_{\text{cmd}}(k)$$

$$\boldsymbol{\sigma}_{\text{act}}(k) = \boldsymbol{x}_{\text{act}}(k)$$

$$\underline{\boldsymbol{\sigma}}(k+1) = \max [\boldsymbol{\sigma}_{\min}, \boldsymbol{\sigma}_{\text{act}}(k) + \boldsymbol{\rho}_{\min} \Delta T]$$

$$\bar{\boldsymbol{\sigma}}(k+1) = \min [\boldsymbol{\sigma}_{\max}, \boldsymbol{\sigma}_{\text{act}}(k) + \boldsymbol{\rho}_{\max} \Delta T]$$

具体证明过程参照参考文献［87］。加权矩阵 $\boldsymbol{W}_1$，$\boldsymbol{W}_2$ 设计过程如下：

在上述目标函数中，$\boldsymbol{W}_1$ 权值阵影响动态分配过程，$\boldsymbol{W}_2$ 影响执行机构输出的大小。定义 $w_{2,i}$ 为第 $i(i=1, 2, \cdots, 11)$ 个操纵面关于控制量的权值，计算方法如下

$$w_{2,i} = w_{2,i}^0 + \sigma_{2,i} \tag{2-62}$$

其中，$w_{2,i}^0$ 为权值初始值，$\sigma_{2,i}$ 为惩罚因子，则加权系数可以表示为

$$\boldsymbol{W}_1 = \operatorname{diag}(w_{1,1}, w_{1,2}, w_{1,3})$$

$$\boldsymbol{W}_2 = \operatorname{diag}(w_{2,1}, w_{2,2}, \cdots, w_{2,11})$$

通常情况下，$\boldsymbol{W}_1$ 权值固定，且 $w_{1,i} \gg w_{2,i}$。$\boldsymbol{W}_2$ 初始权值由不同的任务模态管理确定。具体各控制分配模态的权重设计方式为：

1）最小操纵面偏转模态，气动舵面给以相同的权重，等离子体功率给以相同的权重，且舵面权重大于等离子体权重；

2）最小阻力模态，飞行器在高超声速飞行状态下，最小阻力控制分配模态与最小操纵面偏转量模态等效；

3）最小翼展模态，由于外侧操纵面比内侧操纵面对翼根有更大的弯矩（弯曲力矩），因此只需赋予外侧操纵面比内侧操纵面更大的权重即可，在本模型中需给予外副翼较大的权重，其他操纵机构的权重一致；

4）最小能量消耗模态，减小能量消耗类型操纵机构的输出，等离子体主动流动控制机构以及 RCS 均为能量消耗型机构。因此要想总的能量消耗越小，需要赋予等离子体或 RCS 较大的权重，且舵面机构权重一致。

假设操纵机构的工作状态可以在每一采样周期内进行检测，则可以将检测到舵机或者激励器实际响应与其控制指令的比值作为该类操纵机构的实际操纵效率，用 $p_i(i=1,2,\cdots,11)$ 来表示。当 p_i 接近 0 时，表示舵机或激励器的实时操纵效率低，因子 $\sigma_{2,i}$ 应取较小；反之，当 p_i 接近 1 时，表示舵机或激励器的实时操纵效率高，应取较大 $\sigma_{2,i}$。依据工程实践经验，制定参数 p_i 来实时调整惩罚因子的值，用公式表示如下

$$\sigma_{2,i}=\begin{cases}-1, & p_i<0.2\\ \dfrac{5}{3}\cdot p_i-\dfrac{4}{3}, & 0.2\leqslant p_i\leqslant 0.8\\ 0, & p_i>0.8\end{cases} \tag{2-63}$$

（2）工作模式 2

工作模式 2 的执行机构由气动舵面、RCS 以及等离子体主动流动控制三种异类混合机构组成，该模式适用于再入阶段中期，动压增大使得气动操纵机构控制效率不断增大，所以在这一阶段采用混合异类执行机构对飞行器进行异类复合控制。该模式下采用链式递增的方法对各类执行机构进行控制分配，该方法的特点是将不同种类的执行机构分为若干组，然后依据各组的优先级依次分配，只有当优先级高的执行机构分配完成后才会对优先级低的执行机构进行分配。内外副翼和方向舵作为气动舵面基控制组，体襟翼为气动舵面辅助控制组，RCS 以及等离子体主动流动控制为异类辅助控制机构。因此操纵机构优先级依次为：基控制舵面、辅助控制舵面、RCS、等离子体主动流动控制。

异类执行机构链式递增分配过程描述如下。

步骤 1　气动操纵面分配

不改变等离子体控制参数以及 RCS 配置情况，在考虑气动舵面物理约束的条件下，优先对基控制舵面进行分配，在此基础上对体襟翼的输出进行设计，气动操纵面的控制分配目标可以描述为

$$\min_{\boldsymbol{U}_{\mathrm{A},k}\in\boldsymbol{D}_{\mathrm{A},k}} J_k(\boldsymbol{U}_{\mathrm{A},k},\boldsymbol{U}_{\mathrm{R},k-1},\boldsymbol{W}_{\mathrm{pl},k-1}) \tag{2-64}$$

步骤 2　RCS 分配

在完成对各气动操纵面的设计之后，RCS 在以 [0，1] 为约束的条件下，对 RCS 各个喷管的状态进行设计，为了考虑到最小化 RCS 能量消耗，此时的分配指标函数需进一步优化，RCS 分配目标为

$$\begin{gathered}J'_k=J_k(\boldsymbol{U}_{\mathrm{A},k},\boldsymbol{U}_{\mathrm{R},k},\boldsymbol{W}_{\mathrm{pl},k-1})+\lambda\sum_{i=1}^{10}p_i\\ \min_{[\boldsymbol{U}_{\mathrm{A},k}^{\mathrm{T}},\boldsymbol{U}_{\mathrm{R},k}]^{\mathrm{T}}\in\boldsymbol{\Omega}_{1,k}^{*}\times\boldsymbol{D}_{\mathrm{R},k}} J'_k\end{gathered} \tag{2-65}$$

步骤 3　等离子体激励器分配

在分配完 RCS 的各轴的控制量后，由于 RCS 只能产生有限的离散的力矩，所以分配完 RCS 后必定会存在一定的误差。因此在控制分配的最后一个步骤，在等离子体功率约束的条件下，设计等离子体流动控制量来弥补 RCS 分配所产生的控制误差，等离子体控

制的分配目标为

$$\min_{[\boldsymbol{U}_{\mathrm{R},k},\boldsymbol{W}_{\mathrm{pl},k},]^{\mathrm{T}}\in\boldsymbol{\Omega}_{2,k}^{*}\times\boldsymbol{D}_{\mathrm{pl},k}} J_k(\boldsymbol{U}_{\mathrm{A},k},\boldsymbol{U}_{\mathrm{R},k},\boldsymbol{W}_{\mathrm{pl},k}) \tag{2-66}$$

（3）工作模式 3

工作模式 3 的执行机构仅由 RCS 构成，该模式处于再入飞行阶段初期，空气稀薄使得动压较小，气动操纵机构的控制效率低下。为了使空天高速飞行器在再入阶段初期稳定控制，所以在这一阶段我们不使用气动舵面进行操控，RCS 是飞行器的唯一操纵机构。

RCS 控制要求燃料消耗最少，控制分配目标为

$$\begin{aligned} &\min \quad J=\sum_{i=1}^{10} a_i \\ &\text{s. t.} \quad \boldsymbol{M}_{\mathrm{R}}\boldsymbol{a}=\boldsymbol{U} \\ &\qquad\quad 0\leqslant a_i\leqslant 1 \end{aligned} \tag{2-67}$$

其中，$\boldsymbol{U}\in\mathbf{R}^{3\times1}$ 为控制器产生的期望控制力矩，$\boldsymbol{a}\in\mathbf{R}^{10\times1}$ 为 RCS 喷管输出的连续控制向量。可采用二次规划方法对指令 $\boldsymbol{a}$ 进行优化求解。

而对于上述控制量 $\boldsymbol{a}$ ，不是 0－1 信号，本章中采用双滤波 PSR 调制器进行调制。

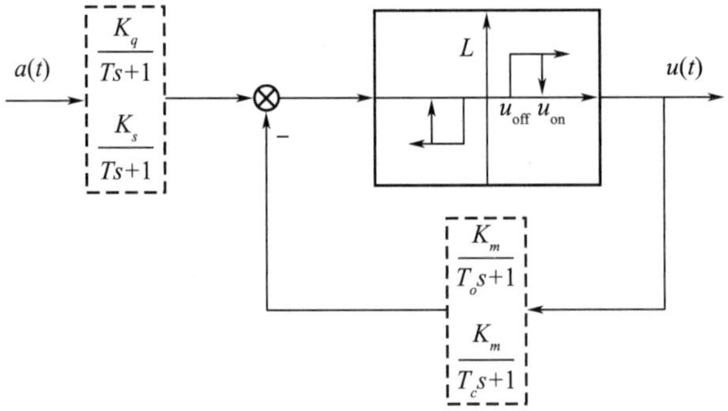

图 2－20　双滤波 PSR 调制器

其中，双滤波调制结构包括低通滤波模块、反馈一阶惯性环节以及施密特触发模块，$a(t)$ 为连续型输入量。低通滤波结构的引入是为了减小调制环节对姿态回路中系统噪声的放大作用。一阶惯性滤波器采用两种滤波系数，在姿态控制过程中进行调整。一般控制初期滤波系数大，控制末期切换为小滤波系数，以满足控制系统对于灵敏度以及平稳性等性能的需求。双滤波 PSR 调制器输出脉冲宽度为

$$T_{\mathrm{on}}=-T_m\ln\left(1-\frac{h}{u_{\mathrm{on}}+K_mL-a}\right) \tag{2-68}$$

间隙宽度为

$$T_{\mathrm{off}}=-T_m\ln\left(1-\frac{h}{a-u_{\mathrm{off}}}\right) \tag{2-69}$$

因此脉冲周期为

$$T=T_{\mathrm{on}}+T_{\mathrm{off}} \tag{2-70}$$

最小脉冲宽度即为

$$\Delta \approx \frac{T_m}{K_m L} h \tag{2-71}$$

对于 RCS 来说，喷管的最小脉冲宽度受到实际系统性能约束。通过确定模型中所选择的 RCS 喷管的特性参数，即可以确定 u_{on}，u_{off} 以及 Δ，进而确定 K_m，T_m。

2.8.2　故障重构

故障重构即当操纵机构发生结构性故障时对于总体多操纵机构的控制分配问题。在本章所提出的类 X-37B 模型中包含有三种执行机构，其中气动舵面属于机械偏转机构，等离子体控制以及 RCS 属于能量输出机构。通常情况下，机械偏转机构发生故障的情况比非机械类控制机构要大得多，且故障类型也最为复杂。所以我们仅讨论气动操纵面发生结构性故障时的重构问题。正常工作情况下，控制分配可以表述为如下形式

$$\begin{aligned}
&\min_{\boldsymbol{u}} J = \| \boldsymbol{W}_v (\boldsymbol{B}_e \boldsymbol{u} - \boldsymbol{v}) \| + \gamma \| \boldsymbol{W}_u (\boldsymbol{u} - \boldsymbol{u}_d) \| - \lambda \\
&\text{s. t. } \boldsymbol{B}_e \boldsymbol{u} = \lambda \boldsymbol{v} \\
&\underline{\boldsymbol{u}} \leqslant \boldsymbol{u} \leqslant \bar{\boldsymbol{u}} \\
&0 \leqslant \lambda \leqslant 1 \\
&\underline{\boldsymbol{u}}(t) = \max\{\boldsymbol{u}_{\min}, \boldsymbol{u}(t-T) - T\boldsymbol{\rho}_{\min}\} \\
&\bar{\boldsymbol{u}}(t) = \min\{\boldsymbol{u}_{\max}, \boldsymbol{u}(t-T) + T\boldsymbol{\rho}_{\max}\}
\end{aligned} \tag{2-72}$$

其中，λ 为约束变量，如果 $\lambda=1$，表示气动操纵面的转矩可达集包含期望力矩所在空间，即期望力矩由气动舵面可以完成分配；如果 $0 \leqslant \lambda < 1$，则气动舵面无法完成期望力矩的分配，这时可以通过保持转矩向量的方向不变、最大化可分配幅值的方法来实现控制分配。因此 λ 在控制分配模型中主要有两个作用：1）判断待分配转矩是否可达，控制不足还是控制冗余；2）在控制冗余的情况下通过选择合适的性能指标来达到任务目标。

（1）操纵面卡死故障

卡死故障指的是气动舵面偏转过程中卡死在某一固定位置，导致该舵面不仅不能产生期望的控制力和控制力矩，而且对机体在各轴还会产生额外的干扰力和干扰力矩。发生卡死故障的情况下，气动操纵面的实际偏转角可以以向量形式表示为

$$\boldsymbol{\delta}(t) = \boldsymbol{D}_\lambda \boldsymbol{\delta}_c(t) + (\boldsymbol{I}_8 - \boldsymbol{D}_\lambda)\bar{\boldsymbol{\delta}}(t), t_1 < t < t_2 \tag{2-73}$$

其中，$\boldsymbol{\delta}(t) \in \mathbf{R}^{8\times1}$ 为舵面实际产生的偏转角度；$\boldsymbol{\delta}_c(t) \in \mathbf{R}^{8\times1}$ 是期望舵面产生的偏转指令；$\bar{\boldsymbol{\delta}}(t) \in \mathbf{R}^{8\times1}$ 为舵面卡死的位置；$\boldsymbol{D}_\lambda = \mathrm{diag}(\lambda_1, \lambda_2, \cdots, \lambda_8)$，$\lambda_j \in \{0, 1\}(j=1, 2, \cdots, 8)$，其中，"$\lambda_j=1$"表示第 j 个舵面工作正常，"$\lambda_j=0$"表示第 j 个舵面发生卡死故障。t_1 和 t_2 为舵面发生故障的起止时间。卡死故障情况下，若舵面 i 为故障舵面，控制力矩可以表示为

$$\boldsymbol{v}_a = \boldsymbol{B}_r \boldsymbol{\delta}_r + \boldsymbol{B}_c \bar{\delta}_i \tag{2-74}$$

其中，$\bar{\delta}_i$ 为故障舵面 i 的卡死位置，$\boldsymbol{B}_c \in \mathbf{R}^{3\times1}$ 是式（2-72）中控制分配矩阵 $\boldsymbol{B}_e$ 的第 i 列，

为卡死舵面的输出效率向量，$\boldsymbol{\delta}_r \in \mathbf{R}^{7\times1}$ 为正常工作舵面的偏转位置向量，$\boldsymbol{B}_r \in \mathbf{R}^{3\times7}$ 为正常工作操纵面的控制分配矩阵。卡死故障发生情况下的目标函数可以设计为

$$\begin{aligned} &\min_{\boldsymbol{\delta}_r} J_1 = \frac{1}{2}[(1-\sigma)\parallel \boldsymbol{W}_1(\boldsymbol{v}-\boldsymbol{B}_c\bar{\delta}_i-\boldsymbol{B}_r\boldsymbol{\delta}_r)\parallel + \sigma \parallel \boldsymbol{W}_2\boldsymbol{\delta}_r\parallel] - \lambda \\ &\text{s. t. } \boldsymbol{B}_c\bar{\delta}_i + \boldsymbol{B}_r\boldsymbol{\delta}_r = \lambda\boldsymbol{v} \\ &\underline{\boldsymbol{\delta}}_r \leqslant \boldsymbol{\delta}_r \leqslant \bar{\boldsymbol{\delta}}_r \end{aligned} \tag{2-75}$$

其中，$\underline{\boldsymbol{\delta}}_r$，$\bar{\boldsymbol{\delta}}_r$ 分别是所有操纵面正常工作时偏转范围约束的下界和上界。

（2）部分失效故障

若气动操纵面发生故障时依然可以工作偏转，则将该类故障称为部分失效故障。这种情况下故障舵面控制效率的降低会导致实际控制效果变弱，表现为实际舵偏不能跟踪且总小于偏转指令。在发生此类故障的情况下，全部舵面实际提供的力矩可以表示为如下形式

$$\boldsymbol{v}_a = \boldsymbol{B}_e\boldsymbol{K}\boldsymbol{\delta}_c(t) \tag{2-76}$$

其中，$\boldsymbol{K}=\mathrm{diag}(k_1, k_2, \cdots, k_8)$ 为失效度矩阵，$0<k_i<1(i=1, 2, \cdots, 8)$ 为第 i 个舵面的失效度，$k_i=1$ 表示舵面 i 工作正常，$0<k_i<1$ 表示舵面 i 发生失效故障。部分失效故障情况下的目标函数可以设计为

$$\begin{aligned} &\min_{\boldsymbol{\delta}_c} J_2 = \frac{1}{2}[(1-\sigma)\parallel \boldsymbol{W}_1(\boldsymbol{v}-\boldsymbol{B}_e\boldsymbol{K}\boldsymbol{\delta}_c)\parallel + \sigma \parallel \boldsymbol{W}_2\boldsymbol{\delta}_c\parallel] - \lambda \\ &\text{s. t. } \boldsymbol{B}_e\boldsymbol{K}\boldsymbol{\delta}_c = \lambda\boldsymbol{v} \\ &\underline{\boldsymbol{\delta}} \leqslant \boldsymbol{\delta}_c \leqslant \bar{\boldsymbol{\delta}} \end{aligned} \tag{2-77}$$

下节将具体介绍求解上述二次规划问题的算法。

2.8.3 工作模式切换机制

空天高速飞行器在高速飞行过程中面临操纵机构工作模式的选择问题。空天高速飞行器异类执行机构一般是通过飞行过程中的环境信息或飞行状态来进行选择的，例如动压、飞行马赫数等；在一些特殊的工作节点可能会导致飞行系统的不稳定，且供设计的空间较为局限。因此本章提出一种以评价机制为基础的异类操纵机构工作模式切换策略。针对本章设计的三种工作模式，评价模型中有三个评价对象。评价指标是针对系统所需性能要求，对每个需要评价的对象进行多方面评判的基础。评价指标可以根据各个指标的重要性或优先级进行排序，依据一般原则评价指标优先级一般可以设计成：控制精度＞能量消耗＞…，可以依据系统所需要的性能要求对后续各指标进行设计。为每个评价指标设计评分标准，分值区间为［0，100］。基本设计原则为控制精度越高分值越高，而能量消耗越小分值越高。按上述设计的优先级为每个评价指标设计评分权重，控制精度权重（λ_1）要大于能量消耗的权重（λ_2），即 $\lambda_1 > \lambda_2$。

在每一执行周期内，分别以每个工作模式进行控制分配，然后对每个工作模式的控制分配结果进行评价，即为每个评价对象计算评价分值

$$S_i = \lambda_1 \cdot P_{1,i} + \lambda_2 \cdot P_{2,i} + \cdots \tag{2-78}$$

其中，$i=1,2,3$，为第 i 个工作模式的分值；$P_{1,i}$ 为模式 i 控制精度指标的得分，$P_{2,i}$ 为模式 i 能量消耗指标的得分。

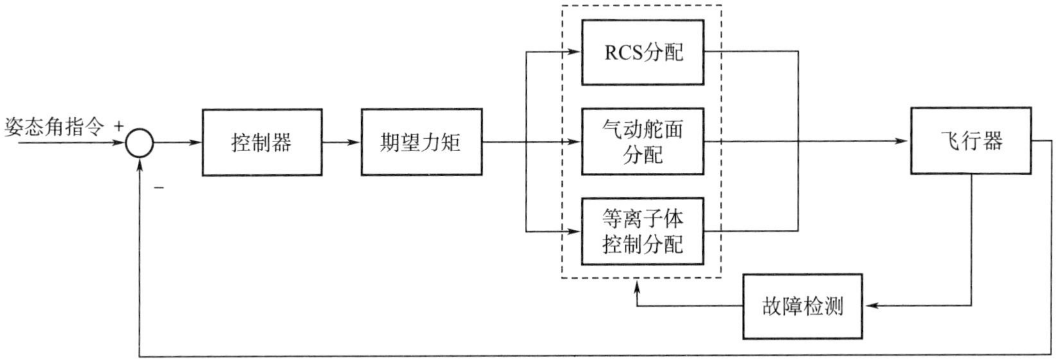

图 2-21　复合控制框图

2.9　混合异类操纵控制分配方法

2.9.1　二次规划分配算法

（1）二次规划分配算法原理

由上述分析可知，无论是在有故障还是无故障的情况下，都需要关于两项混合目标进行优化分配。因此，我们需要采用一种混合目标优化的方法作为分配方案。在满足执行机构的位置和速率约束的情况下，用于解决控制分配的二次规划问题可以表示为如下形式

$$\begin{aligned} &\min_u J = \| \boldsymbol{W}_u (\boldsymbol{u} - \boldsymbol{u}_d) \|_2^2 + \gamma \| \boldsymbol{W}_v (\boldsymbol{B}\boldsymbol{u} - \boldsymbol{v}) \|_2^2 \\ &\text{s.t.} \quad \underline{\boldsymbol{u}} \leqslant \boldsymbol{u} \leqslant \bar{\boldsymbol{u}} \end{aligned} \tag{2-79}$$

其中，$\boldsymbol{W}_u$，$\boldsymbol{W}_v$ 为权值矩阵，$\boldsymbol{u}_d$ 为期望控制量，$\boldsymbol{v}$ 为期望输出力矩，$\boldsymbol{B}$ 为控制效率矩阵，$\gamma > 0$ 为加权因子，用来衡量目标函数的优先级。对上式所示的代价函数 J 做如下变形

$$\begin{aligned} J &= \| \boldsymbol{W}_u (\boldsymbol{u} - \boldsymbol{u}_d) \|_2^2 + \gamma \| \boldsymbol{W}_v (\boldsymbol{B}\boldsymbol{u} - \boldsymbol{v}) \|_2^2 \\ &= \frac{1}{2} \boldsymbol{u}^{\mathrm{T}} \boldsymbol{T} \boldsymbol{u} + \boldsymbol{u}^{\mathrm{T}} \boldsymbol{d} + \boldsymbol{r} \end{aligned} \tag{2-80}$$

其中，$\boldsymbol{T} = 2\boldsymbol{W}_u + 2\gamma \boldsymbol{B}^{\mathrm{T}} \boldsymbol{W}_v \boldsymbol{B}$，$\boldsymbol{d} = -2\boldsymbol{W}_u \boldsymbol{u}_d - 2\gamma \boldsymbol{B}^{\mathrm{T}} \boldsymbol{W}_v \boldsymbol{v}$，$\boldsymbol{r} = \boldsymbol{u}_d^{\mathrm{T}} \boldsymbol{W}_u \boldsymbol{u}_d + \gamma \boldsymbol{v}^{\mathrm{T}} \boldsymbol{W}_v \boldsymbol{v}$。

基于二次规划的飞行器多操纵面控制分配问题转化为

$$\begin{aligned} &\min_u J = \frac{1}{2} \boldsymbol{u}^{\mathrm{T}} \boldsymbol{T} \boldsymbol{u} + \boldsymbol{u}^{\mathrm{T}} \boldsymbol{d} \\ &\text{s.t.} \quad \underline{\boldsymbol{u}} \leqslant \boldsymbol{u} \leqslant \bar{\boldsymbol{u}} \end{aligned} \tag{2-81}$$

当 $\boldsymbol{u}_d$ 等于零时，式（2-81）所示的控制分配问题可以等价转化为

$$J=\frac{1}{2}\left[(1-\varepsilon)\ \|\ \boldsymbol{Q}_1(\boldsymbol{Bu}-\boldsymbol{v})\|_2^2+\varepsilon\ \|\ \boldsymbol{Q}_2\boldsymbol{u}\|_2^2\right]$$
$$\text{s.t.}\ \underline{\boldsymbol{u}}\leqslant\boldsymbol{u}\leqslant\bar{\boldsymbol{u}} \tag{2-82}$$

其中，$\boldsymbol{Q}_1=\boldsymbol{W}_v^{\mathrm{T}}\boldsymbol{W}_v>0$，$\boldsymbol{Q}_2=\boldsymbol{W}_u^{\mathrm{T}}\boldsymbol{W}_u>0$ 为加权矩阵，$\varepsilon=(1+\gamma)^{-1}$ 用于平衡控制分配误差和控制消耗的能量。假设操纵机构 $\boldsymbol{u}=(u_1,\ \cdots,\ u_m)^{\mathrm{T}}\in\mathbf{R}^m$ 满足约束

$$s_i(\boldsymbol{u})=\begin{cases}\underline{\boldsymbol{u}}, & \boldsymbol{u}\leqslant\underline{\boldsymbol{u}}\\ \boldsymbol{u}, & \underline{\boldsymbol{u}}<\boldsymbol{u}<\bar{\boldsymbol{u}},i=1,2,\cdots,m\\ \bar{\boldsymbol{u}}, & \boldsymbol{u}\geqslant\bar{\boldsymbol{u}}\end{cases} \tag{2-83}$$

则满足上述二次规划问题解的不动点等式可以表示为

$$\boldsymbol{u}=s\left[(1-\varepsilon)\omega\boldsymbol{B}^{\mathrm{T}}\boldsymbol{Q}_1\boldsymbol{v}-(\omega\boldsymbol{T}-\boldsymbol{I})\boldsymbol{u}\right]\triangleq f(\boldsymbol{u}) \tag{2-84}$$

其中，$\omega=\|\boldsymbol{T}\|_F^{-1}=[\mathrm{tr}(\boldsymbol{T}^{\mathrm{T}}\boldsymbol{T})]^{-\frac{1}{2}}$ 为步长因子，$\boldsymbol{T}=(1-\varepsilon)\boldsymbol{G}^{\mathrm{T}}\boldsymbol{Q}_1\boldsymbol{G}+\varepsilon\boldsymbol{Q}_2$，$\varepsilon\in(0,\ 1)$。

由此，可得到不动点迭代格式为

$$\boldsymbol{u}^{k+1}=f(\boldsymbol{u}^k)\ (k=0,1,\cdots,N) \tag{2-85}$$

（2）基于 MDDIFXP 二次规划分配算法原理

①方向导数定义

对于 $\boldsymbol{u}_0\in\mathbf{R}^n$，$\boldsymbol{d}\in\mathbf{R}^n$，用 $Df(\boldsymbol{u}_0;\ \boldsymbol{d})$ 表示 f 在点 $\boldsymbol{u}_0$ 关于方向 $\boldsymbol{d}$ 的方向导数。函数 f 在点 $\boldsymbol{u}_0$ 关于方向 $\boldsymbol{d}$ 的方向导数定义为

$$Df(\boldsymbol{u}_0;\boldsymbol{d})=\frac{\partial f(\boldsymbol{u}_0)}{\partial\boldsymbol{d}}=\lim_{t\to0^+}\frac{f(\boldsymbol{u}_0+t\boldsymbol{d})-f(\boldsymbol{u}_0)}{t} \tag{2-86}$$

在 f 满足一阶偏导数连续可微的条件下，方向导数计算公式有如下定义表达式

$$Df(\boldsymbol{u}_0;\boldsymbol{d})=\nabla f(\boldsymbol{u}_0)^{\mathrm{T}}\boldsymbol{d} \tag{2-87}$$

②最大方向导数定义

设 $f:\ \mathbf{R}^n\to\mathbf{R}^n$ 是连续函数，对于 $\boldsymbol{u}_0\in\mathbf{R}^n$ 和单位向量 $\boldsymbol{e}_i=(\delta_1^i,\ \cdots,\ \delta_n^i)^{\mathrm{T}}$，其中，$\delta_i^i=1$，$\delta_j^i=0(j\neq i,\ i=1,\ 2,\ \cdots,\ n)$，函数 $f(\boldsymbol{u}_0+t\boldsymbol{e}_i)$ 在 $t=0$ 的导数（如果存在）称为 f 在点 $\boldsymbol{u}_0$ 关于 $u_i(i=1,\ 2,\ \cdots,\ n)$ 的一阶偏导数。对于任意的 $i=1,\ 2,\ \cdots,\ n$，若 f 在点 $\boldsymbol{u}$ 关于 u_i 的一阶偏导数存在，则 $f(\boldsymbol{u})$ 在点 $\boldsymbol{u}$ 的梯度定义为

$$\nabla f(\boldsymbol{u})=\left(\frac{\partial f(\boldsymbol{u})}{\partial u_1},\frac{\partial f(\boldsymbol{u})}{\partial u_2},\cdots,\frac{\partial f(\boldsymbol{u})}{\partial u_n}\right)^{\mathrm{T}} \tag{2-88}$$

③不动点迭代 $f(\boldsymbol{u})$ 在点 $\boldsymbol{u}$ 的梯度定义

不动点迭代 $f(\boldsymbol{u})$ 在点 $\boldsymbol{u}$ 的梯度定义为

$$\overset{f}{\nabla}f(\boldsymbol{u})=\left(\frac{f(\boldsymbol{u}+\Delta t\boldsymbol{e}_1)-f(\boldsymbol{u})}{\Delta t},\cdots,\frac{f(\boldsymbol{u}+\Delta t\boldsymbol{e}_n)-f(\boldsymbol{u})}{\Delta t}\right)^{\mathrm{T}} \tag{2-89}$$

其中，Δt 表示迭代步数的间隔。因此 f 在迭代点 $\boldsymbol{u}_0$ 关于方向 $\boldsymbol{d}$ 的方向导数可用下式计算

$$Df(\boldsymbol{u}_0;\boldsymbol{d})=\overset{f}{\nabla}f(\boldsymbol{u}_0)^{\mathrm{T}}\boldsymbol{d} \tag{2-90}$$

因此，最大方向导数即为

$$\mathrm{Max}\left[\frac{f(\boldsymbol{u}_0+\Delta t\boldsymbol{e}_i)-f(\boldsymbol{u}_0)}{\Delta t}\right](i=1,2,\cdots,n) \tag{2-91}$$

所对应的单位方向 $\boldsymbol{e}_i$ 记为 $\boldsymbol{e}_M$ 。

对于 $\boldsymbol{u}^k$ ，$\boldsymbol{u}^{k+1}\in\mathbf{R}^n$ 和单位向量 $\boldsymbol{e}_i$ ，函数 f 在点 $\boldsymbol{u}^{k+1}$ 处关于方向 $\boldsymbol{e}_i$ 增量定义为

$$\Delta f(\boldsymbol{u}^{k+1};\boldsymbol{e}_i)=\frac{f(\boldsymbol{u}^{k+1}+\Delta t\boldsymbol{e}_i)-f(\boldsymbol{u}^{k+1})}{\Delta t}-\frac{f(\boldsymbol{u}^k+\Delta t\boldsymbol{e}_i)-f(\boldsymbol{u}^k)}{\Delta t} \tag{2-92}$$

在 MDDIFXP 算法中，为了解决算法的快速性问题，$\boldsymbol{u}^{k+1}$ 更新迭代增量等于 $\boldsymbol{u}^k$ 和 $\boldsymbol{u}^{k+1}$ 在最大方向导数上的迭代增量，那么 MDDIFXP 算法的具体实施过程如下：

1）取 $f(\boldsymbol{u}^k)$ ，$f(\boldsymbol{u}^{k+1})(k\geqslant 1)$ ；

2）计算 $\overset{f}{\nabla}f(\boldsymbol{u}^{k+1})^{\mathrm{T}}\boldsymbol{e}_i(i=1,\ 2,\ \cdots,\ n)$ ，取 $\mathrm{Max}\left[\frac{f(\boldsymbol{u}^{k+1}+\Delta t\boldsymbol{e}_i)-f(\boldsymbol{u}^{k+1})}{\Delta t}\right]$ 所对应的单位方向 $\boldsymbol{e}_i$ 为 MDD，记为 $\boldsymbol{e}_M$ ；

3）计算最大方向导数增量 $\Delta f(\boldsymbol{u}^{k+1};\ \boldsymbol{e}_M)$ 并且更新 $f(\boldsymbol{u}^{k+1})$ 为 $f(\boldsymbol{u}^{k+1})+\Delta f(\boldsymbol{u}^{k+1};\ \boldsymbol{e}_M)\boldsymbol{e}_M$ ；

4）以 $\boldsymbol{u}^{k+2}=f(\boldsymbol{u}^{k+1})$ 作为新的迭代点，进一步可以递推计算 $f(\boldsymbol{u}^{k+2})$ ，$f(\boldsymbol{u}^{k+3})$ ；

5）当满足 MDDIFXP 算法的跳出条件，$k>K(K\in\mathbf{N})$ 或 $\|\overset{f}{\nabla}f(\boldsymbol{u}^{k+1})\|<\xi(\xi>0)$ 时，转为基本 FXP 算法，否则重复步骤 1）～4）过程。对于存在约束条件的控制分配问题，步骤 3）更新的 $f(\boldsymbol{u}^{k+1})$ 也应满足其约束条件。

2.9.2　粒子群算法

待优化量即粒子群空间为 D 维，种群粒子个数 NP ，粒子 i 空间位置向量 $\boldsymbol{X}$ 以及粒子空间移动速度向量 $\boldsymbol{V}$ 在第 t 次迭代时可分别表示为

$$\boldsymbol{X}_i(t)=[x_i^1(t),x_i^2(t),\cdots,x_i^D(t)]^{\mathrm{T}}$$

$$\boldsymbol{V}_i(t)=[v_i^1(t),v_i^2(t),\cdots,v_i^D(t)]^{\mathrm{T}}$$

迭代 t 次，粒子 i 的历史局部最优位置 $\mathrm{pbest}_i(t)$ 可以表示为 $\boldsymbol{p}_i(t)=(p_i^1(t),\ p_i^2(t),\ \cdots,\ p_i^D(t))$ ；假设求解的是最小优化问题时，所有个体的全局历史最优位置 gbest（t）可以表示为

$$\mathrm{gbest}(t)=\min\{\mathrm{pbest}_1(t),\mathrm{pbest}_2(t),\cdots,\mathrm{pbest}_{NP}(t)\} \tag{2-93}$$

当算法迭代第 $t+1$ 次时，粒子 i 第 j 个位置参数 $x_i^j(t)$ 以及第 j 个速度参数 $v_i^j(t)$ 可以根据上一次迭代得到的信息进行更新，公式为：

$$\begin{aligned}&v_i^j(t+1)=\omega v_i^j(t)+c_1r_1[\mathrm{pbest}_i^j(t)-x_i^j(t)]+c_2r_2[\mathrm{gbest}^j(t)-x_i^j(t)]\\&x_i^j(t+1)=x_i^j(t)+v_i^j(t+1)\end{aligned} \tag{2-94}$$

其中，$t=1,\ 2,\ \cdots,\ T_{\max}$ 表示算法迭代次数；$i=1,\ 2,\ \cdots,\ NP$ 表示第 i 个粒子个体，NP 表示种群规模中的粒子个数；$j=1,\ 2,\ \cdots,\ D$ 表示待优化变量维数；ω 为惯性系数，直接影响粒子群算法的搜索空间以及在定义域空间内的搜索学习能力；c_1 和 c_2 表示加速因子，

r_1，$r_2 \in [0, 1]$ 且为符合均匀分布的随机小数。惯性权重 ω 通常有三种设置方式：1）常值权重或随机权重；2）随时间动态变化权重；3）以反馈机制为基础的自适应权重。

速度迭代公式（2-94）由三部分构成：1）粒子自我学习部分，继承上一次迭代速度，作用是平衡局部搜索和全局搜索，以及开拓粒子个体搜索区域能力；2）粒子自我认知部分，继承个体历史优秀经验值，作用是挖掘个体粒子局部探索能力；3）粒子公共认知部分，获取粒子群体的历史优秀经验值，作用是提高全局搜索能力。

粒子群算法在迭代过程中，需要对粒子个体的速度和位置向量进行范围限制，以确保有良好的搜索性能。通常的边界处理方法有[88]：1）边界吸收法，即当位置或速度向量的某一值超过边界值时则将该值设置为相应边界值；2）边界反弹法，当出现 $x_i^j > X_{\max}^j$，则 $x_i^j = 2X_{\max}^j - x_i^j$，反之，如果 $x_i^j < X_{\max}^j$，则 $x_i^j = 2X_{\min}^j - x_i^j$；3）随机初始化法，如果 $x_i^j(t) \notin [v_{\min}, v_{\max}]$，则执行随机生成参数值 $x_i^j = X_{\min} + \mathrm{rand}() * (X_{\max}^j - X_{\min}^j)$。

2.9.3 离散粒子群算法

由于 RCS 装置的各喷管输出只有开和关两种状态，属于离散类型的优化问题。可以采用离散粒子群优化算法（DPSO）解决 RCS 各喷管工作状态的求解问题。DPSO 中个体位置仅有 0 或 1 两种状态。但该算法中粒子速度状态没有限制，其数值大小只是用来表征对应位置数值取 0 或 1 的概率。速度数值越大表示对应位置取 1 的概率越高，相反情况下取 0 的可能性越高。sigmoid 函数可以很好地描述上述过程，sigmoid 函数在 $(-\infty, +\infty)$ 区间上单调递增，且在 $x=0$ 处的取值为 0.5（见图 2-22）。使用 sigmoid 函数对速度 v 进行值变换的公式可以表示为

$$\mathrm{sigmoid}[v_i^j(t+1)] = \frac{1}{1+\mathrm{e}^{-v_i^j(t+1)}} \tag{2-95}$$

基于 sigmoid 函数的离散粒子群算法可以用公式表示为

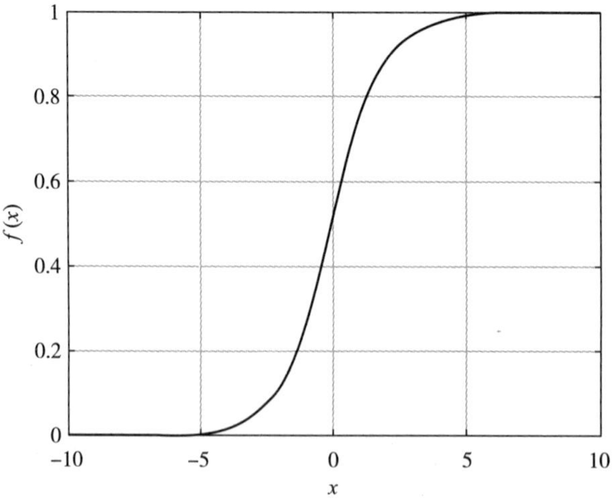

图 2-22　sigmoid 函数曲线图

$$v_i^j(t+1)=v_i^j(t)+c_1r_1[\mathrm{pbest}_i^j(t)-x_i^j(t)]+c_2r_2[\mathrm{gbest}^j(t)-x_i^j(t)]$$
$$v_i^j(t+1)=\mathrm{sigmoid}[v_i^j(t+1)]$$
$$x_i^j(t+1)=\begin{cases}0, & r_i^j(t)>v_i^j(t+1)\\ 1, & r_i^j(t)\leqslant v_i^j(t+1)\end{cases}\tag{2-96}$$

随机数值 $r_i^j(t)\sim U(0,1)$ 服从标准正态分布，用于依概率对粒子位置进行取值。在离散粒子群算法中，为了防止优化算法出现搜索停滞，粒子速度取值设计时受限 $|v_i^j(t)|<v_{\max}$。$v_{\max}$ 的数值与粒子位置数值的变异概率相关，$v_{\max}$ 越大，则位置状态发生变化的可能性就越大。

2.9.4　粒子群算法改进

粒子群算法在搜索迭代的过程中可能运行到一定程度后会陷入局部收敛而非全局最优的状态，也可称为“过早收敛”状态。中心－离散策略粒子群算法是针对“过早收敛”这一原始算法固有问题而提出的改进算法。经过优化的标准算法基于两种学习策略：中心学习策略以及离散学习策略。这两种学习策略在粒子个体位置更新时按照一定的迭代顺序和周期交替使用，有效提高粒子种群的全局搜索和局部搜索能力。中心学习策略是一种在局部空间内的深度学习策略，该策略在迭代过程中可以使粒子尽快搜索到最优位置；离散学习策略为在全局空间中的广度学习策略，该策略可使粒子个体尽可能分布于全局定义域内。

(1) 中心学习策略

基于现实社会群体精英个体与普通个体间互动的原理设计了中心学习策略，这是一种基于精英粒子群的深度搜索优化算法。只有该种群中最优个体粒子会对其他个体建立自身信息群共享，这种共享方式容易导致粒子种群中的个体迅速聚集，导致局部最优解的状况发生。然而在以精英粒子群引导搜索为基础的中心学习策略中，适应度值最优的精英粒子群会将其平均中心位置对种群中的其他粒子个体建立共享机制，引导种群粒子的演化迭代。中心学习策略中，在第 t 代时粒子 i 的第 j 维度的速度、位置以及中心位置的迭代公式

$$v_i^j(t+1)=\omega v_i^j(t)+c*r*[\mathrm{Center}_i^j(t)-x_i^j(t)]$$
$$x_i^j(t+1)=x_i^j(t)+v_i^j(t+1)\tag{2-97}$$
$$\mathrm{Center}_i^j(t)=\frac{1}{L}\cdot\sum_{l=1}^{L}\mathrm{pbest}_{l,j}^{(t)}$$

其中，ω 为粒子的惯性权重，一般情况下可以取固定参数形式的权重或者动态线性变化的权重。c 为互动因子，表示普通个体与精英个体的各自信息互动程度，r 在 [0，1] 随机均匀分布。$\mathrm{pbest}_{l,j}^{(t)}$ 表示适应值最优的 L 个粒子所构成的精英种群所在空间最优位置的平均值。由公式可以看出中心学习策略包含两部分：粒子惯性部分以及粒子的公共认知部分。由中心学习策略的基本原理可知，算法运行过程中每个普通个体均有机会升级成为精英粒子，

并将其位置信息传播到种群中，进而帮助种群搜索过程实现快速收敛。

（2）离散学习策略

离散学习策略是基于种群广度探索的搜索算法，该算法中粒子个体将进行随机分布式学习探索。因此离散学习策略中粒子的学习目标是种群中随机分布的粒子个体。离散学习策略更新公式可以表示为

$$
\begin{aligned}
&v_i^j(t+1)=\omega v_i^j(t)+c*r*[\mathrm{pbest}_{\gamma_i(j)}^j(t)-x_i^j(t)]\\
&x_i^j(t+1)=x_i^j(t)+v_i^j(t+1)\\
&\gamma_i(j)=\mathrm{rand}()\%N,\gamma_i(j)\in[1,N]
\end{aligned}
\tag{2-98}
$$

其中，$\gamma_i(j)$ 为粒子 i 在第 j 维度要学习的某个粒子对应的编号。粒子个体 i 每个维度上具有目标随机的学习特性。离散学习中粒子学习的过程：某一计算周期内在粒子种群的剩余个体中任意挑选两个粒子，粒子个体 i 的学习对象即为适应值较大的粒子个体。离散学习算法的最大优势在于符合粒子种群对于广度搜索的需求。

（3）协同优化策略

在粒子种群迭代过程中，针对粒子学习的两种优化策略会以特定顺序周期重复进行。基于中心学习策略以及离散学习策略的粒子群算法，种群中的粒子个体会进行周期性学习以及搜索过程，学习的过程如图 2－23 所示，其中 C 标识表示中心学习策略，D 标识表示离散学习策略。

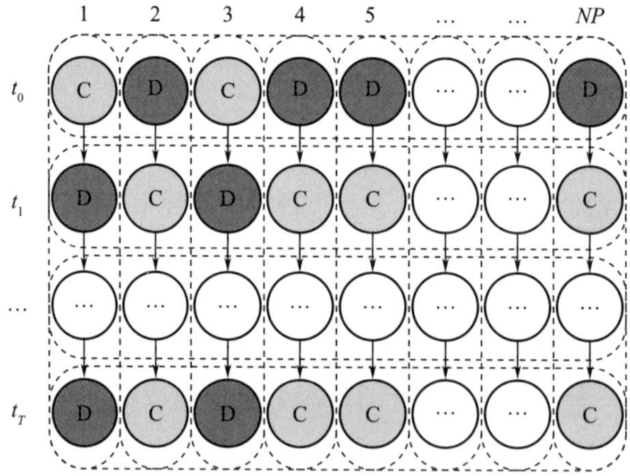

图 2－23　优化型算法框架示意图

图 2－23 中，NP 为当前粒子种群的规模，$(t_0,\ t_1,\ \cdots,\ t_T)$ 为迭代时间序列。

2.9.5　基于粒子群算法的控制分配

目标函数首先是为了保证控制精度，在此基础之上可以在其他方面有所考虑。在工作模式 2 中，针对飞行器模型的三种执行机构设计了对应的粒子群分配算法。

（1）气动舵面的目标函数

气动舵面的目标函数为

$$J_1 = \| (\boldsymbol{B}_\delta \boldsymbol{u} - \boldsymbol{v}) \| + \mu \| (\boldsymbol{u} - \boldsymbol{u}_d) \| \tag{2-99}$$

其中，$\boldsymbol{B}_\delta$ 为气动舵面控制分配矩阵；$\boldsymbol{v}$ 为三轴期望力矩；$\boldsymbol{u}_d$ 为平衡状态下的期望舵面偏转；μ 为权值，用于调节控制量最小和力矩误差最小之间的比重。由于气动舵面属于连续操纵机构，故采用标准粒子群改进算法。

（2）RCS 的目标函数

RCS 的目标函数为

$$J_2 = \| \boldsymbol{M}_R - \boldsymbol{M}_c \| + \lambda \sum_{i=1}^{10} p_i = \| \boldsymbol{M}_c - \sum_{i=1}^{10} \boldsymbol{M}_i \cdot p_i \| + \lambda \sum_{i=1}^{10} p_i \tag{2-100}$$

其中，$\boldsymbol{M}_c$ 为根据异类机构的设计规则分配给 RCS 装置的期望力矩，$\boldsymbol{M}_R$ 为 RCS 实际提供的力矩，因此，RCS 喷管分配的目标是：1）分配力矩与实际产生力矩偏差最小；2）使用 RCS 喷管数目最少（即最节省燃料）。其中，$\lambda \in [0, 1]$ 为双重目标的权重因子。RCS 装置的输出只有 0—1 两种状态，因此对于 RCS 喷管状态的分配采用离散粒子群优化算法。

（3）等离子体控制的目标函数

等离子体控制的目标函数为

$$J_3 = \| (\boldsymbol{B}_w \boldsymbol{w} - \boldsymbol{M}_w) \| + \varepsilon \| (\boldsymbol{w} - \boldsymbol{w}_d) \| \tag{2-101}$$

其中，$\boldsymbol{B}_w$ 为等离子体控制分配矩阵；$\boldsymbol{M}_w$ 为根据异类机构的设计规则分配给等离子体的期望力矩；$\boldsymbol{w}_d$ 为期望等离子体控制功率；ε 为权值，用于调节控制量最小和力矩误差最小两者之间的比重。等离子体激励器属于连续执行机构，故采用标准粒子群改进算法。

基于粒子群算法的控制分配具体步骤为：

1）在满足约束的情况下使性能指标 J_1，J_2，J_3 最优，分别求解三种操纵机构的控制指令 $\boldsymbol{u} = [u_1, u_2, \cdots, u_n]$。性能指标 J 通过对多个控制分配目标线性加权得到；

2）粒子群中的粒子个体 $\boldsymbol{x} = [x_1, x_2, \cdots, x_n]$ 即为执行机构的输入 $\boldsymbol{u} = [u_1, u_2, \cdots, u_n]$，在满足 $u_{i\min} < u_i < u_{i\max}$ 的条件下随机生成一个粒子种群 $\boldsymbol{x}_i = [x_{i1}, x_{i2}, \cdots, x_{in}]$；（气动舵面 $n=8$，等离子体 $n=4$，RCS 装置 $n=10$）

3）通过对三种操纵机构如式（2-99）～式（2-101）适应值函数求解，获得性能指标值；

4）若采用标准算法，则粒子群位置更新以及速度更新按照式（2-94）进行，或者使用其他改进算法的更新公式；

5）通过新的粒子群位置的获得，重新进行步骤 3）的计算，获得新的适应函数值，与此前得到的适应值进行比较，最小值即为最优值，然后继续标准算法的迭代操作步骤 4），循环执行上述操作，直到满足算法初始设计的迭代终止条件；

6）满足条件迭代完成，将最小适应值所对应的 $\boldsymbol{u}^* = [u_1^*, u_2^*, \cdots, u_n^*]$ 输出。

2.10　仿真分析

设计如下控制器参数

$\boldsymbol{K}_1 = \mathrm{diag}(0.1, 0.1, 0.1)$，$\boldsymbol{K}_2 = \mathrm{diag}(2.0, 2.0, 2.0)$，$\boldsymbol{K}_3 = \mathrm{diag}(0.1, 0.1, 0.1)$，

$\boldsymbol{K}_4 = \mathrm{diag}(5.0, 5.0, 5.0)$；

$\boldsymbol{C}_1 = \mathrm{diag}(2.0, 2.0, 2.0)$，$\boldsymbol{\Gamma}_1 = \mathrm{diag}(5.0, 5.0, 5.0)$，$\boldsymbol{C}_2 = \mathrm{diag}(2.0, 2.0, 2.0)$，$\boldsymbol{\Gamma}_2 = \mathrm{diag}(5.0, 5.0, 5.0)$；

$\boldsymbol{\beta}_{01} = \mathrm{diag}(100, 100, 100)$，$\boldsymbol{\beta}_{02} = \mathrm{diag}(2\,700, 2\,700, 2\,700)$；

$\boldsymbol{\beta}_{03} = \mathrm{diag}(100, 100, 100)$，$\boldsymbol{\beta}_{04} = \mathrm{diag}(2\,700, 2\,700, 2\,700)$；

$m = n = 0.8$，$r_0 = 10$，$h = 0.02$，$\lambda_1 = \lambda_2 = 0.8$，$\delta_1 = \delta_2 = 0.1$。

设定外回路干扰为

$$\Delta \boldsymbol{d}_1 = \begin{bmatrix} 0.1 + 0.1\sin(t) + 0.1\sin(10t) \\ 0.1 + 0.2\sin(t) + 0.1\sin(10t) \\ 0.1 + 0.1\sin(t) + 0.2\sin(10t) \end{bmatrix}$$

设定内回路干扰为

$$\Delta \boldsymbol{d}_2 = \begin{bmatrix} 5 + \sin(t) + \sin(10t) \\ 5 + 2\sin(t) + \sin(10t) \\ 5 + \sin(t) + 2\sin(10t) \end{bmatrix}$$

（1）工作模式 1（气动舵面＋RCS＋等离子体）

工作模式 1 是以气动舵面、RCS 以及等离子体为组合的异类混合操纵机构。工作模式 1 的控制分配方式为链式递增的原则，即按优先级依次进行力矩分配。优先级为：气动舵面＞RCS＞等离子体。图 2－24、图 2－25 分别为模式 1 下的姿态角和姿态角速度的跟踪曲线。由于执行机构的动态特性，可以看出姿态角阶跃响应存在较小超调。图 2－26、图 2－27 分别为姿态角回路和角速度回路的干扰观测值曲线。从中可以看出非线性扩张状态观测器可以较好地观测出回路中的系统扰动。如图 2－28～图 2－30 分别为链式递增分配方案下气动舵面、RCS 以及等离子体激励的控制分配状态图。

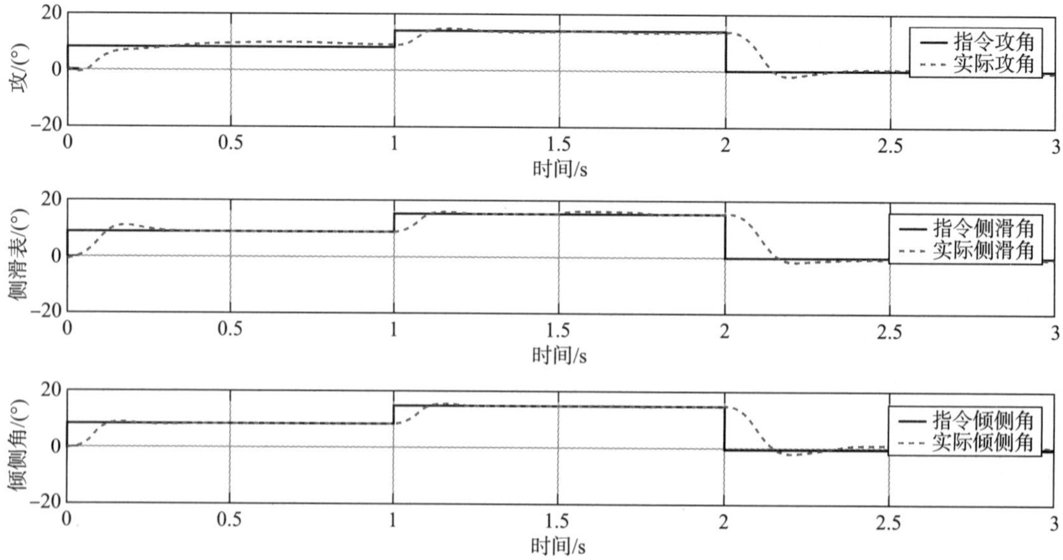

图 2－24　角度跟踪曲线

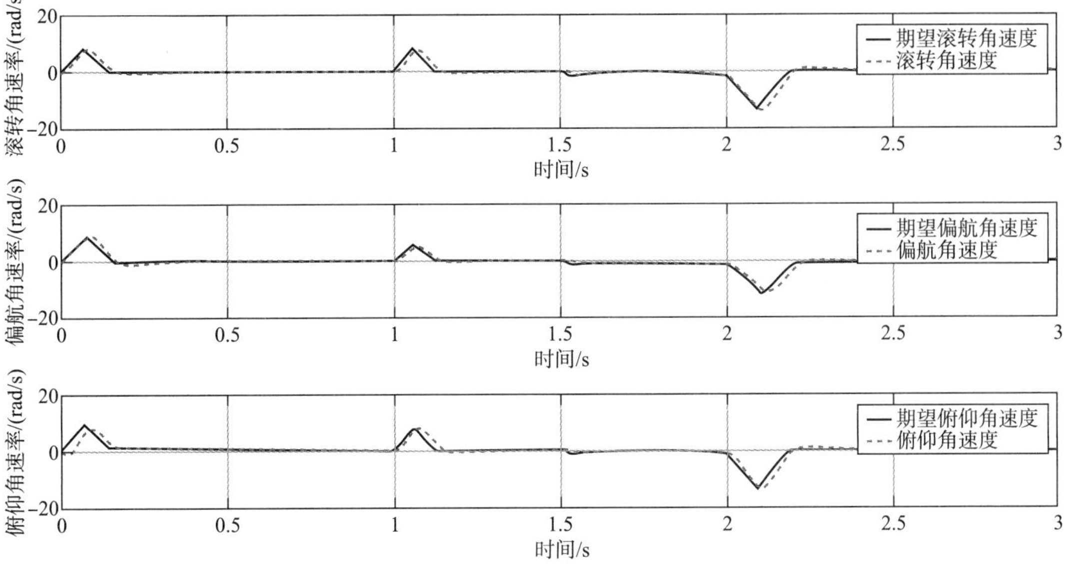

图 2-25　角速度跟踪曲线

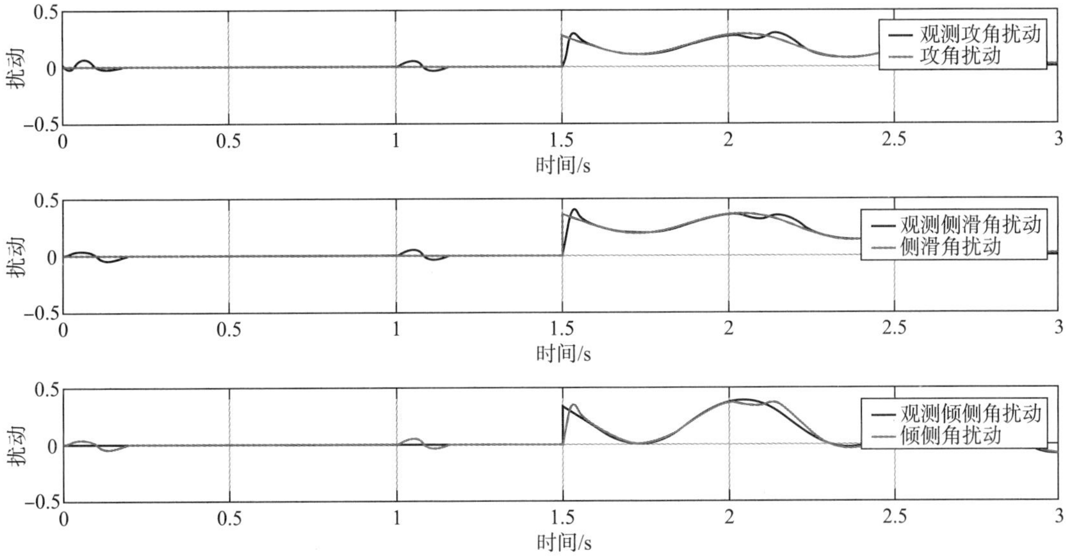

图 2-26　角度回路扰动观测

(2) 工作模式 2（气动舵面+等离子体）

工作模式 2 是以气动舵面和等离子体为组合的异类混合连续操纵机构。工作模式 2 的各执行机构优先级相同，将动态特性考虑在控制分配环节的设计过程当中。

由图中放大部分可以看出，在动态控制分配中，实际产生力矩总是和上一控制周期的期望力矩相等。为了体现动态控制分配的有效性，将静态控制分配与动态分配的仿真图进行对比。图 2-31 为考虑机构动态情况下的姿态角跟踪响应曲线，图 2-32 为角速度跟踪

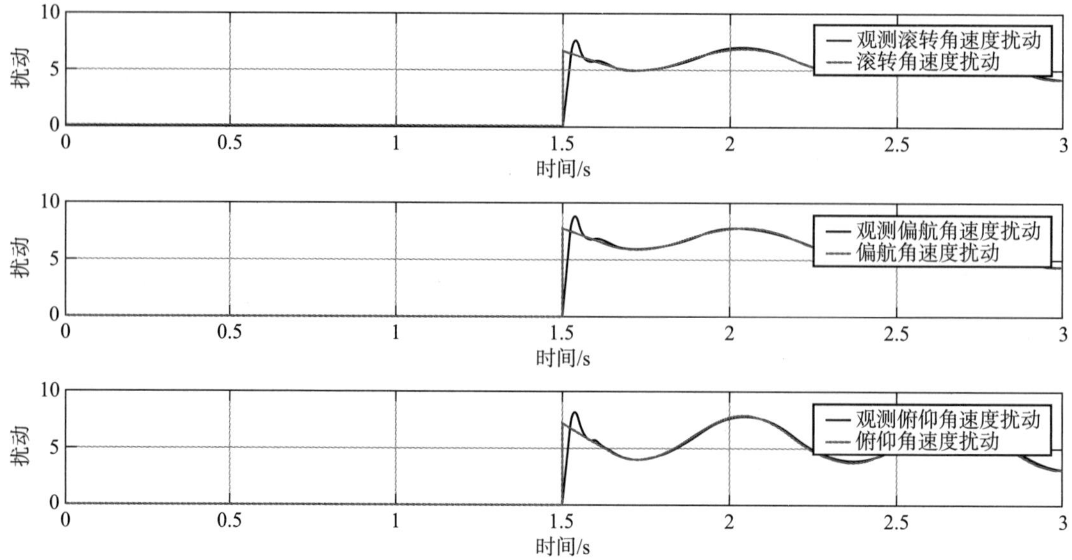

图 2-27 角速度回路扰动观测

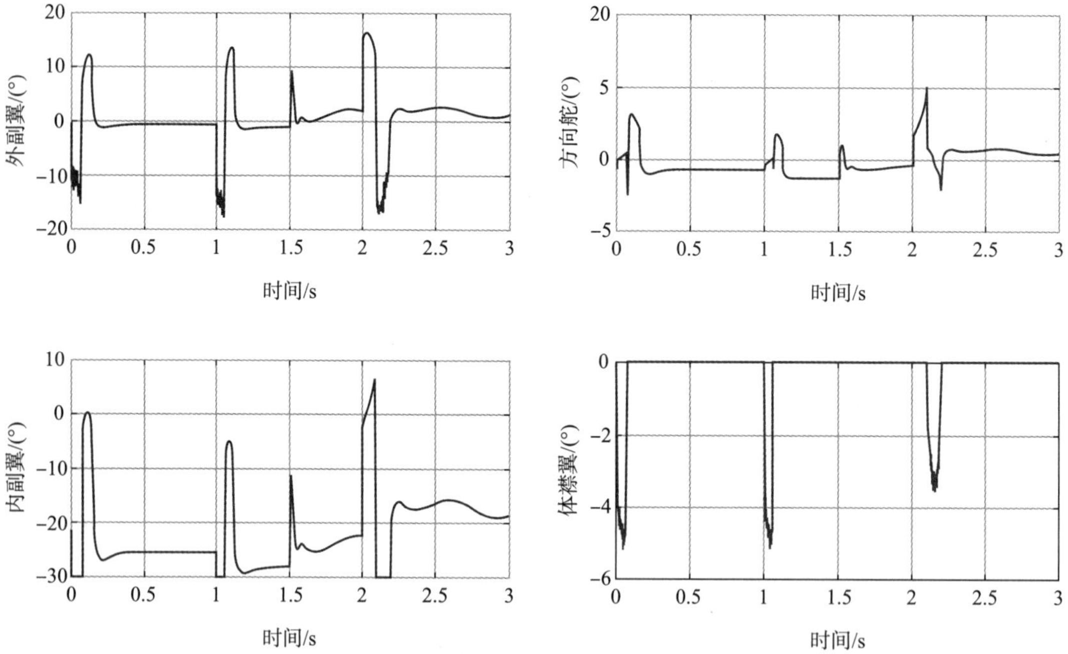

图 2-28 气动舵面控制分配

曲线。通过两组仿真结果的对比可以明显看出，当控制分配方案考虑动态特性时姿态控制响应曲线超调小，调节时间短，且稳态误差小。

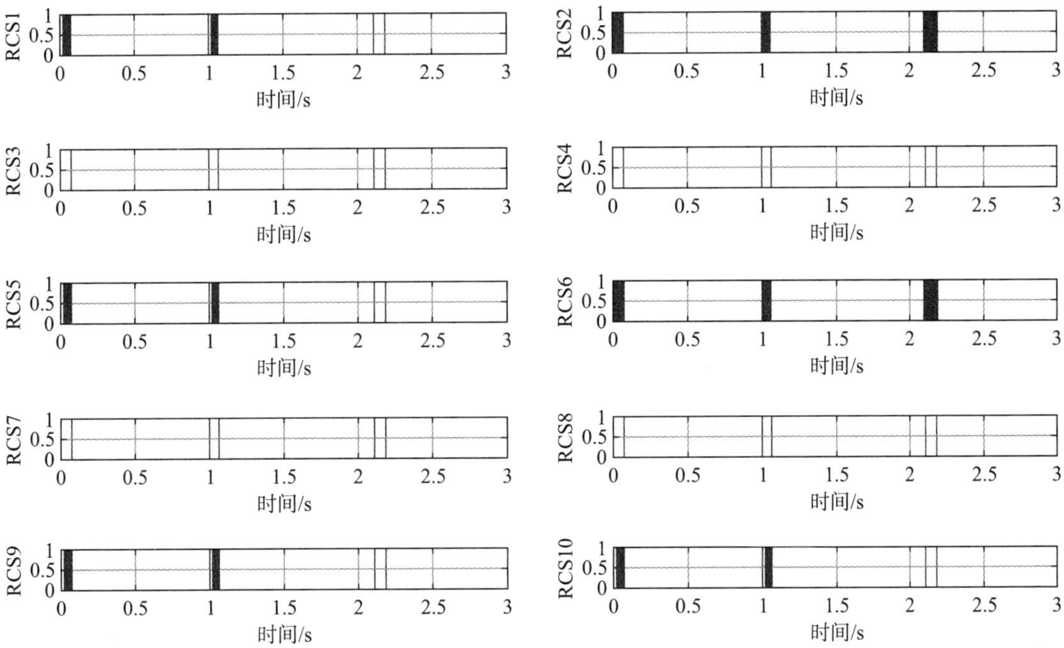

图 2-29　RCS 控制分配

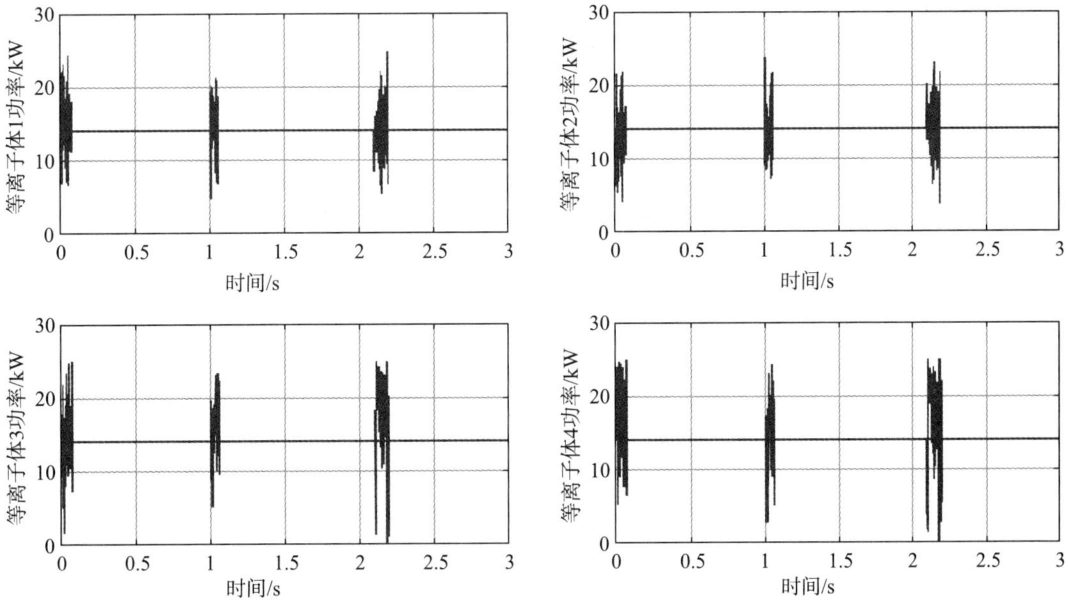

图 2-30　等离子体控制分配

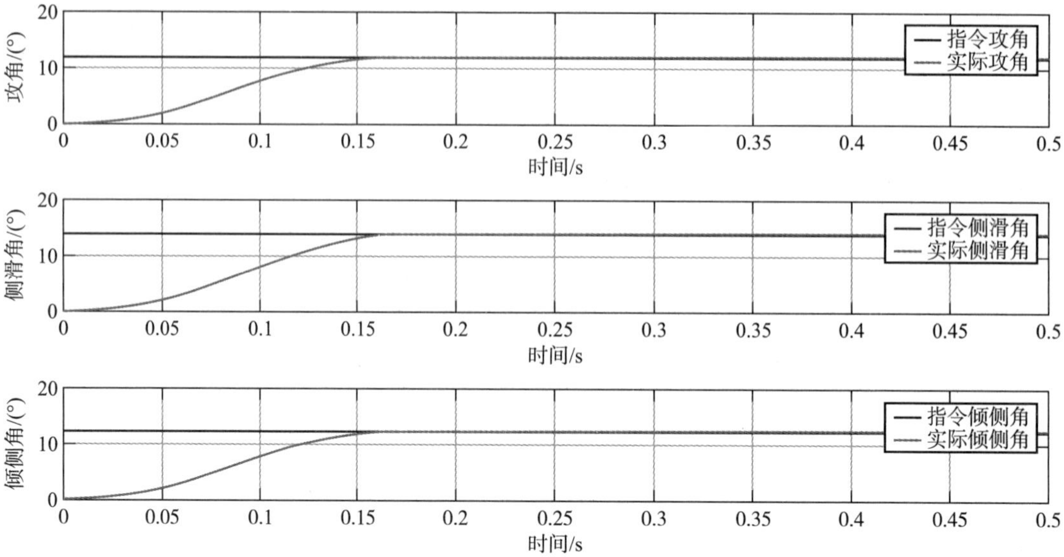

图 2-31 考虑动态情况下的角度跟踪曲线

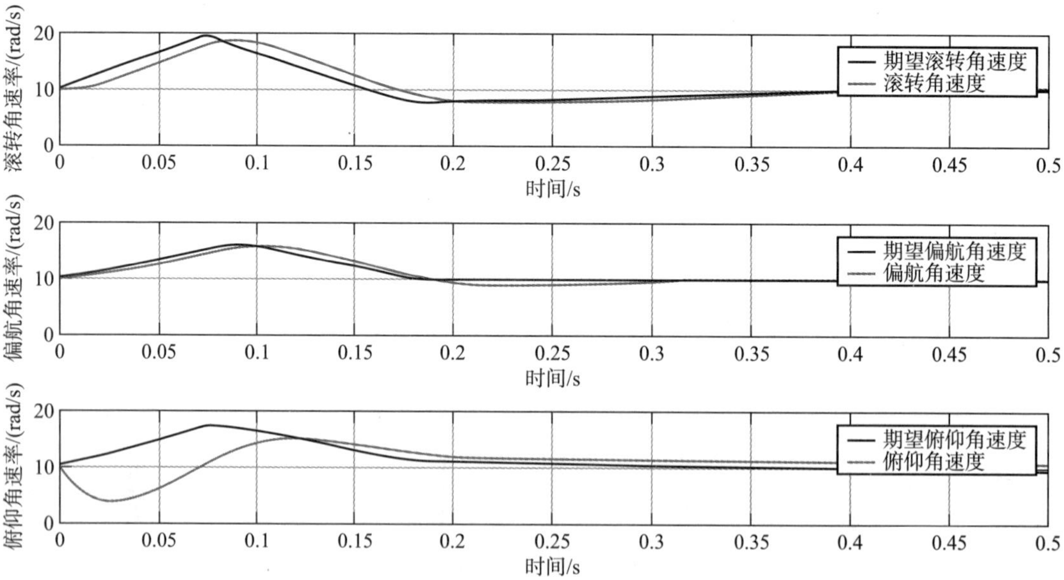

图 2-32 角速度跟踪曲线

参考文献

[1] 杨恩泉，高金源．先进战斗机控制分配方法研究进展［J］．飞行力学，2005（03）：1-4.

[2] Durham，Wayne C. Constrained control allocation - Three - moment problem［J］. Journal of Guidance Control and Dynamics，1994，17（2）：330-336.

[3] Bordingnon K A，Durham W C. Closed - form solutions to constrained control allocation problem［J］. Journal of Guidance Control and Dynamics，1995，18（5）：1000-1007.

[4] Buffington J，Chandler P，Pachter M. On - line system identification for aircraft with distributed control effectors［J］. International Journal of Robust and Nonlinear Control，1999，9（14）：1033-1049.

[5] Harkegard. Backstepping and Control Allocation with Application to Flight Control［D］. Linkoping University，2003，06：129-148.

[6] Burken J J，Lu P，Wu Z，et al. Two Reconfigurable Flight - Control Design Methods：Robust Servomechanism and Control Allocation［J］. Journal of Guidance Control and Dynamics，2012，24（3）：482-493.

[7] 郭颢萌．基于实时控制分配策略的航天器姿态跟踪［J］．计算技术与自动化，2018，37（02）：11-16，59.

[8] 李岳明，王小平，张军军，等．基于改进二次规划算法的 X 舵智能水下机器人控制分配［J］．上海交通大学学报，2020，54（05）：524-531.

[9] Bolender M A，Doman D B. A method for the determination of the attainable moment set for nonlinear control effectors［C］// Aerospace Conference. IEEE，2003.

[10] Poonamallee V L，Yurkovich S，Serrani A，et al. A nonlinear programming approach for control allocation［C］// American Control Conference. IEEE，2004.

[11] 丁伟涛，肖翀，黄玉平．直接力与推力矢量复合控制技术研究［J］．导航定位与授时，2017，4（05）：27-31.

[12] 支健辉，董新民，陈勇，等．多操纵面飞机非线性有限时间容错控制分配［J］．飞行力学，2019，37（03）：32-37.

[13] 陈勇，易坚，董新民，等．多操纵面飞机变参数动态控制分配策略［J］．控制与决策，2016，31（06）：1015-1020.

[14] Simmons A T，Hodel A S. Control allocation for the X - 33 using existing and novel quadratic programming techniques［C］//Proceedings of the 2004 American Control Conference，2004.

[15] 张宁，章卫国，李广文．一种基于 BFGS 算法的二次规划控制分配算法［J］．飞行力学，2013，31（06）：508-511.

[16] 陈勇，董新民，薛建平，等．执行器不确定系统鲁棒预测动态控制分配策略［J］．控制理论与应用，2012，29（04）：447-456.

[17] 臧希恒，唐硕．基于线性规划的气动舵重构控制分配［J］．航天控制，2013，31（03）：69-73.

[18] Kosari A，Kaviri S，Moshiri B，et al. Constraint control allocation using differential evolution for over – actuated geostationary communications satellite [C] // Electrical Engineering. IEEE，2013：1 – 5.

[19] 黄煌．一种基于深度神经网络的非线性控制分配方法 [J]. 战术导弹技术，2017 (4)：90 – 94.

[20] Fan Y，Zhu J H，Sun Z Q. Fuzzy Logic Based Constrained Control Allocation for an Advanced Fighter [C] // International Conference on Computational Inteligence for Modelling Control & Automation & International Conference on Intelligent Agents Web Technologies & International Commerce. IEEE Computer Society，2006.

[21] 姚从潮，王新民，陈晓，等．基于改进多目标遗传算法的再入飞行控制分配研究 [J]. 西北工业大学学报，2014，32 (02)：315 – 322.

[22] Dorigo M，Caro G D，Gambardella L M. Ant Algorithms for Discrete Optimization [J]. Artificial Life，1999，5 (2)：137 – 172.

[23] 崔丽英，黄殿平，宋晓．一种改进的人工鱼群算法 [J]. 科学中国人，2015 (7Z)：7 – 8.

[24] Jiang X，Li S. BAS：Beetle Antennae Search Algorithm for Optimization Problems [J]. International Journal of Robotics and Control，2017，1 (1).

[25] Doman D，Gamble B，Ngo A. Control Allocation of Reaction Control Jets and Aerodynamic Surfaces for Entry Vehicles [C] // AIAA Guidance，Navigation & Control Conference & Exhibit. 2013.

[26] 丁伟涛，肖翀，黄玉平．直接力与推力矢量复合控制技术研究 [J]. 导航定位与授时，2017，4 (05)：27 – 31.

[27] 黄岵，郝宇清，段志生．可重复使用天地往返飞行器中的多输入控制问题 [J]. 控制理论与应用，2014，31 (07)：878 – 889.

[28] 黄琳，段志生，杨剑影．近空间高超声速飞行器对控制科学的挑战 [J]. 控制理论与应用，2011，28 (10)：1496 – 1505.

[29] 梁栋，宋建梅，蔡高华．高速飞行器直接力/气动力复合控制技术综述 [J]. 航空兵器，2013 (04)：15 – 19+24.

[30] 张攀峰，王晋军，冯立好．零质量射流技术及其应用研究进展 [J]. 中国科学：技术科学，2008，38 (3)：321 – 349.

[31] 罗振兵，夏智勋．合成射流技术及其在流动控制中应用的进展 [J]. 力学进展，2005 (02)：221 – 234.

[32] Crawley E F，De Luis J. Use of piezoelectric actuators as elements of intelligent structures [J]. AIAA Journal，1987，25 (10)：1373 – 1385.

[33] Couldrick J，Gai S，Milthorpe J，et al. Design of Smart flap actuators for swept shock wave/turbulent boundary layer interaction control [C] // AIAA Aerospace Sciences Meeting & Exhibit. 2003.

[34] Jun H Y，Rediniotis O K，Lagoudas D C. Development of a fuel – powered shape memory alloy actuator system：I. Numerical analysis [J]. Smart Materials & Structures，2007，16 (1)：S81.

[35] Jun H Y，Rediniotis O K，Lagoudas D C. Development of a fuel – powered shape memory alloy actuator system：II. Fabrication and testing [J]. Smart Materials & Structures，2007，16 (1)：S95.

[36] Moreau，Eric. Airflow control by non – thermal plasma actuators [J]. Journal of Physics D Applied

Physics, 2007, 40 (3): 605.

[37] Corke T C, Post M L, Orlov D M. SDBD plasma enhanced aerodynamics: concepts, optimization and applications [J]. Progress in Aerospace Sciences, 2007, 43 (7-8): 193-217.

[38] Jayaraman B, Shyy W. Modeling of dielectric barrier discharge - induced fluid dynamics and heat transfer [J]. Progress in Aerospace Sciences, 2008, 44 (3): 139-191.

[39] Corke T C, Enloe C L, Wilkinson S P. Dielectric Barrier Discharge Plasma Actuators for Flow Control [J]. Annual Review of Fluid Mechanics, 2009, 42 (1): 505-529.

[40] 聂万胜，程钰锋，车学科．介质阻挡放电等离子体流动控制研究进展 [J]. 力学进展，2012 (06): 50-62.

[41] Wang J J, Choi K S, Feng L H, et al. Recent developments in DBD plasma flow control [J]. Progress in Aerospace Sciences, 2013, 62 (Complete): 52-78.

[42] Shang J S, Surzhikov S T, Kimmel R, et al. Mechanisms of plasma actuators for hypersonic flow control [J]. Progress in Aerospace Sciences, 2005, 41 (8): 642-668.

[43] Samimy M, Adamovich I, Webb B, et al. Development and characterization of plasma actuators for high-speed jet control [J]. Experiments in Fluids, 2004, 37 (4): 577-588.

[44] Fischer E, Burchard H, Hetland R D. Numerical investigations of the turbulent kinetic energy dissipation rate in the Rhine region of freshwater influence [J]. Ocean Dynamics, 2009, 59 (5): 629-641.

[45] Grossman K R, Cybyk B Z, Wie D M V. Sparkjet Actuators for Flow Control [C] // 41st Aerospace Sciences Meeting and Exhibit. 2003.

[46] 罗振兵，夏智勋，邓雄，等．合成双射流及其流动控制技术研究进展 [J]. 空气动力学学报，2017 (2).

[47] Edwin L. jun. Resler, William R. Sears. The Prospects for Magneto - Aerodynamics [J]. Journal of the Aerospace Sciences, 2012, 25 (4): 235-245, 258.

[48] Moreau, Eric. Airflow control by non - thermal plasma actuators [J]. Journal of Physics D Applied Physics, 2007, 40 (3): 605.

[49] Braun E M, Lu F K, Wilson D R. Experimental research in aerodynamic control with electric and electromagnetic fields [J]. Progress in Aerospace Sciences, 2009, 45 (1-3): 30-49.

[50] Shin J, Mahadevan S. Forcing mechanisms in supersonic flow actuation achieved by direct - current surface glow discharge plasma [J]. Aerospace ence & Technology, 2011, 15 (1): 18-24.

[51] Post M, Corke T. Separation Control using Plasma Actuators - Stationary & Oscillating Airfoils [C] // AIAA Aerospace Sciences Meeting & Exhibit. 2013.

[52] Roth, Reece J. Aerodynamic flow acceleration using paraelectric and peristaltic electrohydrodynamic effects of a One Atmosphere Uniform Glow Discharge Plasma [J]. Physics of Plasmas, 2003, 10 (5): 2117-2126.

[53] 杜海，史志伟，倪芳原，等．基于等离子体激励的飞翼布局飞行器气动力矩控制 [J]. 航空学报，2013.

[54] Roupassov, D, Nikipelov, A, Nudnova, M, et al. Flow separation control by plasma actuator with nanosecond pulse periodic discharge [C] // International Conference on Gas Discharges & Their Applications. IEEE, 2009.

[55] Yang D Z, Wang W C, Jia L, et al. Production of atmospheric pressure diffuse nanosecond pulsed dielectric barrier discharge using the array needles - plate electrode in air [J]. Journal of Applied Physics, 2011, 109 (7Pt. 1): 709.

[56] Raizer Y P, Braun C. Gas Discharge Physics [J]. Applied Optics, 1991, 31: 2400 - 2401.

[57] Menart J, Stanfield S, Shang J, et al. Study of Plasma Electrode Arrangements for Optimum Lift in a Mach 5 Flow [C] // AIAA Aerospace Sciences Meeting & Exhibit. 2013.

[58] Shin J, Narayanaswamy V, Raja L, et al. Characteristics of a Plasma Actuator in Mach 3 Flow [C] // 45th AIAA Aerospace Sciences Meeting and Exhibit. 2007. Shin J, Narayanaswamy V, Raja L, et al. Characteristics of a Plasma Actuator in Mach 3 Flow [C] // 45th AIAA Aerospace Sciences Meeting and Exhibit. 2007.

[59] Samuel, Merriman, Elke, et al. Shock Wave Control by Nonequilibrium Plasmas in Cold Supersonic Gas Flows [J]. AIAA Journal, 2001.

[60] M. N. Shneider, S. O. Macheret. Modeling of Plasma Virtual Shape Control of Ram/Scramjet Inlet and Isolator [J]. Journal of Propulsion and Power, 2006.

[61] Crawley E F, De Luis J. Use of piezoelectric actuators as elements of intelligent structures [J]. AIAA Journal, 1987, 25 (10): 1373 - 1385.

[62] Leonov, S, Bityurin, V, Savelkin, K, et al. The Features of Electro - Discharge Plasma Control of High - Speed Gas Flows. [C] // Plasmadynamics & Lasers Conference. 2002.

[63] Menier E, Leger L, Depussay E, et al. Effect of a dc discharge on the supersonic rarefied air flow over a flat plate [J]. Journal of Physics D Applied Physics, 2007, 40 (3): 695 - 701.

[64] Adamovich I V, Choi I, Jiang N, et al. Plasma assisted ignition and high - speed flow control: non - thermal and thermal effects [J]. Plasma Sources Science & Technology, 2009, 18 (3): 034018.

[65] Kim J H, Nishihara M, Adamovich I V, et al. Development of localized arc filament RF plasma actuators for high - speed and high Reynolds number flow control [J]. Experiments in Fluids, 2010, 49 (2): 497 - 511.

[66] Watanabe Y, Suzuki K. Effect of Impulsive Plasma Discharge in Hypersonic Boundary Layer over Flat Plate [C] // 42nd AIAA Plasmadynamics and Lasers Conference. 2011.

[67] Grossman K R, Cybyk B Z, Wie D M V. Sparkjet Actuators for Flow Control [C] // 41st Aerospace Sciences Meeting and Exhibit. 2003.

[68] Wang L, Xia Z X, Luo Z B, et al. Three - Electrode Plasma Synthetic Jet Actuator for High - Speed Flow Control [J]. AIAA Journal, 2014, 52 (4): 879 - 882.

[69] Cybyk B Z, Wilkerson J T, Grossman K R. Performance Characteristics of the SparkJet Flow Control Actuator [C] // AIAA Flow Control Conference. 2006.

[70] Cybyk B Z, Grossman K R, Wilkerson J T, et al. Single - Pulse Performance of the SparkJet Flow Control Actuator [C] // AIAA Aerspace Sciences Meeting & Exhibit. 2013.

[71] Narayanaswamy V, Raja L L, Clemens N T. Control of a Shock/Boundary - Layer Interaction by Using a Pulsed - Plasma Jet Actuator [J]. AIAA Journal, 2012, 50 (1): 246 - 249.

[72] Greene B, Clemens N, Micka D. Control of Shock Boundary Layer Interaction Using Pulsed Plasma Jets [C] // AIAA Aerospace Sciences Meeting Including the New Horizons Forum & Aerospace Exposition. 2013.

[73] 赵明元，魏明英，何秋茹. 基于有限时间稳定和 Backstepping 的直接力/气动力复合控制方法 [J]. 宇航学报，2010，31 (09)：2157 - 2164.

[74] Di X G，Kong Q X，Yu Y. Attitude Control for Hypersonic Vehicle with Compound Actuators Based on Adaptive Dynamic Inversion [J]. Journal of Astronautics，2013，34 (7)：955 - 962.

[75] Huo X，Peng J，Ma K，et al. A pitch autopilot design for blended aero and reaction - jet air - to - air missile via piecewise sliding mode control [C] // Guidance，Navigation & Control Conference. IEEE，2017.

[76] 张远，董希旺，李清东，等. 参数不确定的高超滑翔飞行器自适应控制 [J]. 控制工程，2019，26 (05)：903 - 909.

[77] 蔡光斌，赵阳，张胜修，等. 高超声速飞行器鲁棒多目标线性变参数控制 [J]. 兵工学报，2019，40 (11)：2229 - 2240.

[78] 孔雪，宁国栋，杨明，等. 一类强耦合强不确定性强非线性快时变系统复合控制 [J]. 宇航学报，2019，40 (12)：1422 - 1430.

[79] 刘俊杰，郝明瑞，孙明玮，等. 基于强化学习的飞航导弹姿态控制 PID 参数调节方法 [J]. 战术导弹技术，2019 (05)：58 - 63.

[80] Mendenhall M R，Chou H S Y，Love J F. Aerodynamic design and analysis of a reusable launch vehicle [C] // International congress of aeronautical sciences ICAS 2000. 0.

[81] Zhi X，Shuo T. Aerodynamic Surfaces Control Allocation for RLV Reentry [C] // Second International Conference on Intelligent Human - machine Systems & Cybernetics. IEEE Computer Society，2010.

[82] 王林. 等离子体高能合成射流及其超声速流动控制机理研究 [D]. 北京：国防科学技术大学，2014.

[83] 周岩. 火花放电合成射流工作性能及其在激波控制中的应用研究 [D]. 北京：国防科学技术大学，2014.

[84] 杨瑞，等. 高超声速导弹等离子体合成射流控制数值研究 [J]. 航空学报，2016.

[85] Watanabe Y，Elliott S，Firsov A，et al. Rapid control of force/momentum on a model ramp by Quasi - DC plasma [J]. Journal of Physics D Applied Physics，2019，52 (44).

[86] Watanabe，Yasumasa，Houpt，et al. Plasma - Assisted Control of Supersonic Flow over a Compression Ramp [J]. Aerospace，2019.

[87] 臧希恒，唐硕. 基于线性矩阵不等式的动态控制分配方法研究 [J]. 航天控制，2013 (02)：16 - 22.

[88] Mallipeddi R，Suganthan P N，Pan Q K，et al. Differential evolution algorithm with ensemble of parameters and mutation strategies [J]. Applied Soft Computing，2011，11 (2)：1679 - 1696.

[89] Juang Y T，Tung S L，Chiu H C. Adaptive fuzzy particle swarm optimization for global optimization of multimodal functions [J]. Information Sciences，2011，181 (20)：4539 - 4549.

[90] 杜利敏，阮奇，冯登科. 基于共轭梯度的布谷鸟搜索算法 [J]. 计算机与应用化学，2013，30 (04)：406 - 410.

第 3 章　空天高速飞行器变体变形控制

3.1　变体变形设计的引入

空天高速飞行器具有大包线飞行、任务环境多变以及控制变模态切换等特点，为此要针对性地改变和优化气动布局，使机体或翼面具有可变几何形状的能力成为一个重要的研究方向。空天高速飞行器在飞行过程中，能够依据环境和飞行状态的变化自适应改变自身的形状，使得飞行器整体获得最佳的气动布局，从而提高空天高速飞行器的飞行性能[1]。采用现代技术措施使空天高速飞行器的翼身融合状态能依据飞行环境的变化自动调整后掠角和翼展长[2]是重要的研究思路。翼身融合的高超声速可变后掠翼和可变展长飞行器的优势体现在它在执行任务的过程中可以在线调整，从而解决空天高速飞行器高速、低速性能要求相矛盾的问题。然而改变机体几何形状一定会引起诸如气动参数和质心等重要指标的变动[3]，运用多刚体力学知识进行考量，由于空天高速飞行器（忽略弹性条件下）各刚体部分之间存有相互作用，如惯性耦合、运动耦合，使得空天高速飞行器姿态稳定控制变得尤为困难[4]。目前对于空天高速飞行器变外形稳定控制方面的研究比较匮乏，且鲜见在高超声速环境中改变机体几何形状对控制系统所造成不确定性影响的分析。

虽然目前学者们在传统飞行器变体变结构方面的研究比较充分，但是主要讨论和研究的都是低速客机或者跨声速战斗机的结构变形问题，而变体变结构在高超领域的研究还未受到充分重视。引入变形技术的不确定性让高超声速飞行器的控制器设计具有更大的挑战性。目前相关的研究主要包括气动参数获取、空气动力学建模和变体控制器设计方面，使用的还是比较成熟的非时变动态逆、滑模等控制方法，而考虑高超声速飞行器变形变结构所引起的气动外形、动力学特性变化进行综合鲁棒控制器的设计值得关注。本章首先建立了空天高速飞行器的运动模型，然后针对空天高速飞行器进行外形改变时的稳定和鲁棒控制问题进行分析，设计相应的控制器实现空天高速飞行器的变体变形控制。

3.2　空天高速飞行器变体模型及特性分析

空天高速飞行器在变体变形情况下的运动建模及气动建模将成为研究的难点。本节针对一类可变翼变体的空天高速飞行器，采用多体动力学方法建立含有附加力和附加力矩的运动模型[5]。

定义地面坐标系原点为 O，体坐标系原点为 O_1，单个可变形翼的质心为 g_i，O 到 O_1 的矢径为 $\boldsymbol{r}_o$，体坐标系原点 O_1 到 g_i 点的矢径为 $\boldsymbol{s}_i = [s_{xi} \quad s_{yi} \quad s_{zi}]^{\mathrm{T}}$，地面坐标系原点

O 到 g_i 点的矢径为 $\boldsymbol{r}_{g_i}$ ，如图 3－1 所示。

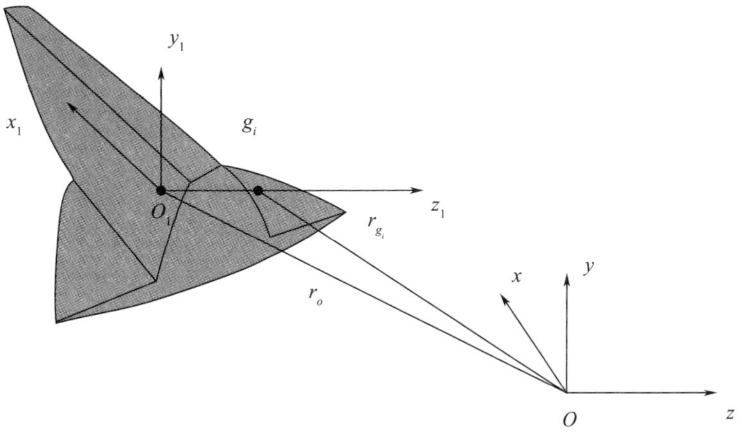

图 3－1　体坐标系在地面坐标系中的质点矢径关系

飞行器本体以及各翼的速度表示为

$$\begin{cases} \boldsymbol{v}_o = \boldsymbol{v}_b = \dfrac{\mathrm{d}\boldsymbol{r}_o}{\mathrm{d}t} \\ \boldsymbol{v}_{s_i} = \dfrac{\mathrm{d}\boldsymbol{s}_i}{\mathrm{d}t} = \dfrac{\mathrm{d}\boldsymbol{r}_{gi}}{\mathrm{d}t} = \dfrac{\mathrm{d}\boldsymbol{r}_o}{\mathrm{d}t} = \boldsymbol{v}_i - \boldsymbol{v}_o \end{cases} \quad i = 1,2 \tag{3-1}$$

其中，$\boldsymbol{v}_{s_i}$ 为体坐标系中翼 i 的速度，$\boldsymbol{v}_o$ 为地面坐标系中飞行器本体的速度；b 表示飞行器本体，1 表示左变形翼，2 表示右变形翼。由式（3－1）可得

$$\frac{\mathrm{d}\boldsymbol{v}_i}{\mathrm{d}t} = \frac{\mathrm{d}\boldsymbol{v}_o}{\mathrm{d}t} + \frac{\mathrm{d}\boldsymbol{v}_{s_i}}{\mathrm{d}t} \tag{3-2}$$

以及

$$\begin{aligned} \frac{\mathrm{d}\boldsymbol{v}_{s_i}}{\mathrm{d}t} &= \frac{\mathrm{d}^2\boldsymbol{s}_i}{\mathrm{d}t^2} = \frac{\mathrm{d}}{\mathrm{d}t}\left(\frac{\delta\boldsymbol{s}_i}{\delta t} + \boldsymbol{\omega} \times \boldsymbol{s}_i\right) \\ &= \frac{\delta^2\boldsymbol{s}_i}{\delta t^2} + 2\boldsymbol{\omega} \times \frac{\delta\boldsymbol{s}_i}{\delta t} + \frac{\delta\boldsymbol{\omega}}{\delta t} \times \boldsymbol{s}_i + \boldsymbol{\omega} \times (\boldsymbol{\omega} \times \boldsymbol{s}_i) \end{aligned} \tag{3-3}$$

其中，$\omega = [\omega_x \quad \omega_y \quad \omega_z]^{\mathrm{T}}$ 为地面坐标系中飞行器的旋转角速度。

分别依据动量定理和动量矩定理建立飞行器质心和绕质心的动力学方程

$$m_i \frac{\mathrm{d}\boldsymbol{v}_i}{\mathrm{d}t} = \boldsymbol{F}_i \quad i = 1,2,\cdots,n \tag{3-4}$$

$$\frac{\mathrm{d}\boldsymbol{H}_i}{\mathrm{d}t} = \boldsymbol{M}_i \quad i = 1,2,\cdots,n \tag{3-5}$$

式中，n 为变外形飞行器的等效刚体组合数目，第 i 个刚体质心的速度矢量为 $\boldsymbol{v}_i$ ，第 i 个刚体的质量为 m_i ，$\boldsymbol{H}_i$ 为第 i 个刚体对质心的动量矩，作用在第 i 个刚体上的外力对质心的合力矩为 $\boldsymbol{M}_i$ ，作用在第 i 个刚体质心的合外力为 $\boldsymbol{F}_i$ 。

3.2.1 质心动力学模型

飞行器本体和左、右翼的质心动力学方程可根据动量定理列出

$$\begin{cases}\boldsymbol{F}_{ab}+\boldsymbol{F}_{1b}+\boldsymbol{F}_{2b}+\boldsymbol{G}_b+\boldsymbol{T}=m_b\dfrac{\mathrm{d}\boldsymbol{v}_b}{\mathrm{d}t}\\ \boldsymbol{F}_{a1}+\boldsymbol{F}_{b1}+\boldsymbol{G}_1=m_1\dfrac{\mathrm{d}\boldsymbol{v}_1}{\mathrm{d}t}\\ \boldsymbol{F}_{a2}+\boldsymbol{F}_{b2}+\boldsymbol{G}_2=m_2\dfrac{\mathrm{d}\boldsymbol{v}_2}{\mathrm{d}t}\end{cases}\tag{3-6}$$

其中，$\boldsymbol{F}_{ai}$，$i=b$，1，2 为刚体 i 受到的气动力；$\boldsymbol{F}_{ij}$ 为刚体 i 对刚体 j 的作用力；$\boldsymbol{T}$ 为发动机推力矢量；$\boldsymbol{G}_i$ 为刚体 i 受到的地球引力。整理上式可得

$$\boldsymbol{F}_a+\boldsymbol{G}+\boldsymbol{T}=m\frac{\mathrm{d}\boldsymbol{v}_b}{\mathrm{d}t}+\sum_{i=1}^{2}m_i\frac{\mathrm{d}\boldsymbol{v}_{s_i}}{\mathrm{d}t}\tag{3-7}$$

式中，m 为包括翼和飞行器本体在内的总质量，即 $m=m_b+m_1+m_2$；$\boldsymbol{F}_a$、$\boldsymbol{G}$ 分别表示飞行器受到的总气动力及地球引力，即 $\boldsymbol{F}_a=\boldsymbol{F}_{ab}+\boldsymbol{F}_{a1}+\boldsymbol{F}_{a2}$，$\boldsymbol{G}=\boldsymbol{G}_b+\boldsymbol{G}_1+\boldsymbol{G}_2$。方程右侧最后一项 $\sum_{i=1}^{2}m_i\dfrac{\mathrm{d}\boldsymbol{v}_{s_i}}{\mathrm{d}t}$ 为由于翼运动产生的附加力，记为 $\boldsymbol{F}_s=\sum_{i=1}^{2}\boldsymbol{F}_{s_i}=\sum_{i=1}^{2}m_i\dfrac{\mathrm{d}\boldsymbol{v}_{s_i}}{\mathrm{d}t}$。该附加力可由式（3-3）及式（3-7）得到，是在体坐标系中进行描述的。对翼 i，该附加力一般可表示为

$$\begin{aligned}\boldsymbol{F}_{si}=\begin{bmatrix}F_{sxi}\\F_{syi}\\F_{szi}\end{bmatrix}&=m_i\begin{bmatrix}\ddot{s}_{xi}\\ \ddot{s}_{yi}\\ \ddot{s}_{zi}\end{bmatrix}+2m_i\begin{bmatrix}0&-\omega_z&\omega_y\\ \omega_z&0&-\omega_x\\ -\omega_y&\omega_x&0\end{bmatrix}\begin{bmatrix}\dot{s}_{xi}\\ \dot{s}_{yi}\\ \dot{s}_{zi}\end{bmatrix}+\\ &m_i\begin{bmatrix}0&-\dot{\omega}_z&\dot{\omega}_y\\ \dot{\omega}_z&0&-\dot{\omega}_x\\ -\dot{\omega}_y&\dot{\omega}_x&0\end{bmatrix}\begin{bmatrix}s_{xi}\\s_{yi}\\s_{zi}\end{bmatrix}+m_i\begin{bmatrix}0&-\omega_z&\omega_y\\ \omega_z&0&-\omega_x\\ -\omega_y&\omega_x&0\end{bmatrix}\begin{bmatrix}-\omega_z s_{yi}+\omega_y s_{zi}\\ \omega_z s_{xi}-\omega_x s_{zi}\\ -\omega_y s_{xi}+\omega_x s_{yi}\end{bmatrix}\\ &=m_i\begin{bmatrix}\ddot{s}_{xi}+2\omega_y\dot{s}_{zi}-2\omega_z\dot{s}_{yi}-(\omega_y^2+\omega_z^2)s_{xi}+(\omega_x\omega_y-\dot{\omega}_z)s_{yi}+(\omega_x\omega_z+\dot{\omega}_y)s_{zi}\\ \ddot{s}_{yi}+2\omega_z\dot{s}_{xi}-2\omega_x\dot{s}_{zi}-(\omega_x^2+\omega_z^2)s_{yi}+(\omega_y\omega_z-\dot{\omega}_x)s_{zi}+(\omega_x\omega_y+\dot{\omega}_z)s_{xi}\\ \ddot{s}_{zi}+2\omega_x\dot{s}_{yi}-2\omega_y\dot{s}_{xi}-(\omega_x^2+\omega_y^2)s_{zi}+(\omega_x\omega_z-\dot{\omega}_y)s_{xi}+(\omega_y\omega_z+\dot{\omega}_x)s_{yi}\end{bmatrix}\end{aligned}\tag{3-8}$$

将该式由体坐标系向弹道坐标系转化

$$\boldsymbol{F}'_{si}=\boldsymbol{T}_{VH}^{\mathrm{T}}(\gamma_V)\boldsymbol{T}_{BV}^{\mathrm{T}}(\beta,\alpha)\boldsymbol{F}_{si}\tag{3-9}$$

进而得到

$$\boldsymbol{F}'_{si}=\begin{bmatrix}\cos\alpha\cos\beta&-\sin\alpha\cos\beta&\sin\beta\\ \sin\cos\gamma_V\sin\alpha+\sin\gamma_V\cos\alpha\sin\beta&\cos\gamma_V\cos\alpha-\sin\gamma_V\sin\alpha\sin\beta&-\sin\gamma_V\cos\beta\\ \sin\gamma_V\sin\alpha-\cos\gamma_V\cos\alpha\sin\beta&\cos\gamma_V\cos\alpha+\cos\gamma_V\sin\alpha\sin\beta&\cos\gamma_V\cos\beta\end{bmatrix}\boldsymbol{F}_{si}\tag{3-10}$$

最后得到弹道坐标系中的附加力表达式为

$$\boldsymbol{F}'_s=\begin{bmatrix}F'_{sx}\\F'_{sy}\\F'_{sz}\end{bmatrix}=\sum_{i=1}^{2}\boldsymbol{F}'_{si}=\begin{bmatrix}\sum_{i=1}^{2}F'_{sxi}\\\sum_{i=1}^{2}F'_{syi}\\\sum_{i=1}^{2}F'_{szi}\end{bmatrix}\tag{3-11}$$

最后根据式（3-7）、式（3-8）、式（3-10）和式（3-11）可以得到空天高速飞行器在半速度坐标系中的质心动力学方程为

$$\begin{cases}\dot{v}=-\mu C_1/r^3+A/m\\\dot{\theta}=-\mu C_2/(vr^3)+B/(mv)\\\dot{\sigma}=-\mu C_3/(vr^3\cos\theta)+C/(mv\cos\theta)\end{cases}\tag{3-12}$$

其中

$$\begin{cases}A=T\cos\alpha\cos\beta-X-F'_{sx}\\B=Y\cos\gamma_V-Z\sin\gamma_V+TC_4-F'_{sy}\\C=L\sin\gamma_V+Z\cos\gamma_V+TC_5-F'_{sz}\end{cases}$$

并且

$$\begin{cases}C_1=x\cos\theta\cos\sigma+(y+R_e)\sin\theta-z\cos\theta\sin\sigma\\C_2=-x\sin\theta\cos\sigma+(y+R_e)\cos\theta+z\sin\theta\sin\sigma\\C_3=x\sin\sigma+z\cos\sigma\\C_4=\sin\alpha\cos\gamma_V+\cos\alpha\sin\beta\sin\gamma_V\\C_5=\sin\alpha\sin\gamma_V-\cos\alpha\sin\beta\cos\gamma_V\end{cases}\tag{3-13}$$

其中，x，y，z 分别为地面坐标系三轴中飞行器位置矢量的投影；v 为飞行速度；μ 为地球引力常数，取值 $3.986\times10^{14}\ \mathrm{m^3/s^2}$；$R_e$ 为地球平均半径，取值 6 371 387 m；r 为飞行器质心与地心之间的距离，取 $\sqrt{x^2+(y+R_e)^2+z^2}$，h 为飞行高度，取 $r-R_e$；T 为发动机推力；X 为飞行器所受阻力，Y 为飞行器所受升力，Z 为飞行器所受侧向力，具体表达式分别为

$$\begin{cases}X=qSC_D\\Y=qSC_L\\Z=qSC_N\end{cases}\tag{3-14}$$

其中，$q=\dfrac{1}{2}\rho v^2$ 为动压，ρ 为根据标准大气公式计算得到的大气密度；S 为飞行器参考面积，且在变形过程中发生变化；C_L，C_D，C_N 分别为飞行器的升力系数、阻力系数和侧力系数，可根据飞行器的气动模型计算得到。

3.2.2 质心运动学模型

空天高速变形飞行器在地面坐标系中建立质心运动学方程，可表示为

$$\begin{bmatrix}\dot{x}\\ \dot{y}\\ \dot{z}\end{bmatrix}=\boldsymbol{T}_{HG}\begin{bmatrix}v\\ 0\\ 0\end{bmatrix}=(\boldsymbol{T}_{HV}\boldsymbol{T}_{VG})\begin{bmatrix}v\\ 0\\ 0\end{bmatrix}=\begin{bmatrix}v\cos\theta\cos\sigma\\ v\sin\theta\\ -v\cos\theta\sin\sigma\end{bmatrix} \tag{3-15}$$

其中，（半）速度坐标系到地面坐标系的转换矩阵用 $\boldsymbol{T}_{HG}$ 表示。

3.2.3 动力学模型和运动学模型

根据动量矩定义，第 i 块翼的动量矩矢量可表示为

$$\boldsymbol{H}_i=\int\boldsymbol{s}_i^*\times\boldsymbol{v}_i^*\,\mathrm{d}m_i^*=\int\boldsymbol{s}_i^*\times\left(\boldsymbol{v}_o+\frac{\mathrm{d}\boldsymbol{s}_i^*}{\mathrm{d}t}\right)\mathrm{d}m_i^* \tag{3-16}$$

式中，上标 * 表示翼上的单位微元。

直接对两侧求导得到

$$\frac{\mathrm{d}\boldsymbol{H}_i}{\mathrm{d}t}=m_i\frac{\mathrm{d}\boldsymbol{s}_i}{\mathrm{d}t}\times\boldsymbol{v}_o+m_i\boldsymbol{s}_i\times\frac{\mathrm{d}\boldsymbol{v}_o}{\mathrm{d}t}+m_i\boldsymbol{s}_i\times\frac{\mathrm{d}^2\boldsymbol{s}_i}{\mathrm{d}t^2} \tag{3-17}$$

根据式（3-16）知其又可以表示为

$$\begin{aligned}\frac{\mathrm{d}\boldsymbol{H}_i}{\mathrm{d}t}&=\frac{\mathrm{d}}{\mathrm{d}t}\int\boldsymbol{s}_i^*\times\boldsymbol{v}_i^*\,\mathrm{d}m_i^*\\&=\int\boldsymbol{s}_i^*\times\frac{\mathrm{d}\boldsymbol{v}_i^*}{\mathrm{d}t}\mathrm{d}m_i^*+\int\frac{\mathrm{d}\boldsymbol{s}_i^*}{\mathrm{d}t}\times\boldsymbol{v}_i^*\,\mathrm{d}m_i^*\\&=\boldsymbol{M}_{oi}+\int\frac{\mathrm{d}\boldsymbol{s}_i^*}{\mathrm{d}t}\times\left(\boldsymbol{v}_o+\frac{\mathrm{d}\boldsymbol{s}_i^*}{\mathrm{d}t}\right)\mathrm{d}m_i^*\\&=\boldsymbol{M}_{oi}+m_i\frac{\mathrm{d}\boldsymbol{s}_i}{\mathrm{d}t}\boldsymbol{v}_o\end{aligned} \tag{3-18}$$

其中，$\boldsymbol{M}_{oi}=\int\boldsymbol{s}_i^*\times\frac{\mathrm{d}\boldsymbol{v}_i^*}{\mathrm{d}t}\mathrm{d}m_i^*$ 表示第 i 个翼所受力矩。

由式（3-17）和式（3-18）可得

$$\boldsymbol{M}_{oi}=m_i\boldsymbol{s}_i\times\frac{\mathrm{d}\boldsymbol{v}_o}{\mathrm{d}t}+m_i\boldsymbol{s}_i\times\frac{\mathrm{d}^2\boldsymbol{s}_i}{\mathrm{d}t^2} \tag{3-19}$$

对各刚体列写动量矩方程，得到

$$\begin{cases}\boldsymbol{M}_{ab}+\boldsymbol{M}_{1b}+\boldsymbol{M}_{2b}=\dfrac{\mathrm{d}\boldsymbol{H}_b}{\mathrm{d}t}\\ \boldsymbol{M}_{b1}+\boldsymbol{M}_{a1}+\boldsymbol{M}_{G1}=m_1\boldsymbol{s}_1\times\dfrac{\mathrm{d}\boldsymbol{v}_o}{\mathrm{d}t}+m_1\boldsymbol{s}_1\times\dfrac{\mathrm{d}^2\boldsymbol{s}_1}{\mathrm{d}t^2}\\ \boldsymbol{M}_{b2}+\boldsymbol{M}_{a2}+\boldsymbol{M}_{G2}=m_2\boldsymbol{s}_2\times\dfrac{\mathrm{d}\boldsymbol{v}_o}{\mathrm{d}t}+m_2\boldsymbol{s}_2\times\dfrac{\mathrm{d}^2\boldsymbol{s}_2}{\mathrm{d}t^2}\end{cases} \tag{3-20}$$

进一步整理得到

$$\boldsymbol{M}_a+\sum_{i=1}^{2}\boldsymbol{M}_{Gi}-\sum_{i=1}^{2}\left(m_i\boldsymbol{s}_i\times\frac{\mathrm{d}\boldsymbol{v}_o}{\mathrm{d}t}+m_i\boldsymbol{s}_i\times\frac{\mathrm{d}^2\boldsymbol{s}_i}{\mathrm{d}t^2}\right)=\frac{\mathrm{d}\boldsymbol{H}_b}{\mathrm{d}t} \tag{3-21}$$

其中，$\boldsymbol{M}_a = [\boldsymbol{M}_{ax} \quad \boldsymbol{M}_{ay} \quad \boldsymbol{M}_{az}]$ 为根据气动模型计算得到的总气动力矩，即 $\boldsymbol{M}_a = \boldsymbol{M}_{ab} + \boldsymbol{M}_{a1} + \boldsymbol{M}_{a2}$；其他力矩均为由于翼变形产生的附加力矩，称 $\boldsymbol{M}_{SG} = \sum_{i=1}^{2} \boldsymbol{M}_{Gi}$ 为变形重力力矩，$\boldsymbol{M}_{SD} = \sum_{i=1}^{2} \boldsymbol{M}_{Di} = -\sum_{i=1}^{2} \left(m_i \boldsymbol{s}_i \times \frac{\mathrm{d}\boldsymbol{v}_o}{\mathrm{d}t} + m_i \boldsymbol{s}_i \times \frac{\mathrm{d}^2 \boldsymbol{s}_i}{\mathrm{d}t^2} \right)$ 为变形动态力矩，$\boldsymbol{M}_S = \boldsymbol{M}_{SG} + \boldsymbol{M}_{SD} = \sum_{i=1}^{2} (\boldsymbol{M}_{Gi} + \boldsymbol{M}_{Di})$ 为变形附加力矩。

飞行器本体的动量矩可用下式表示

$$\boldsymbol{H}_b = \boldsymbol{J}_b \cdot \boldsymbol{\omega} \tag{3-22}$$

式中，$\boldsymbol{J}_b$ 为飞行器的转动惯量矩阵，表达式为

$$\boldsymbol{J}_b = \begin{bmatrix} J_x & -J_{xy} & -J_{xz} \\ -J_{yx} & J_y & -J_{yz} \\ -J_{zx} & -J_{zy} & J_z \end{bmatrix} \tag{3-23}$$

式中，J_x，J_y，J_z 为主转动惯量，$J_{xy} = J_{yx}$，$J_{xz} = J_{zx}$，$J_{yz} = J_{zy}$ 为转动惯量积。本章研究的空天高速飞行器的转动惯量矩阵为

$$\boldsymbol{J}_b = \begin{bmatrix} J_x & 0 & 0 \\ 0 & J_y & 0 \\ 0 & 0 & J_z \end{bmatrix} \tag{3-24}$$

由式（3-22）知动量矩导数可以表示为

$$\frac{\mathrm{d}\boldsymbol{H}_i}{\mathrm{d}t} = \frac{\delta \boldsymbol{H}_b}{\delta t} + \boldsymbol{\omega} \times \boldsymbol{H}_b = \boldsymbol{J}_b \frac{\mathrm{d}\boldsymbol{\omega}}{\mathrm{d}t} + \frac{\mathrm{d}\boldsymbol{J}_b}{\mathrm{d}t}\boldsymbol{\omega} + \boldsymbol{\omega} \times (\boldsymbol{J}_b \boldsymbol{\omega}) \tag{3-25}$$

变形附加力矩的推导过程如下：

（1）变形重力力矩的推导

对于翼 i，其对飞行器质心的力矩为

$$\boldsymbol{M}_{Gi} = \boldsymbol{s} \times m_i \boldsymbol{g}_{Bi} = m_i \begin{bmatrix} s_{xi} \\ s_{yi} \\ s_{zi} \end{bmatrix} \times \begin{bmatrix} g_{Bxi} \\ g_{Byi} \\ g_{Bzi} \end{bmatrix} \tag{3-26}$$

其中，$m_i \boldsymbol{g}_{Bi}$ 为在飞行器体坐标系中翼 i 所受的地球引力。$m_i \boldsymbol{g}_{Bi}$ 在地面坐标系中可表示为

$$m_i \boldsymbol{g}_i = m_i \begin{bmatrix} g_{xi} \\ g_{yi} \\ g_{zi} \end{bmatrix} = -m_i \frac{\mu}{r^3} \begin{bmatrix} x \\ y + R_e \\ z \end{bmatrix} \tag{3-27}$$

进而得到翼 i 的地球引力在体坐标系中的表达式为

$$m_i \boldsymbol{g}_{Bi} = m_i \begin{bmatrix} g_{Bxi} \\ g_{Byi} \\ g_{Bzi} \end{bmatrix} = -m_i \frac{\mu}{r^3} \boldsymbol{T}_{BG} \begin{bmatrix} x \\ y + R_e \\ z \end{bmatrix} \tag{3-28}$$

式中，$\boldsymbol{T}_{BG}$ 为体坐标系与地面坐标系之间的转换矩阵。

进而得到飞行器总体重力力矩表达式为

$$\boldsymbol{M}_{Gi}=-m_i\frac{\mu}{r^3}\begin{bmatrix}s_{xi}\\s_{yi}\\s_{zi}\end{bmatrix}\times\left(\boldsymbol{T}_{BG}\begin{bmatrix}x\\y+R_e\\z\end{bmatrix}\right)\tag{3-29}$$

（2）变形动态力矩的推导

$$m_i\boldsymbol{s}_i\times\frac{\mathrm{d}\boldsymbol{v}_o}{\mathrm{d}t}=m_i\boldsymbol{s}_i\times\left(\frac{\delta\boldsymbol{v}_o}{\delta t}+\boldsymbol{\omega}\times\boldsymbol{v}_o\right)=m_i\begin{bmatrix}s_{xi}\\s_{yi}\\s_{zi}\end{bmatrix}\times\begin{bmatrix}\dot{v}_x\\\dot{v}_y\\\dot{v}_z\end{bmatrix}+m_i\begin{bmatrix}\omega_z s_y-\omega_y s_z\\-\omega_z s_x+\omega_x s_z\\\omega_y s_x-\omega_x s_y\end{bmatrix}\times\begin{bmatrix}v_x\\v_y\\v_z\end{bmatrix}\tag{3-30}$$

$$m_i\boldsymbol{s}_i\times\frac{\mathrm{d}^2\boldsymbol{s}_i}{\mathrm{d}t^2}=\begin{bmatrix}s_{xi}\\s_{yi}\\s_{zi}\end{bmatrix}\times\begin{bmatrix}F'_{sxi}\\F'_{syi}\\F'_{szi}\end{bmatrix}\tag{3-31}$$

其中，v_x，v_y，v_z 为地面坐标系下飞行器的速度分量，有

$$\begin{bmatrix}v_x\\v_y\\v_z\end{bmatrix}=\begin{bmatrix}\dot{x}\\\dot{y}\\\dot{z}\end{bmatrix}=\begin{bmatrix}v\cos\theta\cos\sigma\\v\sin\theta\\-v\cos\theta\sin\sigma\end{bmatrix}\tag{3-32}$$

进一步得到

$$\begin{bmatrix}\dot{v}_x\\\dot{v}_y\\\dot{v}_z\end{bmatrix}=\begin{bmatrix}\dot{v}\cos\theta\cos\sigma-v\dot{\theta}\sin\theta\cos\sigma-v\dot{\sigma}\cos\theta\sin\sigma\\\dot{v}\sin\theta+v\dot{\theta}\cos\theta\\-\dot{v}\cos\theta\sin\sigma+v\dot{\theta}\sin\theta\sin\sigma-v\dot{\sigma}\cos\theta\cos\sigma\end{bmatrix}\tag{3-33}$$

故变形动态力矩为

$$\boldsymbol{M}_{Di}=-m_i\begin{bmatrix}s_{xi}\\s_{yi}\\s_{zi}\end{bmatrix}\times\begin{bmatrix}\dot{v}_x\\\dot{v}_y\\\dot{v}_z\end{bmatrix}-m_i\begin{bmatrix}-\omega_z s_{yi}+\omega_y s_{zi}\\\omega_z s_{xi}-\omega_x s_{zi}\\-\omega_y s_{xi}+\omega_x s_{yi}\end{bmatrix}\times\begin{bmatrix}v_x\\v_y\\v_z\end{bmatrix}-\begin{bmatrix}s_{xi}\\s_{yi}\\s_{zi}\end{bmatrix}\times\begin{bmatrix}F'_{sxi}\\F'_{syi}\\F'_{szi}\end{bmatrix}\tag{3-34}$$

因此，得到由于变形产生的附加力矩为

$$\begin{aligned}\boldsymbol{M}_S=\boldsymbol{M}_{Gi}+\boldsymbol{M}_{Di}&=\begin{bmatrix}M_{sx}\\M_{sy}\\M_{sz}\end{bmatrix}\\&=\sum_{i=1}^{2}\left(\begin{array}{l}m_i\dfrac{\mu}{r^3}\begin{bmatrix}s_{xi}\\s_{yi}\\s_{zi}\end{bmatrix}\times\left(\boldsymbol{T}_{BG}\begin{bmatrix}x\\y+R_e\\z\end{bmatrix}\right)+m_i\begin{bmatrix}s_{xi}\\s_{yi}\\s_{zi}\end{bmatrix}\times\begin{bmatrix}\dot{v}_x\\\dot{v}_y\\\dot{v}_z\end{bmatrix}+\\m_i\begin{bmatrix}-\omega_z s_{yi}+\omega_y s_{zi}\\\omega_z s_{xi}-\omega_x s_{zi}\\-\omega_y s_{xi}+\omega_x s_{yi}\end{bmatrix}\times\begin{bmatrix}v_x\\v_y\\v_z\end{bmatrix}+\begin{bmatrix}s_{xi}\\s_{yi}\\s_{zi}\end{bmatrix}\times\begin{bmatrix}F'_{sxi}\\F'_{syi}\\F'_{szi}\end{bmatrix}\end{array}\right)\end{aligned}\tag{3-35}$$

根据式（3－21）、式（3－25）、式（3－35）得到在体坐标系中空天高速飞行器的绕

质心转动动力学模型为

$$\begin{cases}\dot{\omega}_x = J_x^{-1}(M_{ax}+M_{Sx}) + J_x^{-1}(J_y - J_z)\omega_y\omega_z - J_x^{-1}\dot{J}_x\omega_x \\ \dot{\omega}_y = J_y^{-1}(M_{ay}+M_{Sy}) + J_y^{-1}(J_z - J_x)\omega_z\omega_x - J_y^{-1}\dot{J}_y\omega_y \\ \dot{\omega}_z = J_z^{-1}(M_{az}+M_{Sz}) + J_z^{-1}(J_x - J_y)\omega_x\omega_y - J_z^{-1}\dot{J}_z\omega_z\end{cases} \tag{3-36}$$

其中，M_{ax} 表示滚转力矩，M_{ay} 表示偏航力矩，M_{az} 表示俯仰力矩

$$\begin{cases}M_{ax} = qSbm_x \\ M_{ay} = qSbm_y \\ M_{az} = qS\bar{c}m_z\end{cases} \tag{3-37}$$

其中，b ，$\bar{c}$ 分别为飞行器横向、纵向参考长度；m_x ，m_y ，m_z 分别为滚转、偏航、俯仰力矩系数。

在空天高速飞行器建模过程中引入了附加力和附加力矩。相较于传统的飞行器动力学方程，模型多出了附加力和附加力矩，方程的本质实际上是动量定理和动量矩定理。以质心动力学方程为例，式（3－7）中的 $m\dfrac{\mathrm{d}\boldsymbol{v}_b}{\mathrm{d}t}$ 与飞行器固定外形下的 $m\dfrac{\mathrm{d}\boldsymbol{v}_f}{\mathrm{d}t}$ 含义不相同，虽然二者形式相同，但前者是飞行器质心加速度与总质量的乘积，不等于飞行器所受的合外力；后者为飞行器质心加速度与总质量之积，等于飞行器所受的合外力。一般情况下将前者视为“合外力”，但由于它不是真正的合外力，故可将其称为“伪合外力”。同时将式（3－7）中 $\sum_{i=1}^{2}m_i\dfrac{\mathrm{d}\boldsymbol{v}_{s_i}}{\mathrm{d}t}$ 这一项视为附加力。结合式（3－8），不难发现 $\sum_{i=1}^{2}m_i\dfrac{\mathrm{d}\boldsymbol{v}_{s_i}}{\mathrm{d}t}=\sum_{i=1}^{2}m_i\dfrac{\mathrm{d}^2\boldsymbol{s}_i}{\mathrm{d}t^2}$ 这一项不是单纯的变形附加力。若飞行器不变形，即 s_x，s_y，s_z 不变，由于飞行器的角速度 $\boldsymbol{\omega}$ 的存在，该项也不等于零。由于真正的附加项只是该项的一部分，故该项不算做严格意义上的附加项。

设飞行器所受合外力为 $\boldsymbol{F}$ ，总质心的速度为 $\boldsymbol{v}_{\mathrm{total}}$ ，根据动量定理，则有

$$\boldsymbol{F} = m\frac{\mathrm{d}\boldsymbol{v}_{\mathrm{total}}}{\mathrm{d}t} = m_f\frac{\mathrm{d}\boldsymbol{v}_f}{\mathrm{d}t} + \sum_{i=1}^{2}m_i\frac{\mathrm{d}\boldsymbol{v}_i}{\mathrm{d}t} = m\frac{\mathrm{d}\boldsymbol{v}_f}{\mathrm{d}t} + \sum_{i=1}^{2}m_i\frac{\mathrm{d}\boldsymbol{v}_{s_i}}{\mathrm{d}t} \tag{3-38}$$

经对比可以看出，式（3－7）右侧的表示形式只是为了方便，这是由于飞行器总质心在变形过程中始终在变化，要描述速度 $\boldsymbol{v}_{\mathrm{total}}$ 较为复杂，可以将速度 $\boldsymbol{v}_{\mathrm{total}}$ 转化到以飞行器质心为坐标原点建立的体坐标系中。固定外形飞行器本体和翼的速度相同，即 $\boldsymbol{v}_f=\boldsymbol{v}_i=\boldsymbol{v}_{\mathrm{total}}$ ，同时翼和飞行器本体的相对速度为零，即 $\boldsymbol{v}_{s_i}=0$。

飞行器绕质心转动的附加力矩的另一种分析方式：

1）转动动力学方程的左侧中，由飞行器本体和翼所受的气动力矩组成的气动合外力矩 $\boldsymbol{M}_a$ 是主要的力矩项；

2）由于以飞行器质心，而非飞行器总质心为坐标原点建立坐标系，出现了变形重力力矩项 $\boldsymbol{M}_{SG}$ 。由于质心位置在翼变形过程中不断产生变化，且与总质心不重合，因此，即使飞行器所受的重力力矩为零，却产生了变形重力力矩，可以将其视为附加重力力矩项；

3）变形导致的真实附加气动力矩为 $m_i \dfrac{\mathrm{d}\boldsymbol{s}_i}{\mathrm{d}t} \times \boldsymbol{v}_o$，其在固定外形和变外形下的翼动量矩的微分表达形式上得到体现。式（3-21）中的附加力矩实际上是翼所受的外力矩 $m_i\boldsymbol{s}_i \times \dfrac{\mathrm{d}\boldsymbol{v}_o}{\mathrm{d}t} + m_i\boldsymbol{s}_i \times \dfrac{\mathrm{d}^2\boldsymbol{s}_i}{\mathrm{d}t^2}$，结合式（3-18）和式（3-21）可以将转动动力学方程表示为

$$\boldsymbol{M}_a + \sum_{i=1}^{2}\boldsymbol{M}_{Gi} + \sum_{i=1}^{2}\left(m_i \frac{\mathrm{d}\boldsymbol{s}_i}{\mathrm{d}t} \times \boldsymbol{v}_o\right) = \frac{\mathrm{d}\boldsymbol{H}_f}{\mathrm{d}t} + \sum_{i=1}^{2}\frac{\mathrm{d}\boldsymbol{H}_i}{\mathrm{d}t} = \frac{\mathrm{d}\boldsymbol{H}_{\mathrm{total}}}{\mathrm{d}t} \tag{3-39}$$

式中，$\boldsymbol{H}_{\mathrm{total}} = \boldsymbol{H}_f + \boldsymbol{H}_1 + \boldsymbol{H}_2$ 表示飞行器所受的总的动量矩。

在体坐标系中描述的空天高速飞行器绕质心运动学方程可表示为

$$\begin{cases} \dot{\varphi} = \omega_y \sin\gamma + \omega_z \cos\gamma \\ \dot{\psi} = (\omega_y \cos\gamma - \omega_z \sin\gamma)/\cos\varphi \\ \dot{\gamma} = \omega_x - (\omega_y \cos\gamma - \omega_z \sin\gamma)\tan\varphi \end{cases} \tag{3-40}$$

3.2.4 气动数据模型

相较于低速飞行器，空天高速飞行器的气动模型具有很大的不确定性，国内外均没有公开的气动模型数据，一方面是空天高速飞行器气动模型数据获取较为困难，另一方面也是由于国内外目前对空天高速飞行器的研究较少[6]。本节将引入非线性方法来分析变形对飞行器的静态气动特性影响。

3.2.4.1 飞行器气动建模

建立空天高速飞行器气动模型的思路如下：

1）首先，在合理假设的基础上，给出空天高速飞行器的气动模型结构，然后基于非线性方法，借助气动估算软件获得的气动数据，辨识得到初步的气动模型；

2）其次，验证模型参数的准确性：任意选定一状态点，利用辨识模型计算该点的气动数据，并与气动软件计算出来的结果进行对比，若二者偏差在精度要求范围内，则认为辨识模型有效；反之则需修正假设的气动模型参数，返回步骤1)，重新开始参数辨识，直至得到的气动模型参数满足精度要求。

3）最后，改变飞行器的外形参数，根据不同变形参数，用固定外形下的气动建模方法建立新的气动模型，利用拟合函数对固定外形下辨识得到的各个气动数据进行拟合，获得参数化的气动模型，即空天高速飞行器的气动模型。同时，如果需要修正建立的气动模型，可以在执行此步骤的过程中返回至步骤1)，重新进行辨识，直至得到满意的结果。

（1）基本原理

离散型线性系统的观测方程[7]可表示为

$$\boldsymbol{Y} = \boldsymbol{H}\boldsymbol{\theta} + \boldsymbol{V}$$

式中，$\boldsymbol{Y} \in \mathbf{R}^{m\times 1}$ 为观测矢量，$\boldsymbol{H} \in \mathbf{R}^{m\times n}$ 为观测矩阵，$\boldsymbol{\theta} \in \mathbf{R}^{n\times 1}$ 为待估参数矢量，$\boldsymbol{V} \in \mathbf{R}^{m\times 1}$ 是测量噪声。建立的估计函数为

$$\min J = \boldsymbol{V}^{\mathrm{T}}\boldsymbol{V} = [\boldsymbol{H}\hat{\boldsymbol{\theta}} - \boldsymbol{Y}]^{\mathrm{T}}[\boldsymbol{H}\hat{\boldsymbol{\theta}} - \boldsymbol{Y}] \tag{3-41}$$

该二次型函数为标量，展开写为

$$J=(\boldsymbol{H}^{\mathrm{T}}\boldsymbol{H})\hat{\boldsymbol{\theta}}-2\boldsymbol{Y}^{\mathrm{T}}\boldsymbol{H}\hat{\boldsymbol{\theta}}+\boldsymbol{Y}^{\mathrm{T}}\boldsymbol{Y}^{\mathrm{T}} \tag{3-42}$$

根据极值点处条件：$\dfrac{\partial J}{\partial\hat{\boldsymbol{\theta}}}=0$，可以得到参数估计值

$$\hat{\boldsymbol{\theta}}=[\boldsymbol{H}^{\mathrm{T}}\boldsymbol{H}]^{-1}\boldsymbol{H}^{\mathrm{T}}\boldsymbol{Y} \tag{3-43}$$

由于气动系数模型是非线性的，本文采用非线性优化方法对未知参数进行优化求解，原理如下[8]：

已知一组数据点 (x_i, y_i)，$i=1, 2, \cdots, m$，构造非线性函数 $g(x, h)$，通过优化参数 h，使得下述表达式最小

$$J=\sum_{i=1}^{m}[g(x_i,h)-y_i]^2 \tag{3-44}$$

（2）气动模型结构假设

空天高速飞行器所受的纵向气动力及力矩为

$$\begin{cases}L=\dfrac{1}{2}\rho v^2 SC_L\\ D=\dfrac{1}{2}\rho v^2 SC_D\\ M_z=\dfrac{1}{2}\rho v^2 S\bar{c}m_z\end{cases} \tag{3-45}$$

高度 h 和马赫数 Ma 给定后，即可确定动压 $\dfrac{1}{2}\rho v^2$；飞行器外形变化时，参考面积及气动系数随之发生变化。然而实际应用工程估算软件计算飞行器气动系数时，首先由软件根据真实气动外形计算得出气动力及力矩，然后计算气动系数[9]

$$\begin{cases}C_L=L/(qS)\\ C_D=D/(qS)\\ m_z=M_z/(qS\bar{c})\end{cases} \tag{3-46}$$

为了避免因变形出现的复杂计算问题，在计算气动系数时认为飞行器的参考长度 $\bar{c}$ 和参考面积 S 不变，导致其计算结果不准确，然而参考面积和参考长度与气动系数的乘积却是真实的，因此利用气动估算软件能够得到的是伪气动系数，其形式如下

$$\begin{cases}C_LS=L/q\\ C_DS=D/q\\ m_zS\bar{c}=M_z/q\end{cases} \tag{3-47}$$

对采用式（3-46）计算得到的气动系数进行拟合得到的气动系数与对采用式（3-47）得到的气动系数的差别只在于一个常数 S 或者 $S\bar{c}$，在气动参数的影响之中包含了变形对参考长度 $\bar{c}$ 和参考面积 S 的影响。由于高阶项对气动参数的影响较小，建立变形飞行器的气动模型时最高阶数取 3，取其结构为

$$\begin{cases} C_L = C_{L\alpha 0} + C_{L\alpha}\alpha + C_{L\alpha^2}\alpha^2 + C_{L\alpha^3}\alpha^3 + C_{L\delta_e}\delta_e + C_{L\delta_e^2}\delta_e^2 + C_{L\delta_e^3}\delta_e^3 + C_{L\alpha\delta_e}\alpha\delta_e + C_{L\alpha^2\delta_e^2}\alpha^2\delta_e^2 \\ C_D = C_{D\alpha 0} + C_{D\alpha}\alpha + C_{D\alpha^2}\alpha^2 + C_{D\alpha^3}\alpha^3 + C_{D\delta_e}\delta_e + C_{D\delta_e^2}\delta_e^2 + C_{D\delta_e^3}\delta_e^3 + C_{D\alpha\delta_e}\alpha\delta_e + C_{D\alpha^2\delta_e^2}\alpha^2\delta_e^2 \\ m_z = m_{z\alpha 0} + m_{z\alpha}\alpha + m_{z\alpha^2}\alpha^2 + m_{z\alpha^3}\alpha^3 + m_{z\delta_e}\delta_e + m_{z\delta_e^2}\delta_e^2 + m_{z\delta_e^3}\delta_e^3 + m_{z\alpha\delta_e}\alpha\delta_e + m_{z\alpha^2\delta_e^2}\alpha^2\delta_e^2 \end{cases} \tag{3-48}$$

式中，待辨识的模型参数 $C_{L\alpha 0}$ 是 $\alpha = 0°$ 时的升力系数，$C_{L\alpha^i}$ $(i = 1, 2, 3)$ 为升力中的攻角系数；$C_{L\delta_e^i}$ $(i = 1, 2, 3)$ 为升力的升降舵偏角系数；$C_{L\alpha\delta_e}$、$C_{L\alpha^2\delta_e^2}$ 为升力系数中攻角和升降舵偏角耦合系数，其余系数以此类推。

依据该模型中的多项式系数是否为零可简化上述模型，得到以下 5 种气动模型：

模型Ⅰ　只含有一阶多项式，不含耦合项，即二次项、三次项及耦合项 $\alpha\delta_e$ 、$\alpha^2\delta_e^2$ 的系数为零。

模型Ⅱ　只含有一阶多项式，含一阶耦合项，即二次项、三次项及二阶耦合项 $\alpha^2\delta_e^2$ 的系数全为零。

模型Ⅲ　二阶多项式，不含耦合项，即三次项及耦合项 $\alpha\delta_e$ 、$\alpha^2\delta_e^2$ 的系数为零。

模型Ⅳ　二阶多项式，含耦合项，即三次项的系数均为零。

模型Ⅴ　三阶多项式，不含耦合项，即耦合项 $\alpha\delta_e$ 、$\alpha^2\delta_e^2$ 的系数为零。

下面将以变展长作为实例，说明如何利用非线性最小二乘法建立空天高速飞行器变展长的气动模型。取展长的变化范围为 $b \in$ [4.0ft，9.0ft] ，后掠角取为 $\chi = 45°$ 。定义展长变化率为

$$\xi_1 = \frac{b - b_{\min}}{b_{\max} - b_{\min}} \tag{3-49}$$

其中，$b_{\max} = 9.0$ ft 是展长的上界，$b_{\min} = 4.0$ ft 是展长的下界，由此可得展长变形参数（展长变化率）ξ_1 的取值范围为 [0，1] 。展长取不同的值，会得到不同的展长变形参数，同样取不同的展长变形参数也会得到不同的展长，即得到不同外形的飞行器。本节要做的工作就是建立空天变体变形飞行器的纵向气动参数与展长变形参数 ξ_1 之间的函数关系。

（3）固定外形下的气动模型建立

首先，需要确定固定外形的飞行器气动模型结构。展长和后掠角分别取 $b = 4.0$ ft，$\chi = 45°$，对应的展长变化率为 $\xi_1 = 0$，在马赫数 $Ma = 5$、高度 $h = 20$ km 的状态下，建立其气动模型。攻角的范围为 $\alpha \in [-2°, 12°]$ ，升降舵偏角的范围为 $\delta_e \in [-20°, 20°]$ 。具体取值如下

$$\alpha \in \{-2°, -1°, 0°, 1°, 2°, 3°, 4°, 5°, 6°, 7°, 8°, 9°, 10°, 11°, 12°\} \tag{3-50}$$

$$\delta_e \in \{-20°, -16°, -12°, -8°, -4°, 0°, 4°, 8°, 12°, 16°, 20°\} \tag{3-51}$$

俯仰力矩系数和升、阻力系数的辨识方法相同，此处以模型Ⅳ中的升力系数为例，说明如何利用非线性最小二乘拟合法辨识气动模型中的参数。若某一攻角和升降舵偏角组合为 (α_i, δ_{e_i}) ，i 表示第 i 种组合，则飞行器的升力系数可表示为

$$\boldsymbol{b}_i = \boldsymbol{A}_i(\alpha_i, \delta_{e_i})\boldsymbol{x} \tag{3-52}$$

式中

$$\begin{cases}\boldsymbol{A}_i(\alpha_i,\delta_{e_i})=\begin{bmatrix}1 & \alpha_i & \alpha_i^2 & \delta_{e_i} & \delta_{e_i}^2 & \alpha_i\delta_{e_i} & \alpha_i^2\delta_{e_i}^2\end{bmatrix}\\ \boldsymbol{x}=\begin{bmatrix}C_{L\alpha 0} & C_{L\alpha} & C_{L\alpha 2} & C_{L\delta_e} & C_{L\delta_e^2} & C_{L\alpha\delta_e} & C_{L\alpha^2\delta_e^2}\end{bmatrix}^{\mathrm{T}}\\ \boldsymbol{b}_i=\boldsymbol{C}_{Li}\end{cases} \tag{3-53}$$

在 n 个攻角和升降舵偏角组合在一起的条件下 (α_i,δ_{e_i})，$i=1,2,\cdots,n$，得到

$$\boldsymbol{B}=\boldsymbol{A}(\alpha,\delta_e)\boldsymbol{x} \tag{3-54}$$

其中

$$\begin{cases}\boldsymbol{A}=\begin{bmatrix}\boldsymbol{A}_1^{\mathrm{T}} & \boldsymbol{A}_2^{\mathrm{T}} & \cdots & \boldsymbol{A}_i^{\mathrm{T}} & \cdots & \boldsymbol{A}_n^{\mathrm{T}}\end{bmatrix}^{\mathrm{T}}\\ \boldsymbol{B}=\begin{bmatrix}\boldsymbol{b}_1 & \boldsymbol{b}_2 & \cdots & \boldsymbol{b}_i & \cdots & \boldsymbol{b}_n\end{bmatrix}^{\mathrm{T}}\end{cases} \tag{3-55}$$

根据非线性最小二乘拟合法可以计算得到气动参数 $\boldsymbol{x}$ 。

表 3-1 所示结果为 5 种模型拟合气动参数的残差，其中气动模型的未知参数采用上述方法辨识得到[4]。

表 3-1　不同气动模型拟合残差

气动参数	模型 1 拟合残差 δ_{mod1}	模型 2 拟合残差 δ_{mod2}	模型 3 拟合残差 δ_{mod3}	模型 4 拟合残差 δ_{mod4}	模型 5 拟合残差 δ_{mod5}
C_L	0.282 3	0.258 4	0.069 1	0.069 1	0.016 1
C_D	1.588 8	1.486 4	0.073 5	0.014 9	0.060 3
m_z	8.481 7	8.409 1	1.759 3	1.735 8	0.371 9
均方根残差	9.185 5	9.043 3	3.327 9	2.649 1	0.568 3

综合考虑拟合精度及气动模型复杂程度，根据拟合残差可初步确定气动模型结构为：选择模型Ⅲ计算升力系数和阻力系数，即二阶多项式不含耦合项作为气动模型，选择模型Ⅴ计算俯仰力矩系数，即三阶多项式不含耦合项作为气动模型。由此可得该固定外形下的气动模型为

$$\begin{cases}C_L=-1.059\,5\times10^{-2}+3.281\,5\times10^{-2}\alpha+8.148\,1\times10^{-4}\alpha^2+8.198\,6\times10^{-3}\delta_e+5.905\,0\times10^{-5}\delta_e^2\\ C_D=3.805\,0\times10^{-2}-2.314\,8\times10^{-4}\alpha+7.916\,7\times10^{-4}\alpha^2+1.458\,3\times10^{-3}\delta_e+1.634\,2\times10^{-4}\delta_e^2\\ m_z=3.889\,6\times10^{-2}-3.794\,8\times10^{-2}\alpha-3.003\,5\times10^{-4}\alpha^2-3.518\,6\times10^{-2}\delta_e-\\ \quad 3.533\,9\times10^{-4}\delta_e^2-2.691\,0\times10^{-5}\alpha^3-2.147\,1\times10^{-5}\delta_e^3\end{cases} \tag{3-56}$$

对比上述模型拟合得到的气动数据和真实数据，得到不同舵偏角误差百分比和攻角误差百分比。可以看出平均拟合误差保持在 5%以内，未超出误差允许范围，拟合得到的气动模型与真实模型近似度较大，可以认为该模型为真实气动模型。表 3-2 列出了上述模型的平均拟合误差。

表 3-2　采用式（3-56）模型的平均拟合误差[4]

δ_e/(°)	C_L/(%)	C_D/(%)	m_z/(%)
20	0.496 2	1.575 1	4.330 9
16	0.438 1	1.042 4	5.001 4
12	0.367 2	0.718 1	3.140 6

续表

$\delta_e/(°)$	$C_L/(\%)$	$C_D/(\%)$	$m_z/(\%)$
8	0.247 7	0.417 6	0.589 0
4	0.178 3	0.116 8	0.479 6
0	0.189 7	0.111 4	1.252 3
−4	0.277 7	0.306 3	2.509 0
−8	0.492 4	0.388 8	2.301 0
−12	0.424 6	0.545 5	0.984 4
−16	0.296 9	0.909 6	1.123 5
−20	0.656 8	1.693 67	0.731 4

(4) 变外形下的气动模型建立

①建立变展长的气动模型

展长变形参数的取值为 $\xi_1=0$，0.1，0.2，…，1.0，展长变形参数与展长一一对应，每个不同的展长变形参数会对应不同的展长 b。采用上一小节的辨识方法，可以得到不同展长变形参数下的气动模型，进而得到气动系数与展长变形参数 ξ_1 之间的函数关系，最后得到空天高速飞行器的纵向气动模型如下

$$\begin{cases} C_L=C_{L\alpha 0}+C_{L\alpha}\alpha+C_{L\alpha^2}\alpha^2+C_{L\delta_e}\delta_e+C_{L\delta_e^2}\delta_e^2 \\ C_D=C_{D\alpha 0}+C_{D\alpha}\alpha+C_{D\alpha^2}\alpha^2+C_{D\delta_e}\delta_e+C_{D\delta_e^2}\delta_e^2 \\ m_z=m_{z\alpha 0}+m_{z\alpha}\alpha+m_{z\alpha^2}\alpha^2+m_{z\delta_e}\delta_e+m_{z\delta_e^2}\delta_e^2+m_{z\alpha^3}\alpha^3+m_{z\delta_e^3}\delta_e^3 \end{cases} \tag{3-57}$$

分别采用一阶多项式、二阶多项式、三阶多项式拟合 C_L 、C_D 、m_z 与展长变形参数之间的函数关系，得到表 3－3 所示平均拟合误差。

表 3－3　采用不同多项式拟合气动参数的平均误差[4]

拟合类型	$C_L/(\%)$				
	$C_{L\alpha 0}$	$C_{L\alpha}$	$C_{L\alpha 2}$	$C_{L\delta_e}$	$C_{L\delta_e^2}$
一阶多项式 Δ1	1.694 9	0.320 6	1.173 5	0.082 0	1.420 5
二阶多项式 Δ2	1.663 3	0.238 7	0.834 9	0.066 0	1.351 2
三阶多项式 Δ3	1.803 0	0.278 6	0.997 8	0.059 3	1.667 7
拟合类型	$C_D/(\%)$				
	$C_{D\alpha 0}$	$C_{D\alpha}$	$C_{D\alpha 2}$	$C_{D\delta_e}$	$C_{D\delta_e^2}$
一阶多项式 Δ1	0.413 4	24.128 0	0.756 2	0.594 6	0.557 3
二阶多项式 Δ2	0.442 1	27.876 4	0.910 7	0.652 2	0.538 2
三阶多项式 Δ3	0.623 1	32.150 9	0.885 8	0.634 0	0.578 5

拟合类型	$m_z/(\%)$						
	$m_{z\alpha 0}$	$m_{z\alpha}$	$m_{z\alpha 2}$	$m_{z\delta_e}$	$m_{z\delta_e^2}$	$m_{z\alpha 3}$	$m_{z\delta_e^3}$
一阶多项式 Δ1	0.818 8	0.873 8	12.335 1	0.119 1	0.257 6	37.484 5	0.512 6
二阶多项式 Δ2	0.208 0	0.069 4	4.895 7	0.058 2	0.147 8	15.437 0	0.370 3
三阶多项式 Δ3	0.164 5	0.042 5	3.378 6	0.061 1	0.131 4	11.281 2	0.557 4

从表 3-3 中可以看出，大部分气动参数的平均拟合误差在 2%以内，但是 $C_{D\alpha}$、$m_{z\alpha^2}$、$m_{z\alpha^3}$ 有很大的平均拟合误差，故舍去这三个气动参数，得到气动模型如下

$$\begin{cases}C_L = C_{L\alpha 0} + C_{L\alpha}\alpha + C_{L\alpha^2}\alpha^2 + C_{L\delta_e}\delta_e + C_{L\delta_e^2}\delta_e^2 \\ C_D = C_{D\alpha 0} + C_{D\alpha^2}\alpha^2 + C_{D\delta_e}\delta_e + C_{D\delta_e^2}\delta_e^2 \\ m_z = m_{z\alpha 0} + m_{z\alpha}\alpha + m_{z\delta_e}\delta_e + m^{\delta}_{z\delta_e^2}\delta_e^2 + m^{\delta}_{z\delta_e^3}\delta_e^3\end{cases} \tag{3-58}$$

其中

$$\begin{cases}C_{L\alpha 0} = 3.333\ 3\times 10^{-4}\xi_1 - 1.382\ 6\times 10^{-2} \\ C_{L\alpha} = 5.500\ 0\times 10^{-3}\xi_1 + 3.430\ 7\times 10^{-2} \\ C_{L\alpha^2} = -8.333\ 3\times 10^{-5}\xi_1 + 7.574\ 1\times 10^{-4} \\ C_{L\delta_e} = -4.166\ 7\times 10^{-5}\xi_1 + 8.468\ 8\times 10^{-3} \\ C_{L\delta_e^2} = 9.495\ 6\times 10^{-19}\xi_1 + 5.924\ 5\times 10^{-5}\end{cases} \tag{3-59}$$

$$\begin{cases}C_{D\alpha 0} = 5.880\ 1\times 10^{-3}\xi_1 + 3.719\ 0\times 10^{-2} \\ C_{D\alpha^2} = 7.383\ 0\times 10^{-5}\xi_1 + 8.065\ 1\times 10^{-4} \\ C_{D\delta_e} = -2.083\ 3\times 10^{-5}\xi_1 + 1.535\ 4\times 10^{-3} \\ C_{D\delta_e^2} = -6.510\ 4\times 10^{-7}\xi_1 + 1.628\ 3\times 10^{-4}\end{cases} \tag{3-60}$$

$$\begin{cases}m_{z\alpha 0} = 1.096\ 2\times 10^{-3}\xi_1^2 - 2.902\ 9\times 10^{-3}\xi_1 + 3.827\ 0\times 10^{-2} \\ m_{z\alpha} = -3.035\ 7\times 10^{-3}\xi_1^2 - 1.365\ 1\times 10^{-4}\xi_1 - 4.260\ 9\times 10^{-2} \\ m_{z\delta_e} = -3.865\ 9\times 10^{-4}\xi_1^2 + 7.021\ 1\times 10^{-4}\xi_1 - 3.519\ 0\times 10^{-2} \\ m_{z\delta_e^2} = -5.254\ 2\times 10^{-6}\xi_1^2 + 1.068\ 2\times 10^{-5}\xi_1 - 3.534\ 9\times 10^{-4} \\ m_{z\delta_e^3} = 1.121\ 5\times 10^{-6}\xi_1^2 - 1.606\ 5\times 10^{-6}\xi_1 - 2.143\ 3\times 10^{-5}\end{cases} \tag{3-61}$$

②建立变后掠角的气动模型

后掠角变化范围为 $\chi\in[25°, 65°]$，展长保持不变 $b=6.5$ ft。取后掠角变化率 ξ_2 为后掠角变形参数，其定义为

$$\xi_2 = \frac{\chi - \chi_{\min}}{\chi_{\max} - \chi_{\min}} \tag{3-62}$$

其中，$\chi_{\max}=65°$ 为后掠角变化上界，$\chi_{\min}=25°$ 为后掠角变化下界，故后掠角变形参数的取值范围为 $\xi_2\in[0, 1]$。后掠角变形参数和展长变形参数一样，每个不同的后掠角变形参数都会得到一个不同的翼后掠角，也就是说会得到不同外形的空天高速飞行器[10]。采用与变展长相同的气动建模方法，并将相应的多项式系数加以拟合，得到气动模型中多项式系数与后掠角变形参数 ξ_2 之间的变化关系，最后得到高超声速变后掠飞行器的纵向气动模型为

$$\begin{cases}C_L = C_{L\alpha 0} + C_{L\alpha}\alpha + C_{L\alpha^2}\alpha^2 + C_{L\delta_e}\delta_e + C_{L\delta_e^2}\delta_e^2 \\ C_D = C_{D\alpha 0} + C_{D\alpha^2}\alpha^2 + C_{D\delta_e}\delta_e + C_{D\delta_e^2}\delta_e^2 \\ m_z = m_{z\alpha 0} + m_{z\alpha}\alpha + m_{z\delta_e}\delta_e + m_{z\delta_e^2}\delta_e^2 + m_{z\delta_e^3}\delta_e^3\end{cases} \tag{3-63}$$

其中

$$
\begin{cases}
C_{L\alpha 0} = 1.0185 \times 10^{-3}\xi_2 - 1.3991 \times 10^{-2} \\
C_{L\alpha} = -1.1759 \times 10^{-3}\xi_2 + 3.7551 \times 10^{-2} \\
C_{L\alpha^2} = -1.2037 \times 10^{-4}\xi_2 + 7.6759 \times 10^{-4} \\
C_{L\delta_e} = 1.5625 \times 10^{-5}\xi_2 + 8.4255 \times 10^{-3} \\
C_{L\delta_e^2} = -2.2786 \times 10^{-6}\xi_2 + 6.0775 \times 10^{-5}
\end{cases} \tag{3-64}
$$

$$
\begin{cases}
C_{D\alpha 0} = -2.6140 \times 10^{-3}\xi_2 + 4.1742 \times 10^{-2} \\
C_{D\alpha^2} = -4.7149 \times 10^{-5}\xi_2 + 8.6436 \times 10^{-4} \\
C_{D\delta_e} = -2.6042 \times 10^{-5}\xi_2 + 1.5339 \times 10^{-3} \\
C_{D\delta_e^2} = 2.9297 \times 10^{-6}\xi_2 + 1.6370 \times 10^{-4}
\end{cases} \tag{3-65}
$$

$$
\begin{cases}
m_{z\alpha 0} = -5.8543 \times 10^{-4}\xi_2 + 3.7339 \times 10^{-2} \\
m_{z\alpha} = -4.1361 \times 10^{-3}\xi_2 - 4.1447 \times 10^{-2} \\
m_{z\delta_e} = 6.6604 \times 10^{-5}\xi_2 - 3.4976 \times 10^{-2} \\
m_{z\delta_e^2} = -8.4551 \times 10^{-8}\xi_2 - 3.4947 \times 10^{-4} \\
m_{z\delta_e^3} = -4.9321 \times 10^{-8}\xi_2 - 2.1890 \times 10^{-5}
\end{cases} \tag{3-66}
$$

3.2.4.2 变体变形对飞行器静态气动特性的影响

研究变展长和变后掠角对飞行器气动特性的静态影响，有助于深入理解空天高速飞行器的变形机理[11]。

(1) 展长对气动特性的静态影响

保持后掠角为 $\chi=45°$，令展长变化分别为 4.0 ft，6.5 ft，9.0 ft，仿真结果如图 3-2 所示。

从图 3-2 (a) ～ (d) 中可以看出，升力系数和阻力系数都随着展长的增大而增大，但是改变展长，对俯仰力矩系数的影响较小。

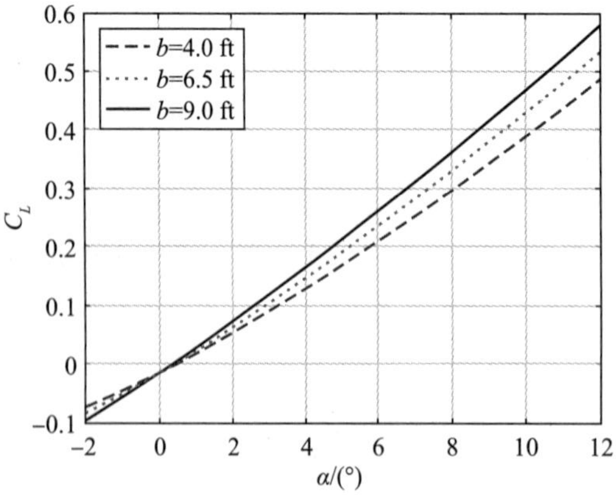

(a) C_L随攻角的变化曲线

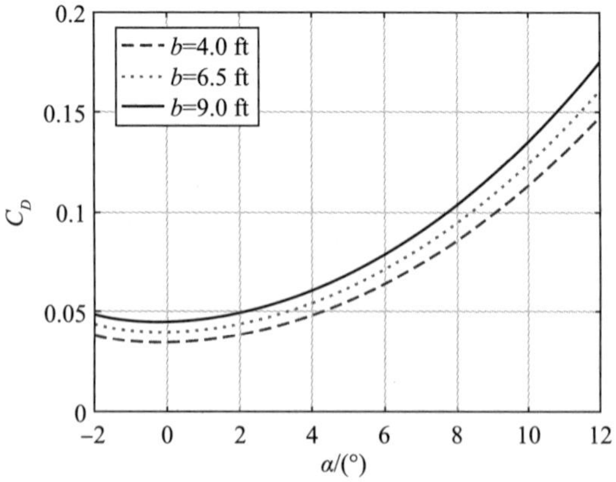

(b) C_D随攻角的变化曲线

图 3-2 $\chi=45°$ 时，气动特性随展长变化曲线

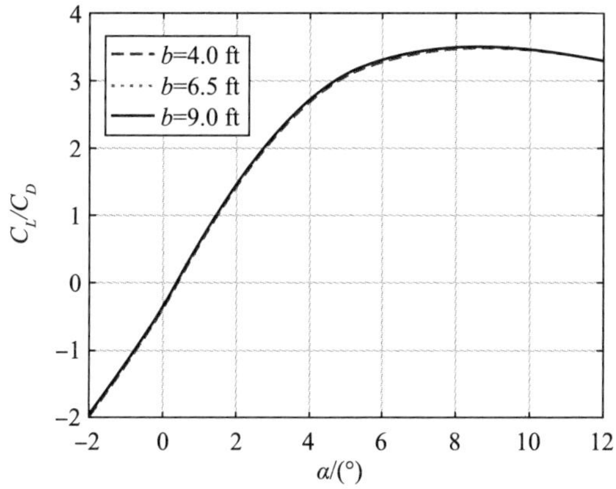

(c) C_L/C_D随攻角的变化曲线

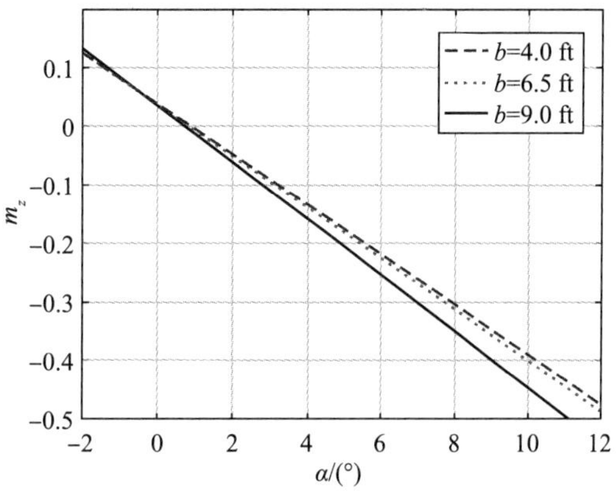

(d) m_z随攻角的变化曲线

图 3-2　$\chi=45°$ 时，气动特性随展长变化曲线（续）

（2）后掠角对气动特性的静态影响

保持展长 $b=6.5$ ft 不变，后掠角的取值范围为

$$\chi\in\{25°,45°,65°\} \tag{3-67}$$

即将翼后掠角 χ 依次设置为 25°，45°，65°，仿真结果如图 3-3 所示。

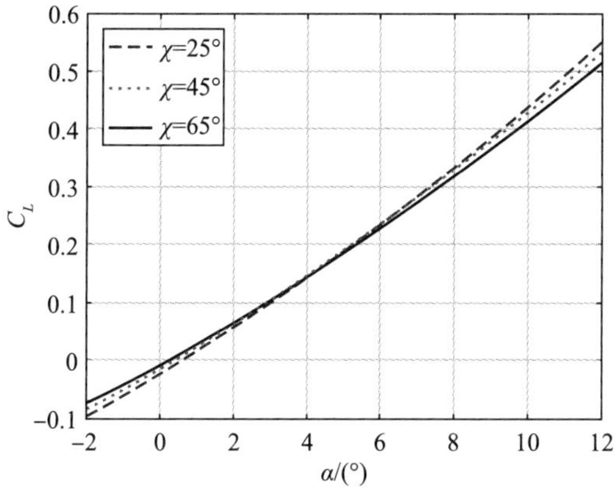

(a) C_L随攻角的变化曲线

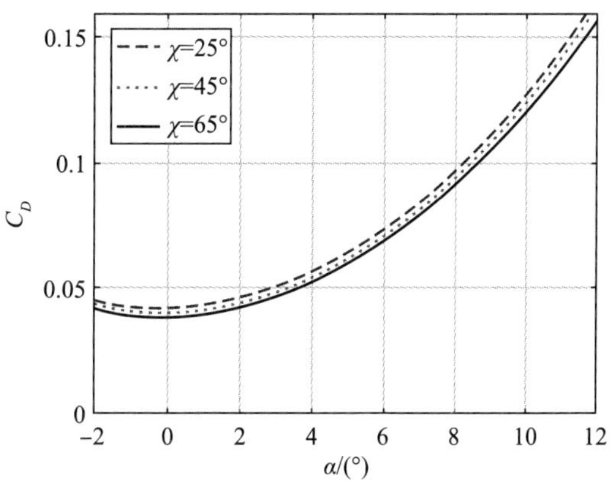

(b) C_D随攻角的变化曲线

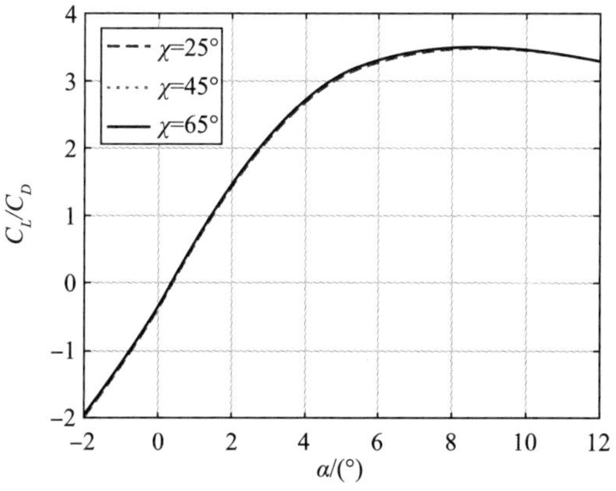

(c) C_L/C_D随攻角的变化曲线

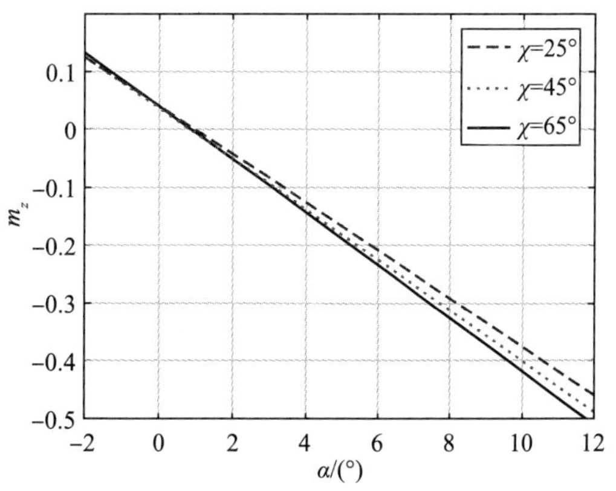

(d) m_z随攻角的变化曲线

图 3-3　$b=6.5$ft 时，气动特性随后掠角变化曲线

从图中可以得出，随着后掠角的增大，升力系数和阻力系数都会有所减小；但是随着后掠角的增大，俯仰力矩的减小程度更大。所以从总体上来说，改变翼后掠角对其气动力影响不大，但是对气动力矩的影响较为明显。

（3）展长和后掠角对气动特性的综合静态影响

考察展长和后掠角对气动特性的综合影响时应考虑两种情形：展长与后掠角变化趋势相同和展长与后掠角变化趋势不同[12]。下面先考察展长与后掠角变化趋势相同时对飞行器的气动特性的静态影响。分别取展长和后掠角为 $[b, \chi]=[(4.0\ \mathrm{ft}, 25°), (6.5\ \mathrm{ft}, 45°), (9.0\ \mathrm{ft}, 65°)]$，得到仿真结果如图 3-4 所示。

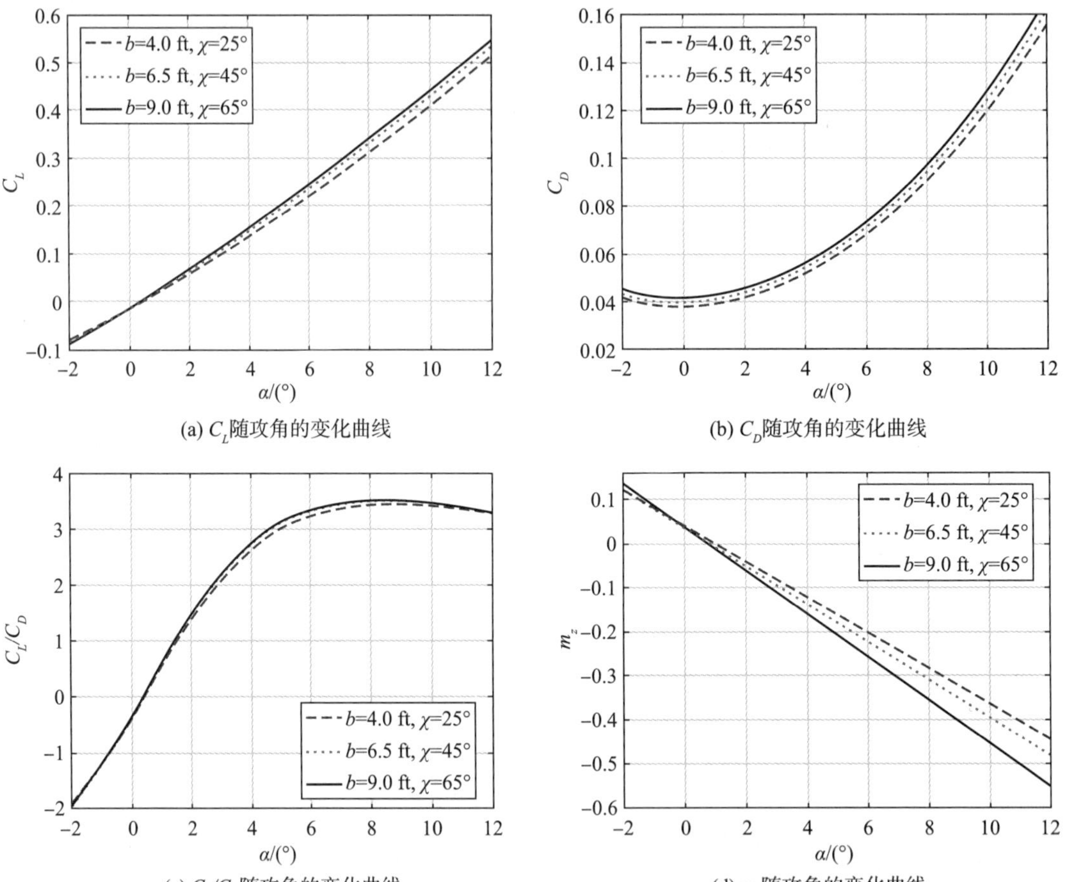

(a) C_L随攻角的变化曲线　(b) C_D随攻角的变化曲线

(c) C_L/C_D随攻角的变化曲线　(d) m_z随攻角的变化曲线

图 3-4　气动特性随后掠角及展长同向变化曲线

从图中可以看出，当展长和后掠角都增大时，升力系数 C_L 和阻力系数 C_D 都增大，但是 C_L 增加的程度更大，因此升阻比也有所增大，并且后掠角和展长变化对气动力矩的影响较大。再考察展长与后掠角变化趋势不同时对飞行器的气动特性的静态影响。分别取展长和后掠角为 $[b, \chi]=[(4.0\mathrm{ft}, 65°), (6.5\mathrm{ft}, 45°), (9.0\ \mathrm{ft}, 25°)]$，得到仿真结果如图 3-5 所示。

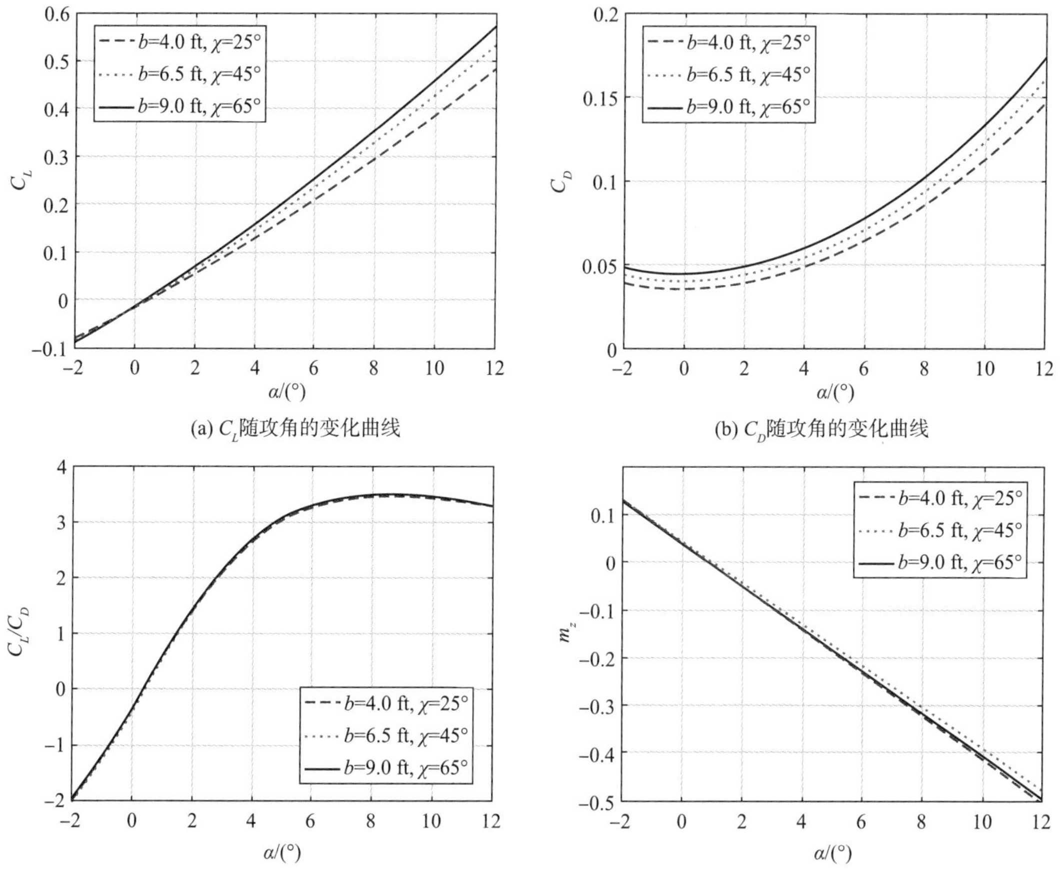

(a) C_L随攻角的变化曲线　(b) C_D随攻角的变化曲线

(c) C_L/C_D随攻角的变化曲线　(d) m_z随攻角的变化曲线

图 3－5　气动特性随后掠角及展长反向变化曲线

从图中可以看出，当后掠角减小和展长增大，升力系数 C_L 和阻力系数 C_D 都会增大，并且增大的幅度比单一变化后掠角或展长大，这是因为两者的叠加效应；并且后掠角和展长都改变，对升阻比和气动力矩的影响较小。

3.3　模态划分及特性分析

本文的研究对象为空天高速飞行器。飞行器从地面起飞，加速至亚声速再逐渐跨越到高超声速，将经历几个不同的飞行阶段。根据不同阶段的任务需求，针对其主要特征和约束，空天高速飞行器可以划分为三个模态[13]，分别为起飞爬升模态、巡航模态和俯冲模态。处于不同模态的变体变形飞行器所要完成的任务不同。例如飞行器在起飞爬升模态下需要有较大的机动力，来完成爬升任务。飞行器在巡航模态下平稳飞行，则要解决姿态保持问题，保证姿态控制精度足够高。而在俯冲模态下，飞行器会由于快速下压导致急剧滚转和攻角剧烈变化，就需要解决大范围不确定性的鲁棒控制问题[14]。

本节主要分析在不同模态下所受约束，以及飞行器控制方面的问题。

3.3.1 起飞爬升模态下所受约束

爬升过程受到的约束主要为以下几种：

（1）状态变量约束

必须将空天变体飞行器航迹倾斜角和攻角变化速率限制在合理的范围内，飞行器在爬升过程中，需以较小的攻角飞行。

$$\alpha_{\min} \leqslant \alpha \leqslant \alpha_{\max}, \gamma_{\min} \leqslant \gamma \leqslant \gamma_{\max} \tag{3-68}$$

（2）动压约束

飞行器会受到机体结构的强度限制，主要是热防护材料的强度值和铰链力矩的最大允许值；因此要对动压加以约束，可将其表示为

$$P = \frac{1}{2}\rho(r)V^2 < P_{\max} \tag{3-69}$$

（3）过载约束

爬升过程中，为保证飞行器机体结构安全，气动载荷需要加以约束，设定最大过载值可保护机载设备和机体结构的完好性。可将其表示为

$$n = \frac{1}{mg}\sqrt{L^2 + D^2} < n_{\max} \tag{3-70}$$

（4）热流约束

飞行器飞行速度达到高超声速时会与周围的大气剧烈摩擦，从而产生高超声速流，周围大气温度将会迅速升高，导致机体气动加热[15]。实际应用时一般用热流来代替温度，通过约束热流来保护机体。热流密度可表示为

$$\dot{H} = \frac{C}{\sqrt{R}}\left(\frac{\rho}{\rho_0}\right)^{0.5}\left(\frac{V}{V_c}\right)^{3.15} \leqslant \dot{H}_{\max} \tag{3-71}$$

（5）终端约束

爬升段终端状态的要求极为严格，终端约束包括飞行速度、高度，飞行航迹倾斜角，飞行航程等。

3.3.2 巡航模态下所受约束

巡航侦察是空天高速飞行器处于巡航模态时的主要任务，需要使飞行器具有更快的飞行速度以及更短的反应时间，因此飞行器的模型确定以及控制系统的设计将会出现强耦合、强非线性、模型和参数不确定以及约束等方面的问题。

空天高速飞行器大部分时间是在近空间区域工作，因此其将长期处于高速飞行状态。当空天高速飞行器在小攻角低速飞行时，升力系数呈近似线性变化，而处于高速飞行状态时则不同，飞行器的升力主要由其自身产生的非线性涡和激波提供。由于飞行器操纵舵面存在快速饱和问题，参数对飞行高度和初始状态极为敏感，此时高速飞行时的非线性问题就变得尤为严重[16]。

巡航模态下的飞行器以高超声速飞行时，由于超燃冲压发动机工作状态和操纵的耦合

效应，必然有飞行姿态、额定角速度、攻角等多个方面的约束。

（1）控制量及状态量约束

飞行器处于巡航模态时，必须保持小攻角飞行，旨在减小气动阻力、节省燃料，增大飞行航程。

（2）路径约束

通常要考虑的约束有：

①热流约束

$$\dot{H}=k\rho^{0.5}V^{3.15}\leqslant \dot{H}_{\max} \tag{3-72}$$

②动压约束

$$P=\frac{1}{2}\rho(h)V^2>P_{\min}\text{且 }P=\frac{1}{2}\rho(h)V^2<P_{\max} \tag{3-73}$$

③过载约束

$$n=\left|\frac{L\cos\alpha+D\sin\alpha}{mg}\right|<n_{\max} \tag{3-74}$$

（3）飞行航程约束

飞行航程是飞行器性能的重要指标，飞行航程越大，意味着飞行器的飞行效率越高[17]。其表达式为

$$x_g=kV_{cr}I_{sp}\ln\frac{M_{cr0}}{M_{cre}} \tag{3-75}$$

其中，M_{cr0} 表示巡航初始质量，M_{cre} 表示巡航结束质量，V_{cr} 为巡航速度，k 为升阻比。考虑到燃料装载状况，可将上式改写为

$$x_g=kV_{cr}I_{sp}\ln\frac{1-\psi\nu}{1-\nu} \tag{3-76}$$

ψ 的值取决于飞行器的种类，例如亚声速飞行器 ψ 值为 0.1，空天高速飞行器的 ψ 值取 0.2。ν 为飞行器的燃料装载系数。经计算可得飞行器航程与升阻比和燃料装载系数的关系，如表 3－4 所示。

表 3－4　飞行航程与升阻比和燃料装载系数的关系[3]

ν \ k	3	3.5	4	4.5	5
0.2	836.855 9	1 961.968	3 130.26	4 301.96	6 587.038
0.4	976.331 9	2 288.963	3 651.97	5 018.953	7 684.878
0.55	1 115.808	2 615.957	4 173.68	5 735.946	8 782.717
0.6	1 255.284	2 942.952	4 695.39	6 452.939	9 880.557
0.8	1 394.76	3 269.947	5 217.1	7 169.933	10 978.4

由于设计时为实现空天高速飞行器飞推一体化，推进系统对气动参数变化存在极高的敏感度，飞行器飞行状态与其发动机的工作状态存在强耦合关系。

受高超声速气流的影响，空天高速飞行器表面热流率和压力会因为局部流场中激波和边界层的相互干扰而变化，飞行器的气动特性将会受这些变化的影响[18]。同时在高超声速飞行时，飞行器将长时间处在高动压条件中，黏性阻滞和激波压缩将导致高超声速气流减速。在此过程中造成飞行器表面温度升高，当超过临界温度时使周围气体呈现出非完全气体模式，飞行器表面将因为这种非完全气体造成烧蚀，飞行器会因此产生气动弹性。控制系统也会由于上述因素出现基础结构失真[3]，且无法生成确定的模型和参数。

3.3.3 俯冲模态下所受约束

当飞行器处于俯冲飞行模态时，其飞行任务是借助飞行器飞行中产生的气动阻力进行减速，且在满足各种约束条件的前提下，引导飞行器安全降落。在该模态中的飞行器，速度和高度减小速率很快，而且需要承受由高超声速气流带来的气动加热，因此这是一个极其复杂、恶劣的阶段。空天高速飞行器在俯冲过程中主要呈现出以下特点：

（1）飞行包线大

处在俯冲飞行模态下的飞行器速度和高度变化剧烈。这将使飞行器的动压状态产生变化，而速度会跨过高超声速、超声速以及亚声速，这一模态下飞行器的巨大动能和势能将会转化成热能，因此飞行器将会受到剧烈的气动加热。

（2）飞行状态约束

俯冲过程中，存在来自飞行器物理结构和材料方面的制约，通常要考虑过载、热流以及温度的约束[19]。飞行过程中需要解决气动加热问题，可以通过限制飞行器的下沉率完成，并进行左右滚转的机动动作，用以避免飞行器表面出现局部过热。由于俯冲过程中空天变体飞行器受外界因素干扰较为严重，为了确保俯冲飞行的安全，考虑约束条件是必需的。

（3）动力学特性差异显著

俯冲模态下，飞行器处于无动力飞行状态，这一阶段主要通过调整姿态对飞行器进行控制，而攻角的剧烈变化会极大地影响飞行控制系统的稳定性，因此设计飞行控制系统时需要考虑在不同稳定性下飞行器的控制问题。

（4）飞行控制要求高

由于俯冲过程中存在上述一系列特点，导致俯冲飞行控制的要求较高。俯冲阶段姿态控制器的设计是俯冲模态控制的首要任务，应使得飞行器在完成跟踪制导指令的基础上，实现安全飞行至指定区域。

3.4 空天变体飞行器增益协调鲁棒控制系统设计

3.4.1 增益协调鲁棒参数化控制方法

增益协调鲁棒参数化控制设计分两步完成：首先基于鲁棒参数化控制设计的思路设计局部控制器，然后基于增益协调策略进行全局控制器设计[20]。

3.4.1.1　局部控制器的参数化

对于局部控制器设计，采用定常线性控制系统设计的鲁棒参数化方法。假设沿飞行弹道共有 r_0 个特征点。在特征点 i［对应时刻位于区间 $(t_{i-1},\ t_i)$］上对飞行器姿态系统进行线性化处理得到如下子系统

$$\begin{cases}\dot{\boldsymbol{x}}=\boldsymbol{A}_i\boldsymbol{x}+\boldsymbol{B}_i\boldsymbol{u}\\ \boldsymbol{y}=\boldsymbol{C}_i\boldsymbol{x}+\boldsymbol{D}_i\boldsymbol{u}\end{cases} \tag{3-77}$$

飞行器姿态控制系统设计的基本目标是让闭环系统稳定并跟踪给定指令信号。控制设计方法采用“反馈＋前馈”的控制结构，也就是使用鲁棒参数化方法设计状态反馈控制器实现系统稳定；基于模型参考输出跟踪控制理论设计前馈跟踪控制器，实现系统对于给定指令信号的跟踪[21]。局部控制律的基本形式如下

$$\boldsymbol{u}=\boldsymbol{K}_i\boldsymbol{x}+\boldsymbol{G}_i\boldsymbol{y}_r \tag{3-78}$$

其中，局部控制器 $\boldsymbol{K}_i$ 和 $\boldsymbol{G}_i$ 有如下参数化表达式

$$\boldsymbol{K}_i=\boldsymbol{K}_i(\boldsymbol{s}_j^i,\boldsymbol{f}_j^i)=\boldsymbol{W}_i\boldsymbol{V}_i^{-1},\ j=1,2,\cdots,n \tag{3-79}$$

$$\boldsymbol{V}_i=[v_1^i\quad v_2^i\quad\cdots\quad v_n^i],\ \boldsymbol{v}_j^i=\boldsymbol{N}^i(\boldsymbol{s}_j^i)\boldsymbol{f}_j^i,\ j=1,2,\cdots,n \tag{3-80}$$

$$\boldsymbol{W}_i=[\boldsymbol{w}_1^i\quad \boldsymbol{w}_2^i\quad\cdots\quad \boldsymbol{w}_n^i],\ \boldsymbol{w}_j^i=\boldsymbol{D}^i(\boldsymbol{s}_j^i)\boldsymbol{f}_j^i,\ j=1,2,\cdots,n \tag{3-81}$$

$$\boldsymbol{G}_i=\boldsymbol{U}_i-\boldsymbol{K}_i\boldsymbol{Z}_i \tag{3-82}$$

$$\begin{bmatrix}\boldsymbol{Z}_i\\ \boldsymbol{U}_i\end{bmatrix}=\begin{bmatrix}\boldsymbol{A}_i & \boldsymbol{B}_i\\ \boldsymbol{C}_i & \boldsymbol{D}_i\end{bmatrix}^{-1}\begin{bmatrix}\boldsymbol{0}\\ \boldsymbol{I}\end{bmatrix} \tag{3-83}$$

其中，$\boldsymbol{f}_j^i\in\mathbf{C}^r$，$j=1,\ 2,\ \cdots,\ n$ 为任何满足下述约束的参数向量：

约束 C_{i1}，当 $\boldsymbol{s}_k^i=\bar{\boldsymbol{s}}_j^i$，$\mathrm{Im}\boldsymbol{s}_k^i\neq 0$ 时，$\boldsymbol{f}_k^i=\bar{\boldsymbol{f}}_j^i$；约束 C_{i2}，$\det(\boldsymbol{V}_i)\neq 0$。

可以看出，局部反馈控制器 $\boldsymbol{K}_i$ 完全由闭环子系统的特征值 $\boldsymbol{s}_j^i\ (j=1,\ 2,\ \cdots,\ n)$ 和自由参量 $\boldsymbol{f}_j^i\ (j=1,\ 2,\ \cdots,\ n)$ 决定，为了使闭环系统能够达到理想的性能指标，需要对以上参数进行优化选取。根据局部反馈控制器 $\boldsymbol{K}_i$ 和系数矩阵 $\boldsymbol{A}_i$，$\boldsymbol{B}_i$，$\boldsymbol{C}_i$，$\boldsymbol{D}_i$，便可以进一步根据式（3－82）和式（3－83）得到局部反馈控制器 $\boldsymbol{G}_i$。

3.4.1.2　全局控制器设计

得到特征点上的局部反馈控制器以后，将它们按一定的方式串联就可以获得飞行全程的全局反馈控制器[22]，即有

$$\boldsymbol{K}(t)=\boldsymbol{K}(t,\boldsymbol{K}_i) \tag{3-84}$$

全局反馈控制器 $\boldsymbol{K}(t)$ 的构成方法决定了所得闭环系统的稳定性和其他性能，因而是控制系统设计的重点和难点所在。下面将给出不同的方案，对这一问题进行详细的论述。需要注意的是，本节重点讨论反馈控制器的求取。根据全局反馈控制器和系统矩阵，类似于式（3－82）或者按照别的方式来求取得到全局前馈控制器 $\boldsymbol{G}(t)$。

（1）全局鲁棒控制器设计

全局鲁棒控制设计的基本思想是采用一个定常的控制器实现全局的鲁棒控制。该定常控制器即针对某个特征点（称为待设计特征点）上子系统设计得到的局部控制器[23]。由

于全局鲁棒控制器的设计即针对待设计特征点上子系统的局部控制器设计，因此可直接采用定常线性系统的鲁棒参数化控制设计方法，下面进行简要总结。当完成待设计特征点（设对应于第 i 个特征点）上子系统的局部控制器的参数化以后，选择如下的综合性能指标

$$J_i(\boldsymbol{s}_j^i,\boldsymbol{f}_j^i)=w_{ie}J_{ie}(\boldsymbol{s}_j^i,\boldsymbol{f}_j^i)+w_{iE}J_{iE}(\boldsymbol{s}_j^i,\boldsymbol{f}_j^i)+w_{ir}J_{ir}(\boldsymbol{s}_j^i,\boldsymbol{f}_j^i),i\in\{1,2,\cdots,r_0\} \tag{3-85}$$

其中，J_{ie}，J_{iE} 和 J_{ir} 分别表示跟踪性能指标、控制能量性能指标和鲁棒性指标，表达式如下

$$J_{ie}(\boldsymbol{s}_j^i,\boldsymbol{f}_j^i)=\|(\boldsymbol{y}-\boldsymbol{y}_{\mathrm{r}})_T\|_{L2} \tag{3-86}$$

$$J_{iE}(\boldsymbol{s}_j^i,\boldsymbol{f}_j^i)=\|\boldsymbol{K}_i\|_2 \tag{3-87}$$

$$J_{ir}(\boldsymbol{s}_j^i,\boldsymbol{f}_j^i)=\|\boldsymbol{P}_i\|_2 \tag{3-88}$$

其中

$$\boldsymbol{P}_i=2\boldsymbol{V}_i^{-\mathrm{T}}\boldsymbol{Q}_i\boldsymbol{V}_i^{-1} \tag{3-89}$$

$$\boldsymbol{Q}_i=\left[-\frac{(\boldsymbol{v}_j^i)^{\mathrm{T}}\boldsymbol{v}_k^i}{\boldsymbol{s}_j^i+\boldsymbol{s}_k^i}\right]_{n\times n} \tag{3-90}$$

w_{ie}，w_{iE} 和 w_{ir} 分别表示各项指标在综合性能指标中所占的权重。然后求解如下参数优化问题

$$\begin{aligned}&\min J_i(\boldsymbol{s}_j^i,\boldsymbol{f}_j^i),j=1,2,\cdots,n\\&\text{s. t.}\begin{cases}\boldsymbol{a}_j^i\leqslant \mathrm{Re}(\boldsymbol{s}_j^i)\leqslant \boldsymbol{b}_j^i<0,j=1,2,\cdots,n\\\boldsymbol{c}_j^i\leqslant \mathrm{Im}(\boldsymbol{s}_j^i)\leqslant \boldsymbol{d}_j^i,j=1,2,\cdots,n\\\text{约束 }C_{i1},\text{约束 }C_{i2},i=1,2,\cdots,r_0\end{cases}\end{aligned} \tag{3-91}$$

其中，$\boldsymbol{a}_j^i$，$\boldsymbol{b}_j^i$，$\boldsymbol{c}_j^i$，$\boldsymbol{d}_j^i$ 限定了系统闭环极点的区域，它们的取值由系统性能指标确定，如调节时间、超调量等。为了简化设计过程提高优化速度，可以事先指定闭环极点 $\boldsymbol{s}_j^i(j=1,2,\cdots,n)$。求解上述非线性优化问题，得到系统闭环极点 $\boldsymbol{s}_j^i(j=1,2,\cdots,n)$ 和自由参量 $\boldsymbol{f}_j^i(j=1,2,\cdots,n)$ 的值，从而得到希望的反馈控制器 $\boldsymbol{K}_i$。该反馈控制器即作为全局反馈控制器 $\boldsymbol{K}$。对应的局部前馈控制器 $\boldsymbol{G}_i$ 即作为全局前馈控制器 $\boldsymbol{G}$。当然，为了实现原始非线性系统对于参考信号的良好跟踪，也可以对非线性系统进行实时在线近似线性化，得到实时的线性系统矩阵，然后结合该系统矩阵和全局反馈控制器 $\boldsymbol{K}$ 实时求取全局前馈控制器 $\boldsymbol{G}(t)$。但是，这种方法计算量非常大，因而实际中较少使用。

从理论上讲，还需要验证所求得的反馈控制器 $\boldsymbol{K}$ 和前馈控制器 $\boldsymbol{G}$ 是否能够实现系统的全局镇定和跟踪。这涉及时变线性系统的稳定性，因而是一个比较难的问题。基于凸多面体系统族的观点在一定程度上分析了闭环系统的稳定性[24]。为了解决空天高速飞行器在全空域变参数下控制系统的稳定问题，我们可以选取典型状态下的特征点。这些点组成了凸多面体且包含了所有需要讨论的系统族（即覆盖了所有飞行空域），这样就把控制系统的稳定问题转化为凸多面体系统族的鲁棒稳定性问题。

定理 1[25] 对于系统 $\dot{x}=\boldsymbol{A}[\boldsymbol{\delta}(t)]x$，当其具有 $\boldsymbol{A}[\boldsymbol{\delta}(t)]=\boldsymbol{A}_0+\delta_1(t)\boldsymbol{A}_1+\cdots+\delta_k(t)\boldsymbol{A}_k$ 的系统矩阵时，它是二次稳定的。当且仅当存在对称正定矩阵 $\boldsymbol{P}$，对于所有的 $\boldsymbol{\delta}\in\Delta_{\mathrm{E}}$，有以下不等式成立

$$\boldsymbol{A}^{\mathrm{T}}(\boldsymbol{\delta})\boldsymbol{P}+\boldsymbol{P}\boldsymbol{A}(\boldsymbol{\delta})<0 \tag{3-92}$$

其中，$\boldsymbol{A}[\boldsymbol{\delta}(t)]$ 是 $\boldsymbol{\delta}(t)$ 的矩阵函数，$\boldsymbol{A}_i\in\mathbf{R}^{n\times n}(i=1,2,\cdots,k)$ 是已知矩阵，$\boldsymbol{\delta}(t)=[\delta_1(t)\quad\cdots\quad\delta_k(t)]^{\mathrm{T}}\in\Delta\subset\mathbf{R}^k$ 为时变不确定参数，Δ 为凸紧集；$\delta_i(t)$ 为任意的有界时变函数，满足 $\delta_i(t)\in[\delta_i^-,\delta_i^+](i=1,2,\cdots,k)$。因此，凸紧集定义为

$$\Delta=\{[\delta_1(t)\quad\cdots\quad\delta_k(t)]^{\mathrm{T}}:\delta_i(t)\in[\delta_i^-,\delta_i^+],i=1,2,\cdots,k\} \tag{3-93}$$

而 Δ 的顶点集定义为

$$\Delta_{\mathrm{E}}=\{\boldsymbol{\delta}=[\delta_1\quad\cdots\quad\delta_k]^{\mathrm{T}}:\delta_i=\delta_i^- \text{或} \delta_i=\delta_i^+,i=1,2,\cdots,k\} \tag{3-94}$$

根据上述定理，所求状态反馈控制器 $\boldsymbol{K}$ 能否作为全局鲁棒反馈控制器可以用如下准则判定。

准则 1[26] 状态反馈控制器 $\boldsymbol{K}$ 为全局鲁棒镇定控制器的条件是：存在一个公共的对称正定矩阵 $\boldsymbol{P}$，使得下式成立

$$\boldsymbol{A}_{ic}^{\mathrm{T}}\boldsymbol{P}+\boldsymbol{P}\boldsymbol{A}_{ic}<0,i=1,2,\cdots,r_0 \tag{3-95}$$

其中

$$\boldsymbol{A}_{ic}=\boldsymbol{A}_i+\boldsymbol{B}_i\boldsymbol{K} \tag{3-96}$$

(2) 抖动抑制硬切换控制器设计

这里给出一种构造全局控制器的增益协调策略，假定对象系数矩阵在特征点周围恒定，但在特征点之间某位置产生突变，所设计的控制器亦随之突变，即在局部控制器之间进行硬切换[27]。设有 r_0 个子系统随时间切换，即

$$\begin{cases}\dot{\boldsymbol{x}}=\boldsymbol{A}_i\boldsymbol{x}+\boldsymbol{B}_i\boldsymbol{u}\\ \boldsymbol{y}=\boldsymbol{C}_i\boldsymbol{x}+\boldsymbol{D}_i\boldsymbol{u}\end{cases},t\in[t_{i-1},t_i),\ i=1,2,\cdots,r_0 \tag{3-97}$$

其中，t 为切换时间点，则系统的全局硬切换控制律如下

$$\boldsymbol{u}=\boldsymbol{K}_i\boldsymbol{x}+\boldsymbol{G}_i\boldsymbol{y}_r,t\in[t_{i-1},t_i),i=1,2,\cdots,r_0 \tag{3-98}$$

其中，$\boldsymbol{K}_i$ 由特征点上的闭环特征值 $\boldsymbol{s}_j^i$ 和自由参向量 $\boldsymbol{f}_j^i(j=1,2,\cdots,n)$ 决定，从而 $\boldsymbol{s}_j^i$，$\boldsymbol{f}_j^i(j=1,2,\cdots,n,\ i=1,2,\cdots,r_0)$ 提供了设计的全部自由度，可以通过在一定范围内优化其取值，使得闭环切换系统具有期望的性能。

引理 1[28] 式 (3-97) 所示的线性切换系统和式 (3-98) 所示的控制器构成的闭环系统是渐近稳定的 $(r_0\to\infty)$，若矩阵 $\boldsymbol{A}_{ic}=\boldsymbol{A}_i+\boldsymbol{B}_i\boldsymbol{K}_i(i=1,2,\cdots,r_0)$ 是 Hurwitz 的，且切换点间的时间间隔 $\delta_i=t_i-t_{i-1}(i=1,2,\cdots,r_0-1)$ 满足

$$\delta_i>\lambda_{\max}(\boldsymbol{P}_i)\ln\lambda_{\max}(\boldsymbol{P}_{i+1}\boldsymbol{P}_i^{-1}) \tag{3-99}$$

其中

$$\boldsymbol{A}_{ic}^{\mathrm{T}}\boldsymbol{P}_i+\boldsymbol{P}_i\boldsymbol{A}_{ic}=-2\boldsymbol{I} \tag{3-100}$$

当切换时间点选定后，稳定性条件式 (3-99) 转化为对于相邻两个特征点上的闭环特征值和自由参向量的约束。另外系统的其他性能亦可以通过适当选取设计参数 $\boldsymbol{s}_j^i$ 和

$\boldsymbol{f}_j^i (j=1, 2, \cdots, n)$ 实现。由于切换点处系统的控制器发生突变，因而控制信号不连续可能导致系统产生抖振，从而降低系统的性能，甚至破坏系统的稳定性。为了防止这一现象发生，可以考虑下述的抖动抑制指标

$$J_{\mathrm{d}} = \sum_{i=1}^{r_0-1} w_{\mathrm{d}i} \| \boldsymbol{y}_{i+1}(t_i) - \boldsymbol{y}_i(t_i) \| \tag{3-101}$$

其中，$\boldsymbol{y}_i(t_i)$ ，$\boldsymbol{y}_{i+1}(t_i)$ 分别为 t_i 时刻切换前后受控子系统的输出；$w_{\mathrm{d}i}$ 为加权系数，可以根据实际情况选取。从而切换系统镇定转化为求解下述非线性优化问题

$$\min J(\boldsymbol{s}_j^i, \boldsymbol{f}_j^i), j=1,2,\cdots,n, \ i=1,2,\cdots,r_0$$
$$\text{s.t.} \begin{cases} \delta_i > \lambda_{\max}(\boldsymbol{P}_i) \ln\lambda_{\max}(\boldsymbol{P}_{i+1}\boldsymbol{P}_i^{-1}), i=1,\cdots,r_0-1 \\ \boldsymbol{a}_j^i \leqslant \mathrm{Re}(\boldsymbol{s}_j^i) \leqslant \boldsymbol{b}_j^i < 0, j=1,2,\cdots,n, i=1,2,\cdots,r_0 \\ \boldsymbol{c}_j^i \leqslant \mathrm{Im}(\boldsymbol{s}_j^i) \leqslant \boldsymbol{d}_j^i, j=1,2,\cdots,n, i=1,2,\cdots,r_0 \\ \text{约束 } C_{i1}\text{，约束 } C_{i2}, i=1,2,\cdots,r_0 \end{cases} \tag{3-102}$$

其中，$J = \sum_{i=1}^{r_0} J_i(\boldsymbol{s}_j^i, \boldsymbol{f}_j^i) + \sum_{i=1}^{r_0-1} w_{\mathrm{d}i} \| \boldsymbol{y}_{i+1}(t_i) - \boldsymbol{y}_i(t_i) \|$ 。

这里将全部设计自由度进行综合优化，这样做的优点是系统的整体性能得到最大程度的提高；缺点是参与优化的变量较多，不利于求解。为克服这个问题，可以选用顺序设计的方法逐个优化，在 $\boldsymbol{K}_i$ 确定的情况下求取控制器 $\boldsymbol{K}_{i+1}$ 。即先令 $i=1$，求解如下非线性优化问题

$$\min J_i(\boldsymbol{s}_j^i, \boldsymbol{f}_j^i), j=1,2,\cdots,n$$
$$\text{s.t.} \begin{cases} \boldsymbol{a}_j^i \leqslant \mathrm{Re}(\boldsymbol{s}_j^i) \leqslant \boldsymbol{b}_j^i < 0, j=1,2,\cdots,n \\ \boldsymbol{c}_j^i \leqslant \mathrm{Im}(\boldsymbol{s}_j^i) \leqslant \boldsymbol{d}_j^i, j=1,2,\cdots,n \\ \text{约束 } C_{i1}\text{，约束 } C_{i2}, i=1,2,\cdots,r_0 \end{cases} \tag{3-103}$$

从而得到第 1 个控制器 K_1；然后，依次令 $i=2, 3, \cdots, r_0$，求解如下非线性优化问题

$$\min J(\boldsymbol{s}_j^i, \boldsymbol{f}_j^i), j=1,2,\cdots,n$$
$$\text{s.t.} \begin{cases} \delta_{i-1} > \lambda_{\max}(\boldsymbol{P}_{i-1}) \ln\lambda_{\max}(\boldsymbol{P}_i\boldsymbol{P}_{i-1}^{-1}) \\ \boldsymbol{a}_j^i \leqslant \mathrm{Re}(\boldsymbol{s}_j^i) \leqslant \boldsymbol{b}_j^i < 0, j=1,2,\cdots,n \\ \boldsymbol{c}_j^i \leqslant \mathrm{Im}(\boldsymbol{s}_j^i) \leqslant \boldsymbol{d}_j^i, j=1,2,\cdots,n \\ \text{约束 } C_{i1}\text{，约束 } C_{i2}, i=1,2,\cdots,r_0 \end{cases} \tag{3-104}$$

其中，$J = J_i(\boldsymbol{s}_j^i, \boldsymbol{f}_j^i) + w_{\mathrm{d}(i-1)} \| \boldsymbol{y}_i(t_{i-1}) - \boldsymbol{y}_{i-1}(t_{i-1}) \|$ 。如此，依次得到控制器 $\boldsymbol{K}_i (i=2, 3, \cdots, r_0)$ 。

这里给出的抖动抑制切换律是假定对象系数矩阵在特征点周围恒定，但在特征点之间某位置产生突变，所设计的控制器亦随之突变，在局部控制器之间进行硬切换。上述内容是基于原系统的近似模型式（3-97）进行设计。对于模型参数变化程度较小的情况这种近似是可行的。

(3) 增益平滑切换控制器设计

在实际中对象系统一般不是在特征点子系统之间进行硬切换，而是一个渐变的过程，因而采用硬切换控制器可能会对系统造成不利影响。对于这一问题，可以根据多模型增益协调理论，设计合适的增益协调方法，使得控制器在各特征点间平滑变化，以保证所设计控制系统的性能[29]。

①增益矩阵插值法

最简单的方法是根据特征点上的局部控制增益矩阵进行插值计算，从而得到全局状态反馈控制器。具体来说，就是针对每一个特征点子系统，采用鲁棒参数化方法得到希望的局部反馈控制器 $\boldsymbol{K}_i$ 和前馈控制器 $\boldsymbol{G}_i$ ，然后通过下述线性插值方法计算得到全局反馈控制器和前馈控制器

$$\boldsymbol{K}(t)=\begin{cases}\boldsymbol{K}_i & t_{i-1}\leqslant t<t_i-\Delta_i\\ \dfrac{t_i-t}{\Delta_i}\boldsymbol{K}_i+\dfrac{t-t_i+\Delta_i}{\Delta_i}\boldsymbol{K}_{i+1}, & t_i-\Delta_i\leqslant t<t_i, i=1,2,\cdots,r_0-1\\ \boldsymbol{K}_{r0}, & t\geqslant t_{r0-1}\end{cases}$$

(3-105)

$$\boldsymbol{G}(t)=\begin{cases}\boldsymbol{G}_i, & t_{i-1}\leqslant t<t_i-\Delta_i\\ \dfrac{t_i-t}{\Delta_i}\boldsymbol{G}_i+\dfrac{t-t_i+\Delta_i}{\Delta_i}\boldsymbol{G}_{i+1}, & t_i-\Delta_i\leqslant t<t_i, i=1,2,\cdots,r_0-1\\ \boldsymbol{G}_{r0}, & t\geqslant t_{r0-1}\end{cases}$$

(3-106)

其中，$0<\Delta_i<t_i-t_{i-1}$ $(i=1,\ 2,\ \cdots,\ r_0-1)$ 为设计参数。

②特征结构插值法

由线性系统理论可知，如果可以限定闭环系统的特征结构在特征点之间的变化规律，则系统在特征点之间的性能亦可以得到保证。基于这一思想，可以给出一种基于特征结构插值的增益协调方法。首先将对象模型整理为多模型增益协调系统的一般模式，即有

$$\dot{\boldsymbol{x}}(t)=\boldsymbol{A}\left[\theta(t)\right]\boldsymbol{x}(t)+\boldsymbol{B}\left[\theta(t)\right]\boldsymbol{u}(t) \tag{3-107}$$

其中，$\theta(t)$ 为调度变量，它的取值是实时可测的。从而增益协调控制器可以依据调度变量 $\theta(t)$ 的实时值在各局部控制器之间插值得到。在调度变量 $\theta(t)$ 的工作区间上选取特征点，记为 θ_1，θ_2，…，θ_{r0} 。设在两个相邻的特征点 θ_i 和 θ_{i+1} 上闭环子系统的特征值和特征向量分别为 $\boldsymbol{s}_j^i$，$\boldsymbol{s}_j^{i+1}$ 和 $\boldsymbol{v}_j^i$，$\boldsymbol{v}_j^{i+1}$ $(j=1,\ 2,\ \cdots,\ n)$ ，则在特征点之间，时变系统的逐点的期望特征值 $\boldsymbol{s}_{\mathrm{d}j}(\theta)$ 和特征向量 $\boldsymbol{v}_{\mathrm{d}j}(\theta)$ $(j=1,\ 2,\ \cdots,\ n)$ 为

$$\boldsymbol{s}_{\mathrm{d}j}(\theta)=\frac{\theta_{i+1}-\theta}{\theta_{i+1}-\theta_i}s_j^i+\frac{\theta-\theta_i}{\theta_{i+1}-\theta_i}s_j^{i+1} \tag{3-108}$$

$$\boldsymbol{v}_{\mathrm{d}j}(\theta)=\frac{\theta_{i+1}-\theta}{\theta_{i+1}-\theta_i}v_j^i+\frac{\theta-\theta_i}{\theta_{i+1}-\theta_i}v_j^{i+1} \tag{3-109}$$

对时变系统 (3-107) 来说，若对应工作区间内 θ 的每个取值，系统皆为可控的，则可以通过状态反馈令闭环系统的特征值平滑变化，如式 (3-108) 所示。然而已有结论表

明，仅当期望特征值 $\boldsymbol{v}_{\mathrm{d}j}(\theta)$ 位于 $[s_{\mathrm{d}j}(\theta)I-A(\theta)]B(\theta)$ 的列向量张成的子空间内时，系统的特征向量才是可以精确配置的。大多数情况下实际闭环系统的特征向量 $\boldsymbol{v}_j(\theta)\neq\boldsymbol{v}_{\mathrm{d}j}(\theta)$，$\theta\in(\theta_i,\theta_{i+1})$。根据控制系统设计的参数化方法理论可知，系统的特征向量 $\boldsymbol{v}_j$ 可以用闭环特征值和参数向量表示，即

$$\boldsymbol{v}_j=\boldsymbol{D}(\boldsymbol{s}_j)\boldsymbol{f}_j,j=1,2,\cdots,n \tag{3-110}$$

当闭环特征值 $\boldsymbol{s}_j$ 取定，可以通过调度参数向量 $\boldsymbol{f}_j$ 控制特征向量的变化。设对于两个相邻的特征点 θ_i 和 θ_{i+1}，设计的局部控制器分别为 $\boldsymbol{K}_i(\boldsymbol{s}_j^i,\boldsymbol{f}_j^i,j=1,2,\cdots,n)$、$\boldsymbol{K}_{i+1}(\boldsymbol{s}_j^{i+1},\boldsymbol{f}_j^{i+1},j=1,2,\cdots,n)$。记 $\boldsymbol{s}_j(\theta)(j=1,2,\cdots,n)$ 为对应每一特定的 $\theta(t)$ 的冻结系统的特征值，$\boldsymbol{f}_j(\theta)$ 为相应的自由参数向量。特征点间系统极点的选取如式（3-108）所示，即有 $\boldsymbol{s}_j(\theta)=\boldsymbol{s}_{\mathrm{d}j}(\theta)$。参数向量 $\boldsymbol{f}_j(\theta)$ 的选取可以采取下面两种方案。

方案 1

$$\boldsymbol{f}_j(\theta)=\frac{\theta_{i+1}-\theta}{\theta_{i+1}-\theta_i}\boldsymbol{f}_j^i+\frac{\theta-\theta_i}{\theta_{i+1}-\theta_i}\boldsymbol{f}_j^{i+1} \tag{3-111}$$

方案 2

$$\boldsymbol{f}_j(\theta)=[\boldsymbol{N}^{\mathrm{T}}(\boldsymbol{s}_j(\theta))\boldsymbol{N}(\boldsymbol{s}_j(\theta))]^{-1}\boldsymbol{N}^{\mathrm{T}}(\boldsymbol{s}_j(\theta))\boldsymbol{v}_{\mathrm{d}j}(\theta) \tag{3-112}$$

其中 $\boldsymbol{N}(s)$ 满足

$$(\boldsymbol{sI}-\boldsymbol{A}(\theta))^{-1}\boldsymbol{B}(\theta)=\boldsymbol{N}(s)\boldsymbol{D}^{-1}(\boldsymbol{s}) \tag{3-113}$$

方案 1 是一种较为简单直观的方法，虽然不能严格令闭环系统的特征向量按照指定的轨迹变化，却从一定程度上实现了系统特征结构的渐变，从而保证系统在特征点之间的动态性能。

方案 2 给出的 $\boldsymbol{f}_j(\theta)$ 是下述问题的解

$$\|\boldsymbol{v}_j(\theta)-\boldsymbol{v}_{\mathrm{d}j}(\theta)\|^2=\|\boldsymbol{N}(\boldsymbol{s}_j(\theta))\boldsymbol{f}_j(\theta)-\boldsymbol{v}_{\mathrm{d}j}(\theta)\|^2=\min \tag{3-114}$$

这样，在调度变量 θ 的每一个取值上，闭环系统的特征向量 $\boldsymbol{v}_j(\theta)$ 皆在最小二乘意义上逼近于其期望值 $\boldsymbol{v}_{\mathrm{d}j}(\theta)$。当系统的特征值和自由参向量确定之后，基于线性系统的特征结构配置理论能算出时变控制器

$$\begin{aligned}&\boldsymbol{K}(\theta)=[\boldsymbol{D}(\boldsymbol{s}_1(\theta))\boldsymbol{f}_1(\theta)\quad\boldsymbol{D}(\boldsymbol{s}_2(\theta))\boldsymbol{f}_2(\theta)\quad\cdots\quad\boldsymbol{D}(\boldsymbol{s}_n(\theta))\boldsymbol{f}_n(\theta)]\boldsymbol{V}^{-1}(\theta)\\&\boldsymbol{V}(\theta)=[\boldsymbol{v}_1(\theta)\quad\boldsymbol{v}_2(\theta)\quad\cdots\quad\boldsymbol{v}_n(\theta)],\boldsymbol{v}_j=\boldsymbol{N}(\boldsymbol{s}_j(\theta))\boldsymbol{f}_j(\theta),j=1,2,\cdots,n\end{aligned} \tag{3-115}$$

综上所述，平滑切换增益协调控制器可以完全由调度变量和各个特征点上的闭环特征值 $\boldsymbol{s}_j^i$ 和自由参数向量 $\boldsymbol{f}_j^i$ 参数化表示，即有

$$\boldsymbol{K}(t)=\boldsymbol{K}(\theta,\boldsymbol{s}_j^i,\boldsymbol{f}_j^i,j=1,2,\cdots,n,i=1,2,\cdots,r_0) \tag{3-116}$$

对于系统的其他性能要求，亦可以转化为对于这些设计参数的要求，从而可以通过在一定范围内优化设计参数的选取来得到使闭环系统满足指定性能要求的控制器。特征结构插值方法一般比较复杂，有兴趣的读者可以参阅参考文献［1，30］。

3.4.2　增益协调鲁棒参数化控制系统设计步骤

3.4.2.1　全局鲁棒参数化控制的设计步骤

利用参数化方法设计全局鲁棒控制器，首先需要选定特征点。在选定特征点上，控制器的设计可采用模型参考输出跟踪控制的参数化设计流程，如图 3－6 所示。全局鲁棒控制器设计流程如图 3－7 所示，详细步骤如下所述。

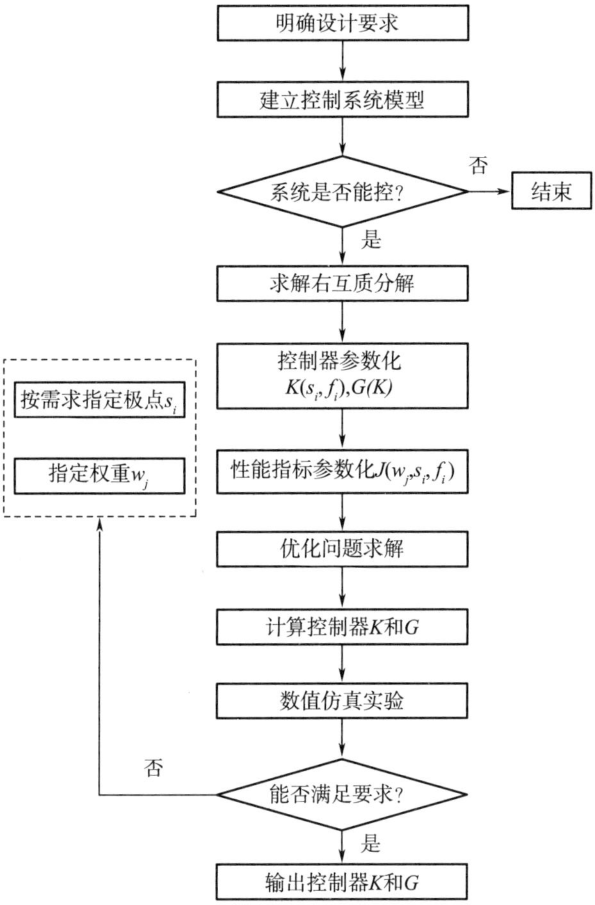

图 3－6　模型参考输出跟踪控制的参数化设计流程

第一步　确定特征点。根据设计任务和要求，在工作区域选定若干具有代表性的点作为特征点。一般设一共有 r_0 个特征点，对应的近似线性化模型分别为

$$\Sigma_i:\begin{cases}\dot{\boldsymbol{x}}=\boldsymbol{A}_i\boldsymbol{x}+\boldsymbol{B}_i\boldsymbol{u}\\ \boldsymbol{y}=\boldsymbol{C}_i\boldsymbol{x}+\boldsymbol{D}_i\boldsymbol{u}\end{cases},t\in[t_{i-1},t_i),\ i=1,2,\cdots,r_0 \tag{3-117}$$

第二步　选定待设计特征点。设待设计的特征点为点 $i\in\{1,2,\cdots,r_0\}$ 。

第三步　待设计特征点上的局部控制器设计。针对待设计特征点，采用模型参考输出跟踪控制的参数化设计流程设计状态反馈控制器 $\boldsymbol{K}_i$ 和前馈控制器 $\boldsymbol{G}_i$ 。

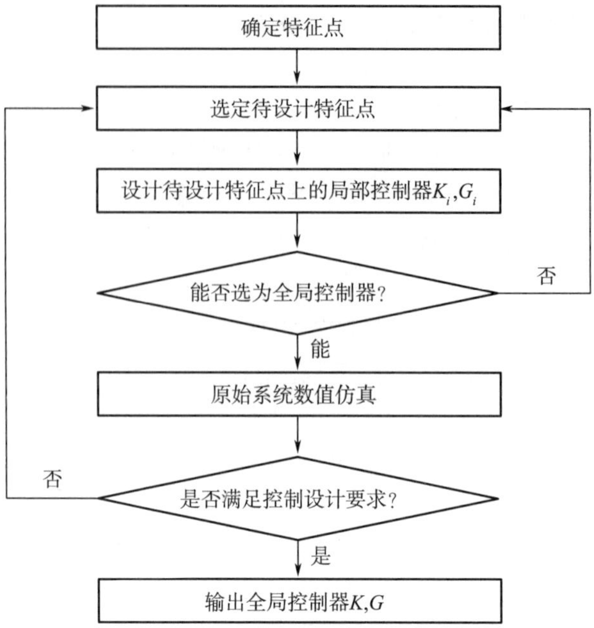

图 3-7　全局鲁棒控制器的设计流程

第四步　全局鲁棒控制器的判别。将得到的局部反馈控制器 $\boldsymbol{K}_i$ 和对应的局部前馈控制器 $\boldsymbol{G}_i$ 组合作为候选的全局反馈控制器 $\boldsymbol{K}$ 和全局前馈控制器 $\boldsymbol{G}$ 。利用准则 1 判断 $\boldsymbol{K}$ 能否作为全局鲁棒控制器，即判定是否存在一个公共矩阵 $\boldsymbol{P}$ ，使得式（3-118）成立，且 $\boldsymbol{P}$ 是对称正定的。

$$(\boldsymbol{A}_i+\boldsymbol{B}_i\boldsymbol{K})^{\mathrm{T}}\boldsymbol{P}+\boldsymbol{P}(\boldsymbol{A}_i+\boldsymbol{B}_i\boldsymbol{K})<0, i=1,2,\cdots,r_0 \tag{3-118}$$

若该条件满足，则认为该局部反馈控制器 $\boldsymbol{K}_i$ 和对应的局部前馈控制器 $\boldsymbol{G}_i$ 即为期望的全局反馈控制器 $\boldsymbol{K}$ 和全局前馈控制器 $\boldsymbol{G}$ 。否则需要重新选取待设计特征点，重新设计。为了使得原始非线性系统的输出能够良好地跟踪参考信号，也可以实时在线求得全局反馈控制器 $\boldsymbol{K}$ 和全局前馈控制器 $\boldsymbol{G}(t)$ 。

第五步　数值仿真。将得到的全局反馈控制器 $\boldsymbol{K}$ 和全局前馈控制器 $\boldsymbol{G}$ 放到原始控制系统中进行数值仿真。

第六步　根据仿真结果修正控制设计。分析仿真结果判断所设计控制器的性能，如果满足设计要求，则输出全局反馈控制器和前馈控制器，控制设计结束；否则需要重新选取待设计特征点，重新设计。

3.4.2.2　增益平滑切换鲁棒参数化控制设计步骤

利用参数化方法设计增益平滑切换鲁棒控制器，同样首先需要在整个工作区域选取若干特征点。在选定的每一个特征点上，局部控制器设计的流程采用模型参考输出跟踪控制的参数化设计流程。当每一个特征点上的局部控制器设计完成之后采用增益矩阵插值的方法得到全局平滑切换控制器。增益平滑切换鲁棒控制器设计流程如图 3-8 所示。

详细步骤如下：

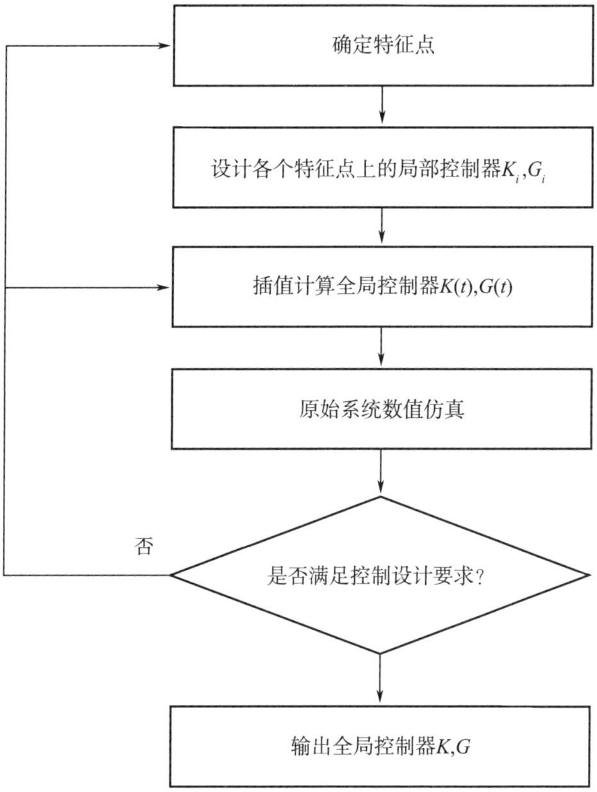

图 3-8　增益平滑切换鲁棒控制器的设计流程

第一步　确定特征点。根据设计任务和要求，在工作区域选定若干具有代表性的点作为特征点。设共有 r_0 个特征点。对应的近似线性化模型分别为

$$\Sigma_i:\begin{cases}\dot{\boldsymbol{x}}=\boldsymbol{A}_i\boldsymbol{x}+\boldsymbol{B}_i\boldsymbol{u}\\ \boldsymbol{y}=\boldsymbol{C}_i\boldsymbol{x}+\boldsymbol{D}_i\boldsymbol{u}\end{cases},\ t\in[t_{i-1},t_i),i=1,2,\cdots,r_0 \tag{3-119}$$

第二步　局部控制器设计。针对每一个特征点，采用模型参考输出跟踪控制的参数化设计流程设计得到局部状态反馈控制器 $\boldsymbol{K}_i$ 和局部前馈控制器 $\boldsymbol{G}_i$ 。控制器设计的具体流程详见图 3-6。

第三步　插值计算全局反馈控制器和前馈控制器。根据得到的局部反馈控制器 $\boldsymbol{K}_i$ 和局部前馈控制器 $\boldsymbol{G}_i$ ，通过下述插值方法计算得到全局反馈控制器和全局前馈控制器

$$\boldsymbol{K}(t)=\begin{cases}\boldsymbol{K}_i,\ t_{i-1}\leqslant t<t_i-\Delta_i\\ \dfrac{t_i-t}{\Delta_i}\boldsymbol{K}_i+\dfrac{t-t_i+\Delta_i}{\Delta_i}\boldsymbol{K}_{i+1},\ t_i-\Delta_i\leqslant t<t_i,i=1,2,\cdots,r_0-1\\ \boldsymbol{K}_{r_0},\ t\geqslant t_{r_0-1}\end{cases} \tag{3-120}$$

$$\boldsymbol{G}(t)=\begin{cases}\boldsymbol{G}_i,\ t_{i-1}\leqslant t<t_i-\Delta_i\\ \dfrac{t_i-t}{\Delta_i}\boldsymbol{G}_i+\dfrac{t-t_i+\Delta_i}{\Delta_i}\boldsymbol{G}_{i+1},\ t_i-\Delta_i\leqslant t<t_i,i=1,2,\cdots,r_0-1\\ \boldsymbol{G}_{r_0},\ t\geqslant t_{r_0-1}\end{cases}$$

(3-121)

第四步 数值仿真。将得到的全局控制器 $\boldsymbol{K}(t)$ 和 $\boldsymbol{G}(t)$ 放到原始控制系统中进行数值仿真。

第五步 根据仿真结果进行控制设计修正。根据仿真结果分析所设计控制器的控制效果，如果满足设计要求，则输出全局反馈控制器和前馈控制器；否则需要调整插值策略，也可能需要调整某些特征点，进行重新设计。

3.4.3 空天高速飞行器变形后的增益协调鲁棒参数化控制

变体空天高速飞行器经历爬升、巡航与俯冲飞行全程，其制导与控制系统设计的基本任务是：确保飞行器稳定飞行；沿着程序弹道爬升飞行；在达到巡航高度和速度时，进行等高等速巡航飞行，并进行等高变速、等速变高和侧向转弯三种机动飞行；在飞行器燃料耗尽后进行无动力俯冲减速飞行。

3.4.3.1 空天变体飞行器爬升与巡航段的制导与鲁棒控制

(1) 爬升段程序弹道

根据空天高速飞行器爬升段的约束条件，设计爬升段程序弹道。使其从 25 km 的高度爬升到 33 km，速度由马赫数 5 (2 387.1 m/s) 加速到马赫数 15 (4 570.0 m/s)，所设计的爬升段程序弹道如图 3-9～图 3-14 所示。

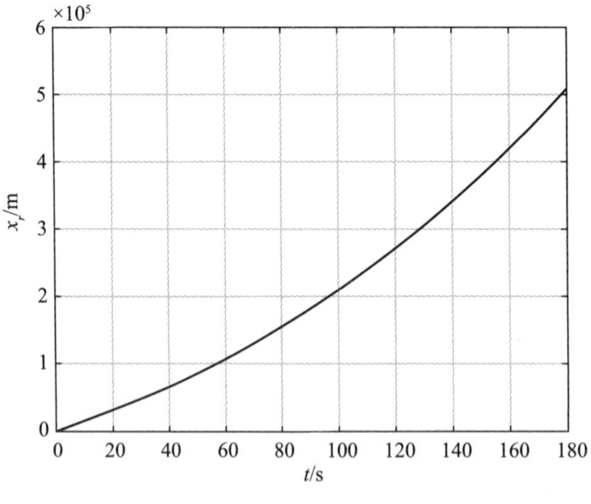

图 3-9 x_r 随时间的变化曲线

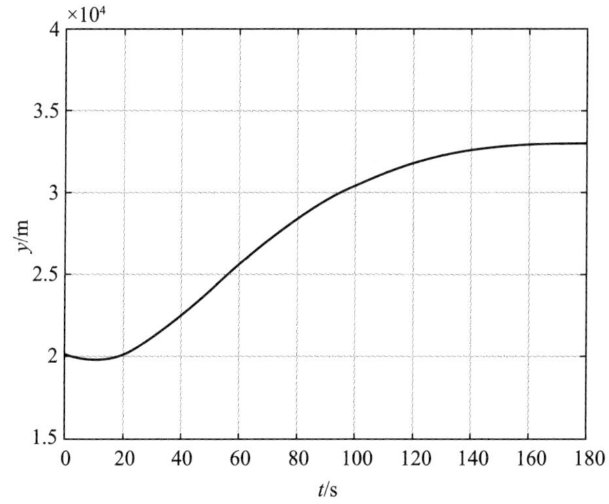

图 3－10　y 随时间的变化曲线

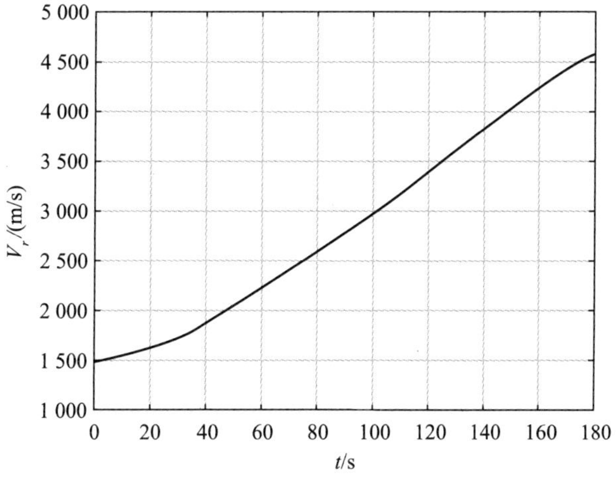

图 3－11　V_r 随时间的变化曲线

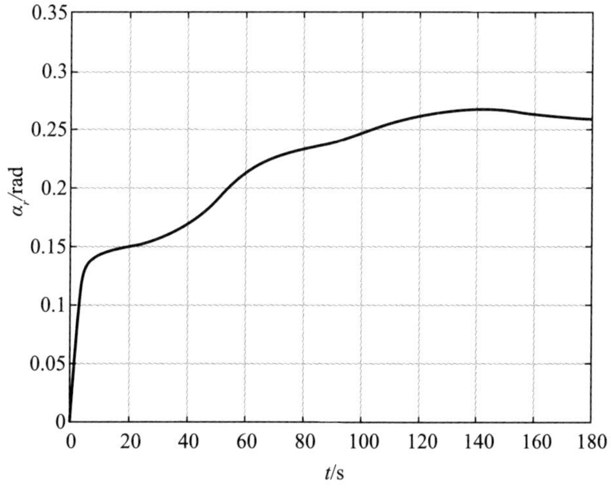

图 3－12　α_r 随时间的变化曲线

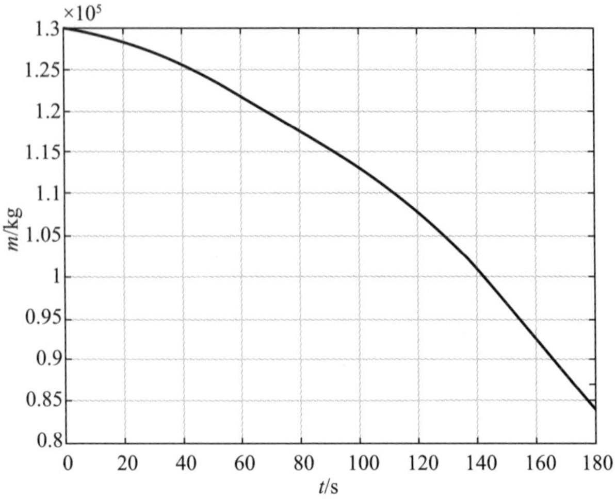

图 3-13　m 随时间的变化曲线

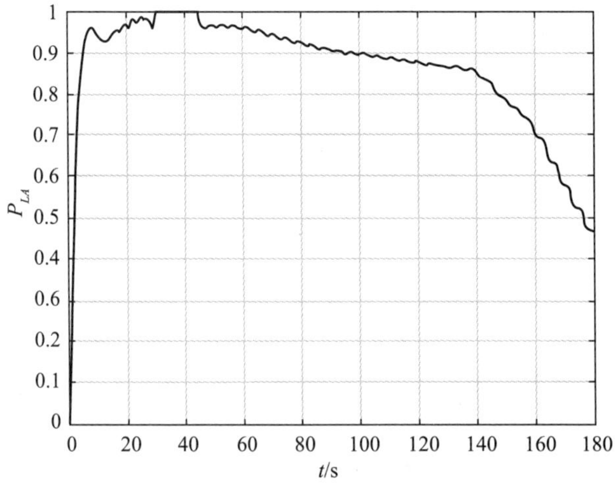

图 3-14　发动机燃油阀门开度 P_{LA} 随时间的变化曲线

(2) 爬升与巡航段的制导信号

为了实现对于标称弹道的跟踪，需要设计适当的攻角 α 、侧滑角 β 和滚转角 γ 指令信号[26]。由于飞行器采用 BTT 控制方式，所以侧滑角指令信号设为

$$\beta_{c=0} \tag{3-122}$$

为了求取攻角和滚转角指令信号，首先需要计算出需求的攻角和侧滑角

$$\alpha_d = \alpha_r + k_{yp}(y - y_r) + k_{yd}(\dot{y} - \dot{y}_r) \tag{3-123}$$

$$\beta_d = k_{zp}(z - z_r) \tag{3-124}$$

其中，α_r 为攻角程序信号；y_r 和 z_r 为高度和侧向位置的程序信号；k_{yp} ，k_{yd} 和 k_{zp} 为设计参数。进一步，就可以计算出期望的攻角指令和滚转角指令

$$\alpha_c = \sqrt{\alpha_d^2 + k_\alpha \beta_d^2} \tag{3-125}$$

$$\gamma_c = \arctan \frac{k_\beta \beta_d}{\alpha_d} \tag{3-126}$$

在后面的仿真中，选取 $k_{yp}=0.0005$，$k_{yd}=0.0015$，$k_{zp}=0.0005$，$k_\alpha=0.04$，$k_\beta=-0.2$。

（3）速度控制

对于空天变体飞行器的速度控制，主要通过控制发动机燃油阀门开度 P_{LA} 来实现。在程序控制燃油阀门开度 P_{LAr} 的基础上，根据实际速度 V 与期望速度 V_r 的误差进行比例反馈控制，实现速度的控制，即

$$P_{LAc} = P_{LAr} - k_{P_{LA}}(V - V_r) \tag{3-127}$$

其中，$k_{P_{LA}}$ 为整定的比例反馈控制增益。在后面的仿真中，取 $k_{P_{LA}}=0.05$。

3.4.3.2　空天高速飞行器俯冲段的制导与鲁棒控制

空天高速飞行器俯冲段制导与控制的目标是保证飞行器稳定飞行，并且实现精确打击[31]。

（1）俯冲段的制导

侧滑角指令信号为

$$\beta_c = 0 \tag{3-128}$$

由于飞行器攻角的允许范围是 $[-1^\circ, 10^\circ]$，因此在俯冲攻击段必须让飞行器翻转 180° 飞行。为此在俯冲段开始的一段时间 $0 \leqslant t \leqslant T_2$ 内设计攻角和滚转角指令如下

$$\alpha_e = \begin{cases} \alpha_0 + \dfrac{t}{T_1}(0.0175 - \alpha_0), & 0 \leqslant t \leqslant T_1 \\ 0.0175, & T_1 < t \leqslant T_2 \end{cases} \tag{3-129}$$

$$\gamma_e = \begin{cases} \gamma_0 + \dfrac{t}{T_1}(\pi - \gamma_0), & 0 \leqslant t \leqslant T_1 \\ \pi, & T_1 < t \leqslant T_2 \end{cases} \tag{3-130}$$

当 $t > T_2$ 时，计算出需求的攻角信号 α_d 和侧滑角信号 β_d

$$\alpha_d = \frac{k_\alpha m V \dot{\varepsilon}}{QSc_y^\alpha} \tag{3-131}$$

$$\beta_d = \frac{k_\beta m V \dot{\eta}}{QSc_z^\beta} \tag{3-132}$$

其中，k_α 和 k_β 为设计参数，$\dot{\varepsilon}$ 和 $\dot{\eta}$ 分别为视线倾角变化率和视线偏角变化率。进一步，就可以给出期望的攻角指令 α_c 和滚转角指令 γ_c

$$\alpha_c = \alpha_d \tag{3-133}$$

$$\gamma_c = \pi - k_\gamma \beta_d \tag{3-134}$$

其中，k_γ 为设计参数。在后面的仿真中，取 $T_1=20$ s，$T_2=25$ s，$k_\alpha=-1.5$，$k_\beta=2$，$k_\gamma=1.5$。

（2）俯冲段的鲁棒控制

空天高速飞行器的俯冲段为无动力飞行，因此不进行速度控制，发动机燃油阀门开度

指令设为零。下面设计俯冲段姿态系统的鲁棒控制器。首先选取特征点如表 3-5 所示，选取高度为 35 km，速度为 2 300 m/s 的点作为特征点。

表 3-5　俯冲段特征点信息

高度/km	速度/（m/s）	弹道倾角/rad	质量/kg	攻角/rad	俯仰舵偏角/rad	燃油阀门开度
35	2 300	0.000 0	64 000	0.087 3	0.139 6	0

3.5　空天高速飞行器控制系统的非线性数值仿真

3.5.1　爬升段仿真

对于爬升段的仿真测试，将使飞行器实现对于标称弹道的跟踪，主要是实现对于高度和速度参考信号的跟踪。仿真结果如图 3-15、图 3-16 所示。

（1）质心运动

空天高速飞行器在爬升段的质心运动状态变化如图 3-15 所示。

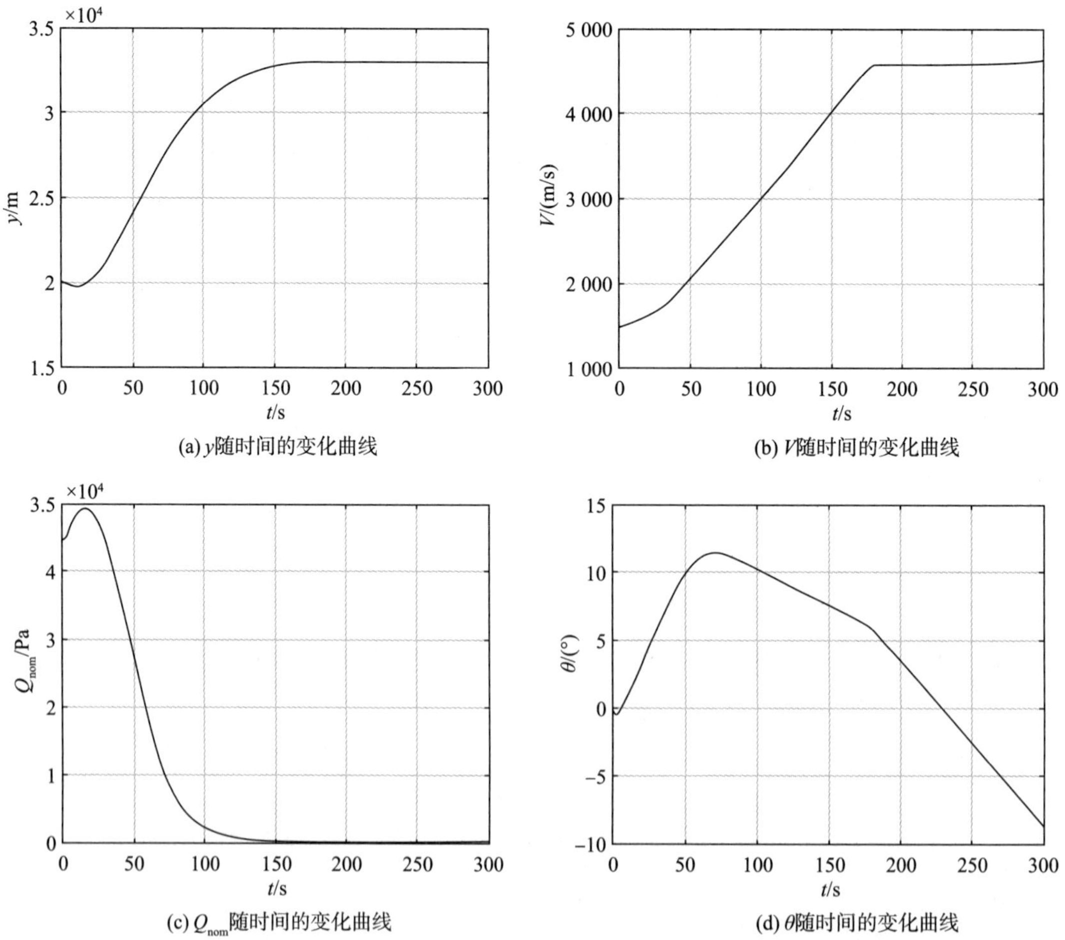

图 3-15　爬升段质心运动仿真曲线图

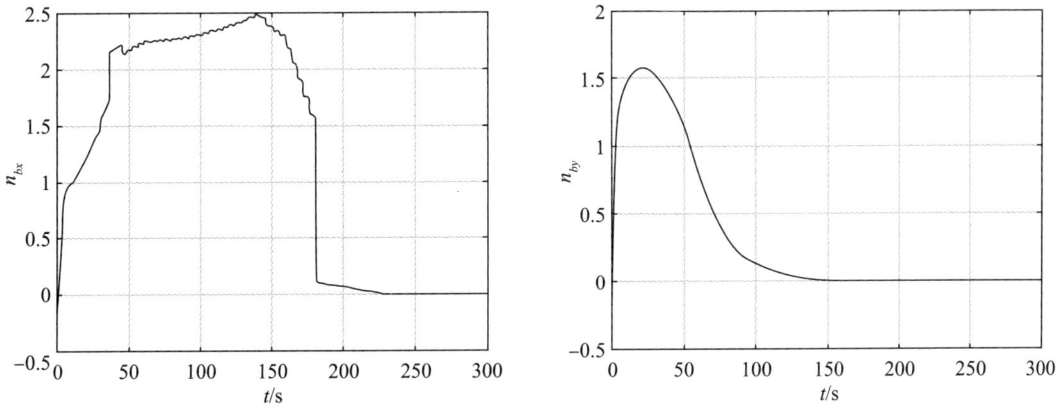

(e) n_{bx}随时间的变化曲线　　(f) n_{by}随时间的变化曲线

图 3－15　爬升段质心运动仿真曲线图（续）

（2）姿态运动

空天高速飞行器在爬升段的姿态变化曲线如图 3－16 所示。

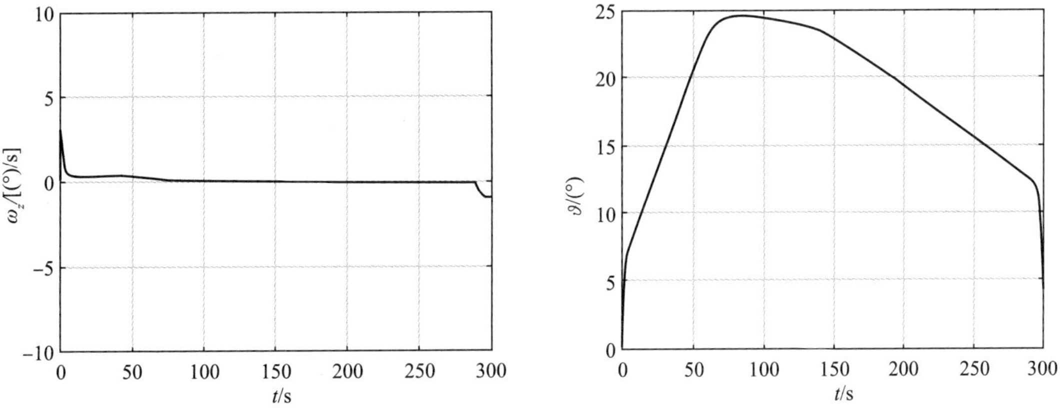

(a) ω_z随时间的变化曲线　　(b) ϑ随时间的变化曲线

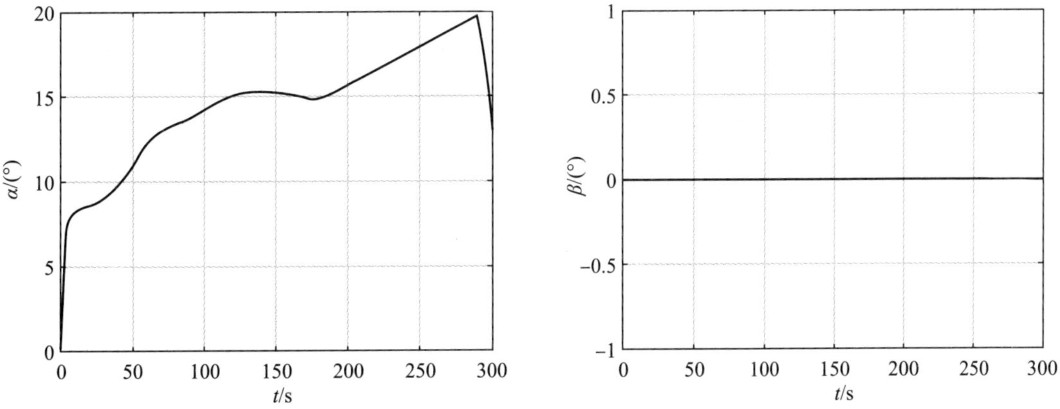

(c) α随时间的变化曲线　　(d) β随时间的变化曲线

图 3－16　爬升段姿态运动仿真曲线图

3.5.2 巡航段仿真

对于巡航段的仿真测试，将使变体飞行器稳定巡航飞行。

（1）质心运动

空天高速飞行器在巡航段的质心运动状态变化曲线如图 3-17 所示。

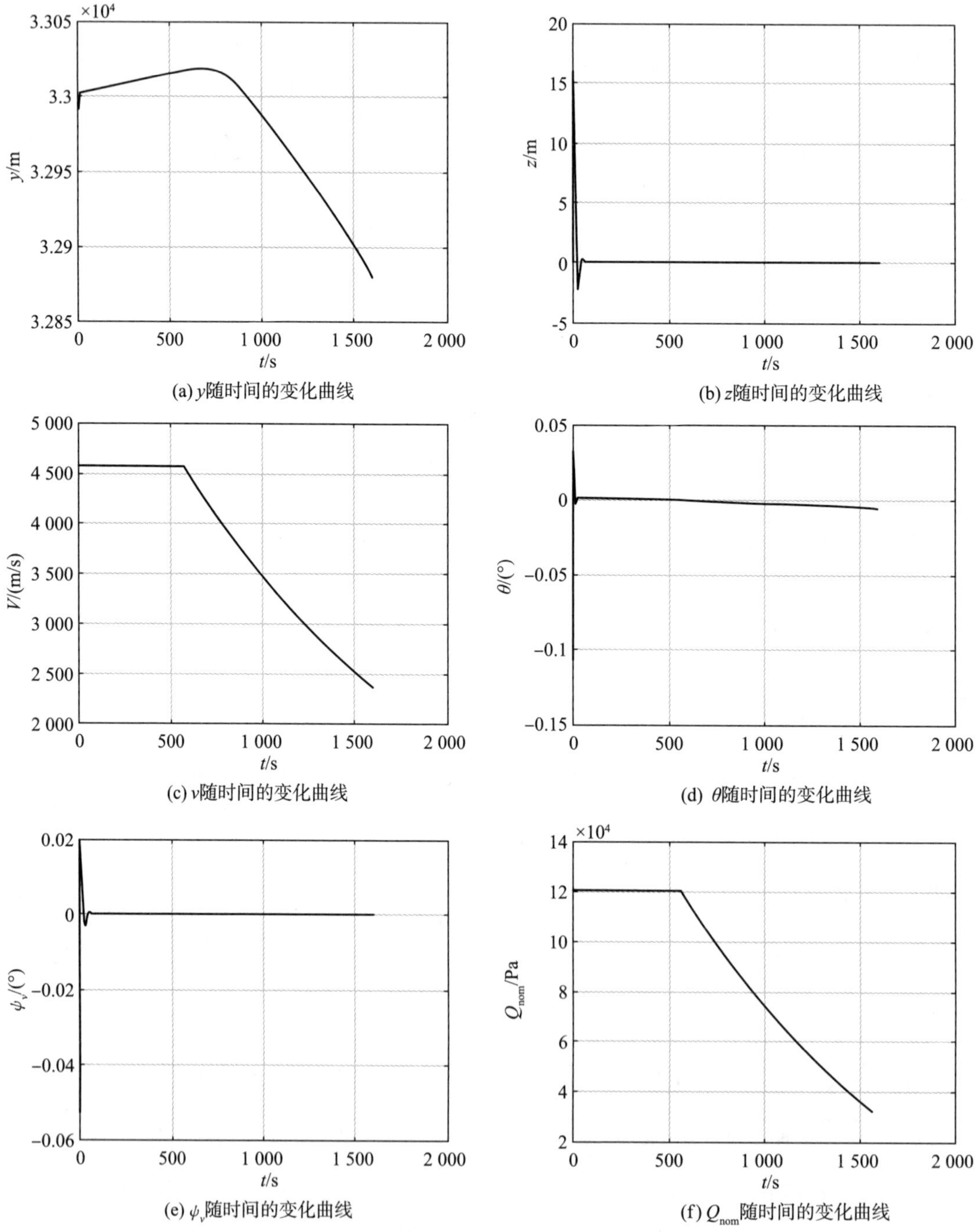

图 3-17 巡航段质心运动仿真曲线图

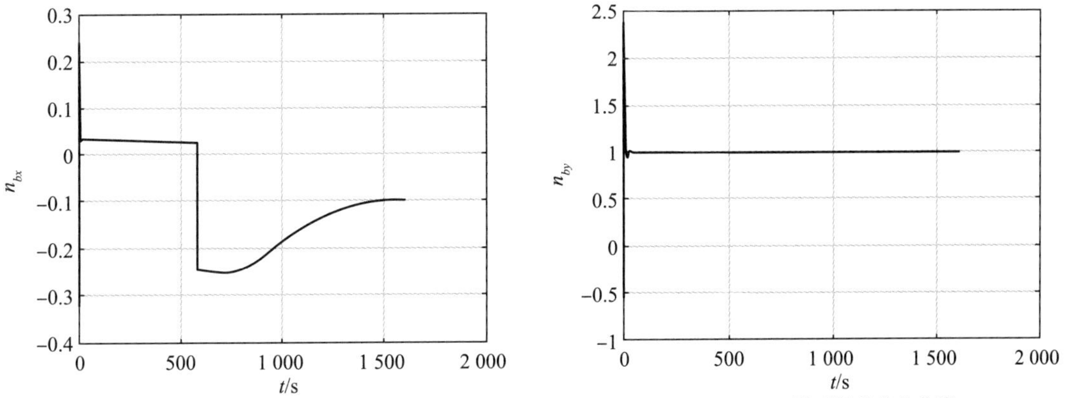

(g) n_{bx}随时间的变化曲线　　(h) n_{by}随时间的变化曲线

图 3-17　巡航段质心运动仿真曲线图（续）

(2) 姿态运动

变体空天高速飞行器在巡航段的姿态变化曲线如图 3-18 所示。

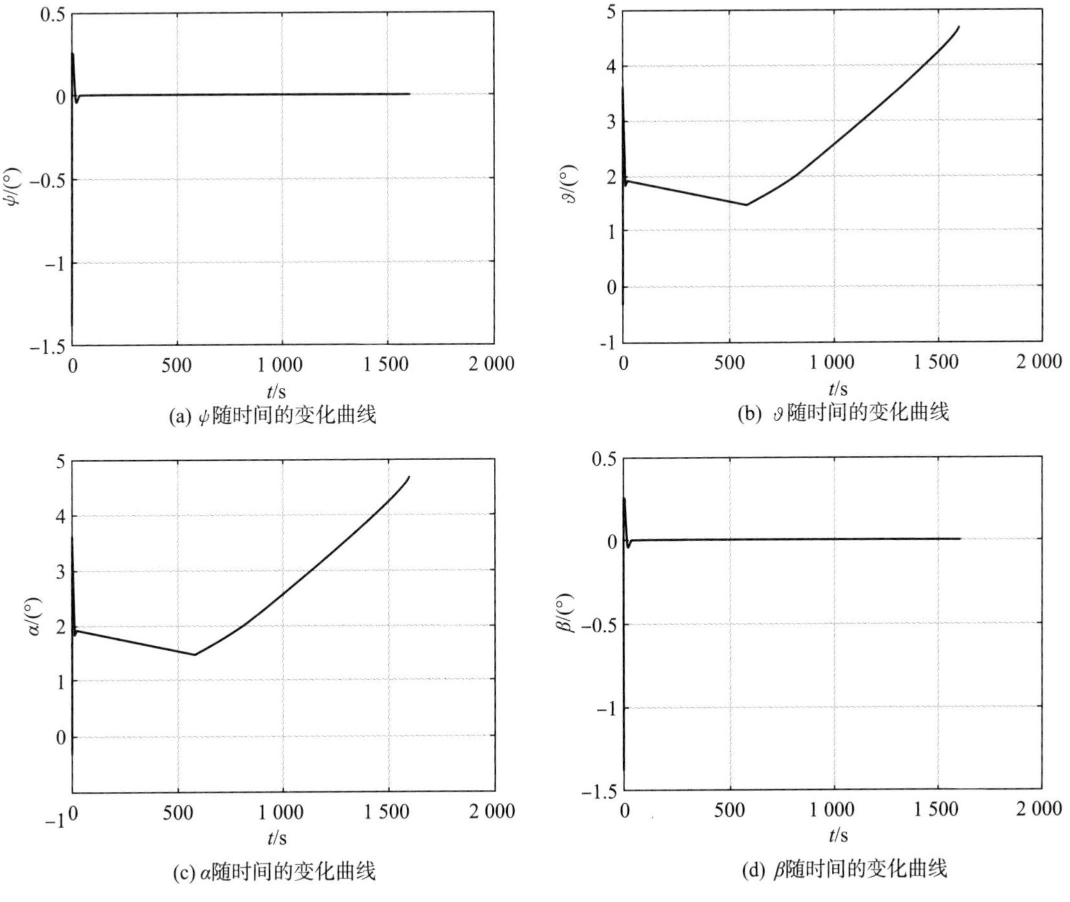

(a) ψ随时间的变化曲线　　(b) ϑ随时间的变化曲线

(c) α随时间的变化曲线　　(d) β随时间的变化曲线

图 3-18　巡航段姿态运动仿真曲线图

(3) 控制量

空天高速飞行器在巡航段的控制量变化曲线如图 3－19 所示。

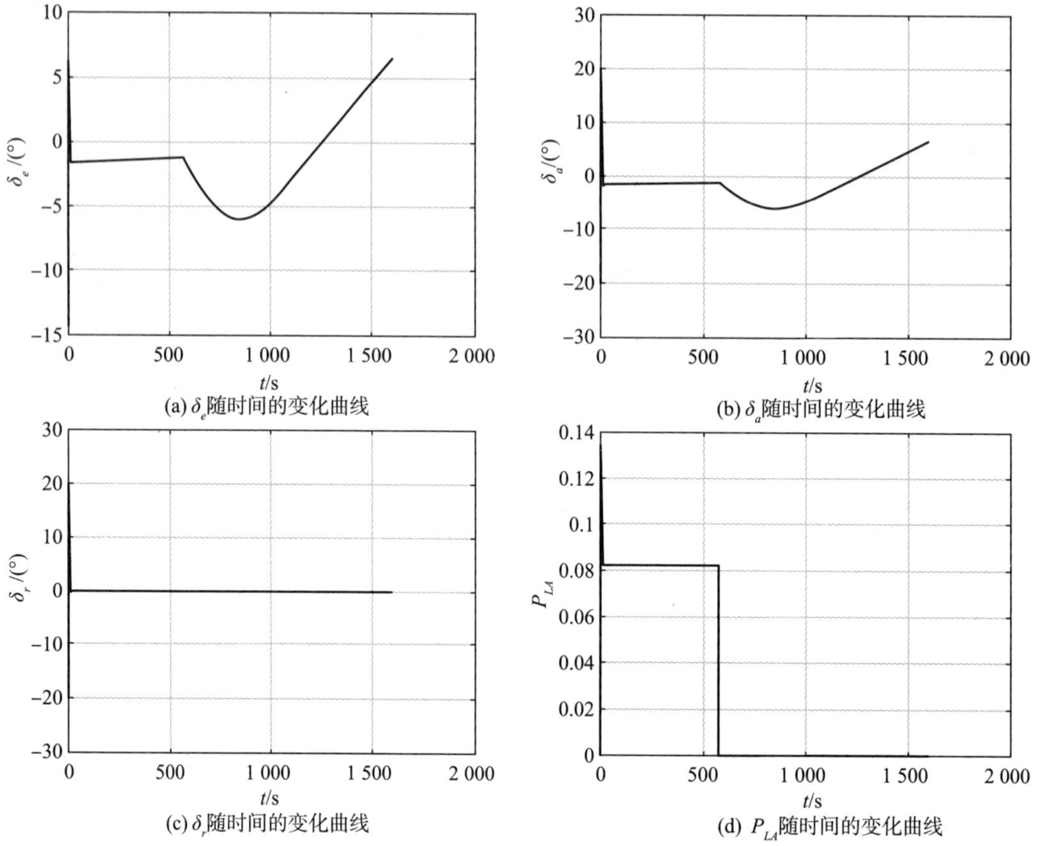

图 3－19　巡航段控制量仿真曲线图

3.5.3　俯冲段仿真

(1) 质心运动

空天高速飞行器在俯冲段的质心运动状态变化曲线如图 3－20 所示。

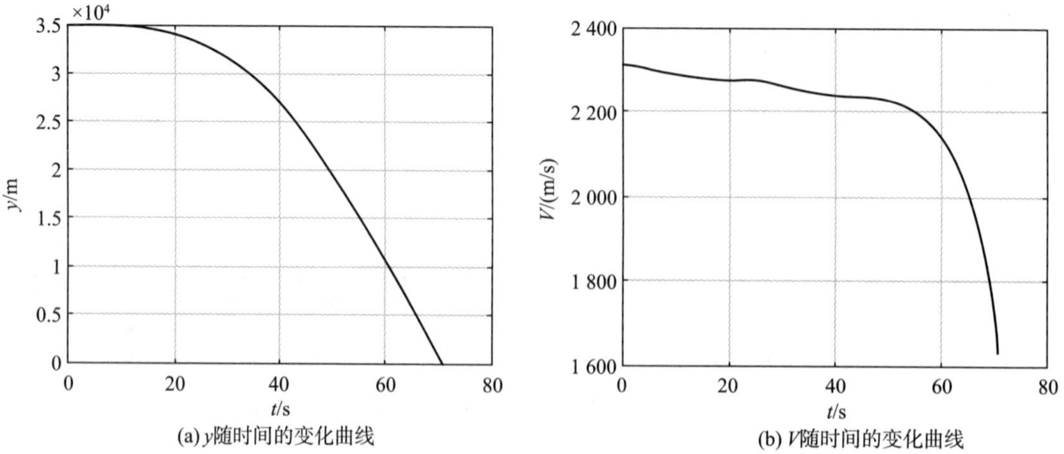

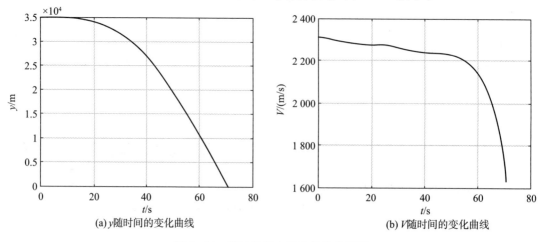

图 3－20　俯冲段质心运动仿真曲线图

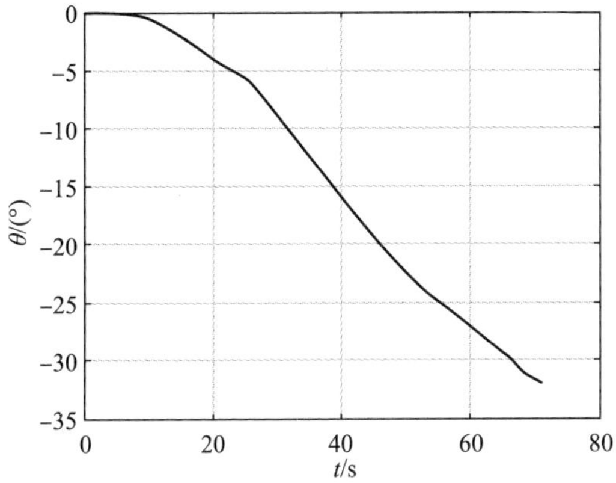

(c) θ随时间的变化曲线

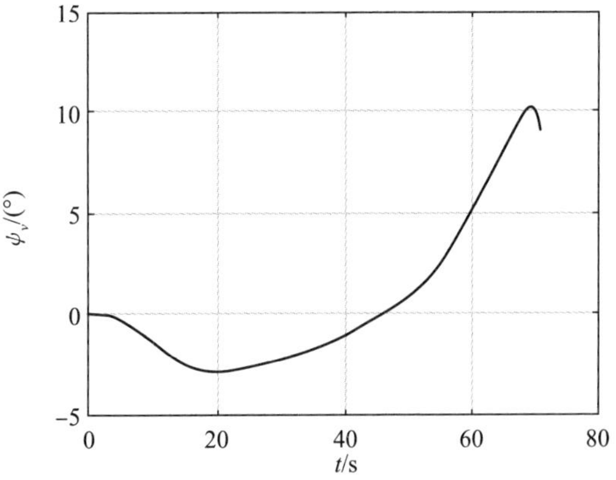

(d) ψ_v随时间的变化曲线

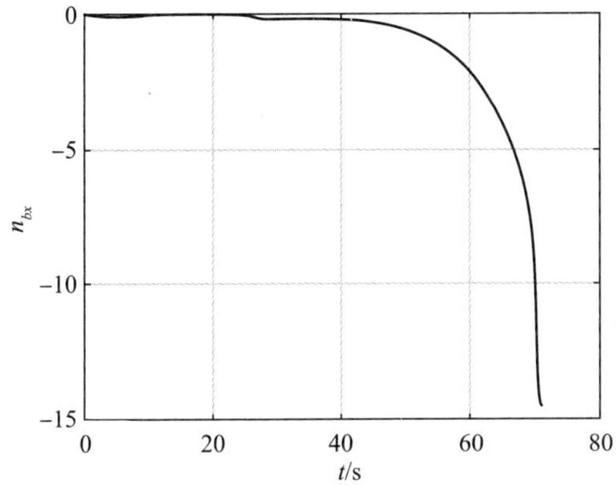

(e) n_{bx}随时间的变化曲线

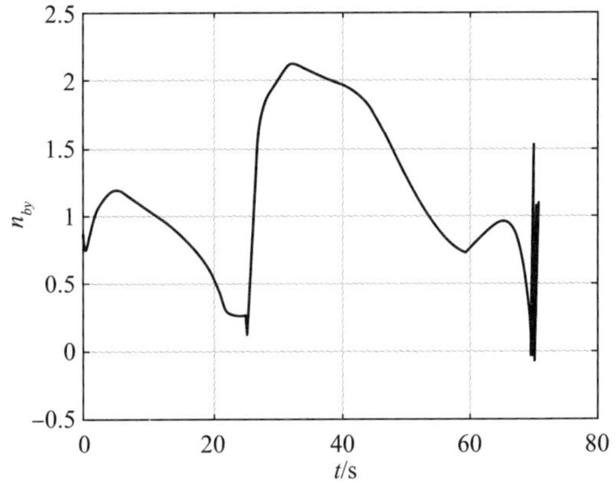

(f) n_{by}随时间的变化曲线

图 3－20　俯冲段质心运动仿真曲线图（续）

（2）姿态运动

空天高速飞行器在俯冲段的姿态变化曲线如图 3－21 所示。

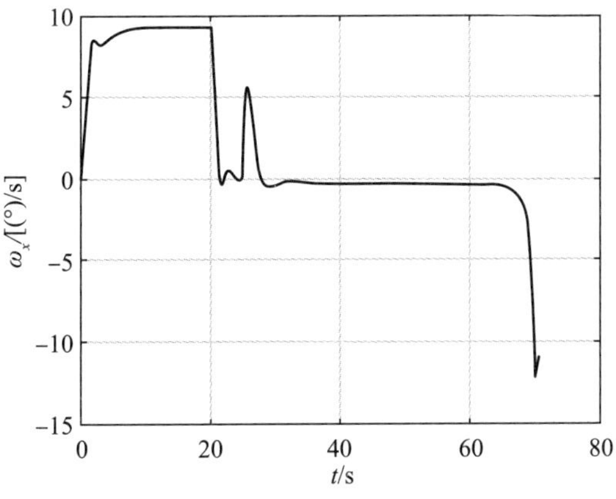

(a) ω_x随时间的变化曲线

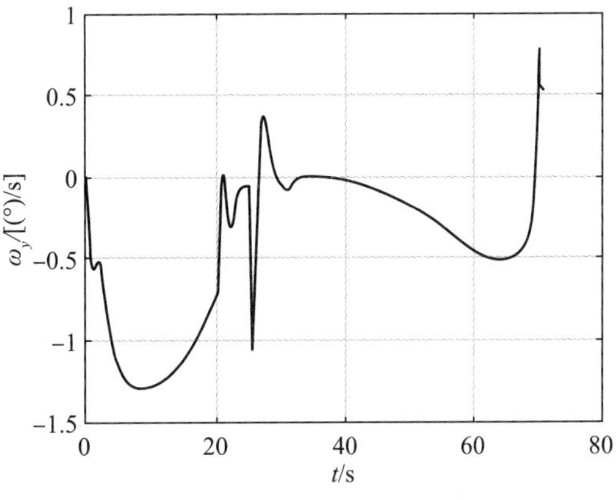

(b) ω_y随时间的变化曲线

图 3－21　俯冲段姿态运动仿真曲线图

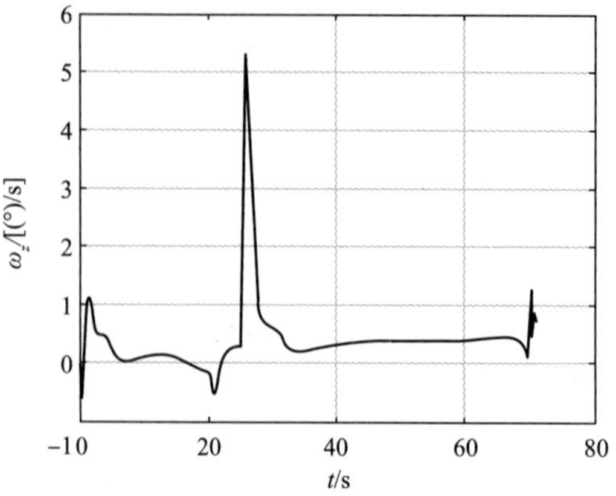

(c) ω_z随时间的变化曲线

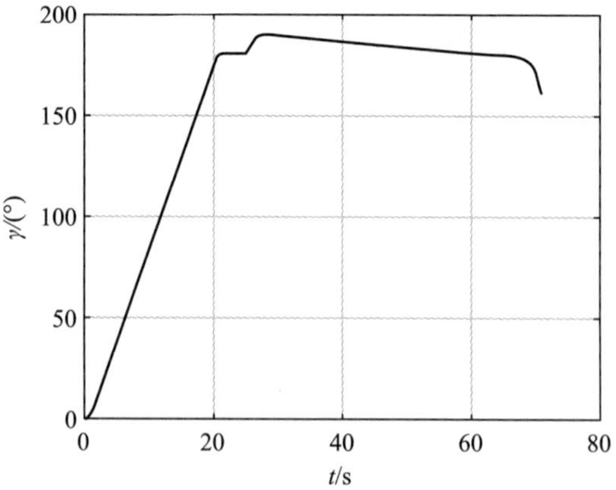

(d) γ随时间的变化曲线

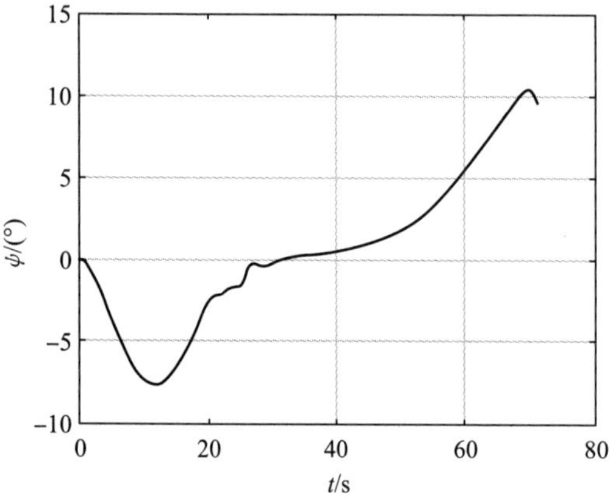

(e) ψ随时间的变化曲线

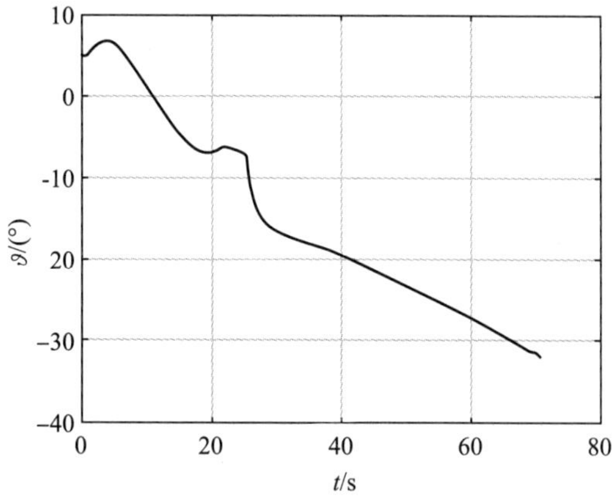

(f) ϑ随时间的变化曲线

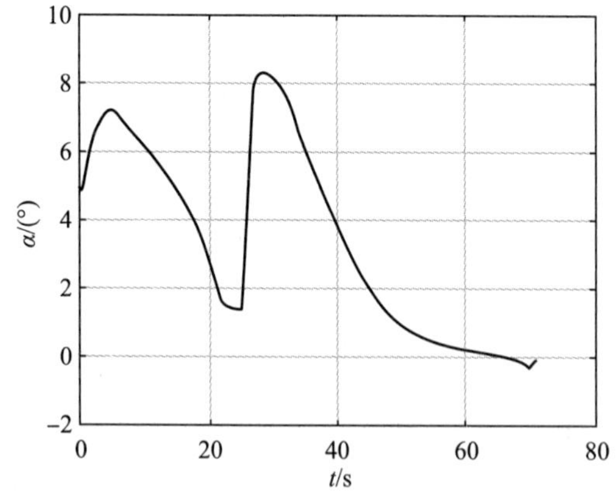

(g) α随时间的变化曲线

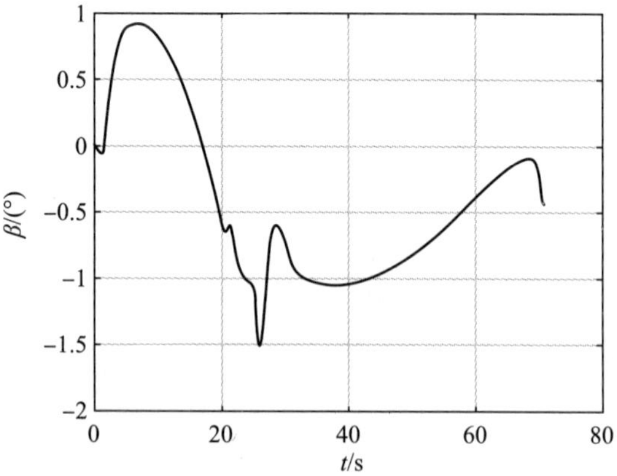

(h) β随时间的变化曲线

图 3－21　俯冲段姿态运动仿真曲线图（续）

（3）控制量

空天高速飞行器在俯冲段的控制量变化曲线如图 3－22 所示。

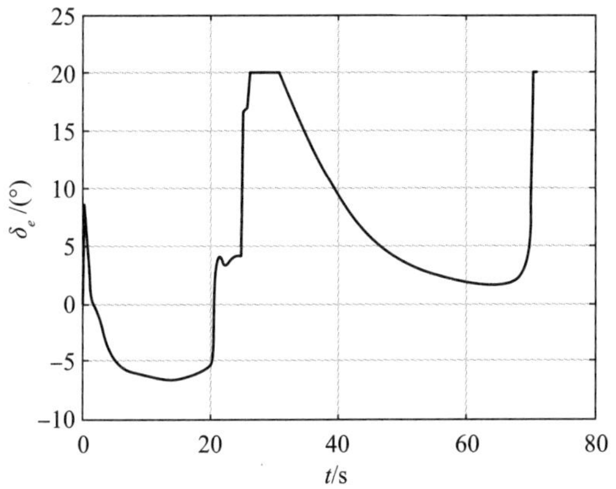

(a) δ_e随时间的变化曲线

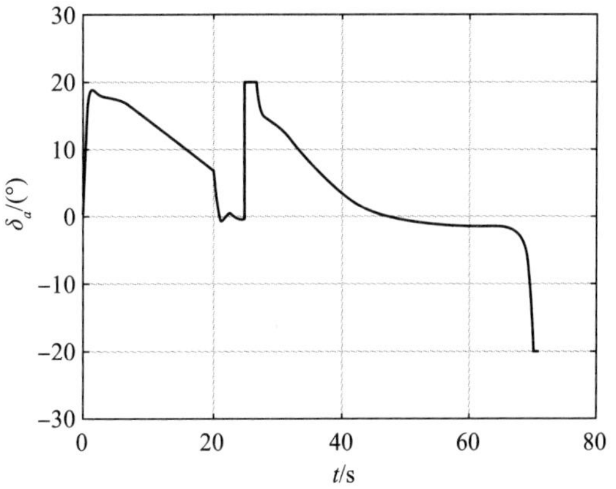

(b) δ_a随时间的变化曲线

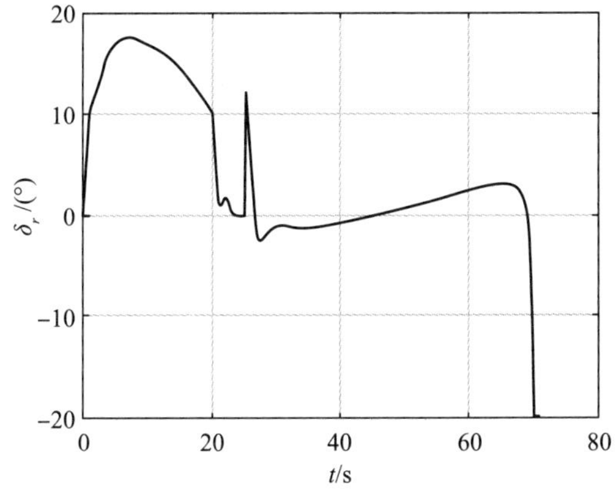

(c) δ_r随时间的变化曲线

图 3-22　俯冲段控制量仿真曲线图

本章利用多体运动学方法推导了空天高速飞行器的运动模型；然后对飞行器纵向气动模型进行辨识，并根据不同变形参数下的气动数据模型进行拟合得到空天高速飞行器的纵向气动模型；其次按照飞行阶段对空天变体飞行器的飞行模态进行了划分；最后给出了两种主要的增益协调方法，即全局鲁棒方法和增益平滑切换方法。

参考文献

［1］ 袁晗．分布式多自由度主动变形机翼的设计与研究［D］．哈尔滨工业大学，2011.

［2］ 董彦非，陈元恺，彭金京．可变后掠翼技术发展与展望［J］．飞行力学，2014，32（02）：97-100.

［3］ 万航，徐胜利，张庆振，等．基于动态逆的空天变体飞行器姿态控制［J］．空天防御，2019，2（04）：25-31.

［4］ 马文风．高超声速变形飞行器建模与纵向鲁棒控制方法研究［D］．长沙：国防科技大学，2017.

［5］ 姜定国．面向不确定条件下的高超声速飞行器的控制技术研究［D］．南京：南京航空航天大学，2017.

［6］ 黄明晗．高超声速变形飞行器设计与弹道优化［D］．长沙：国防科学技术大学，2016.

［7］ 段广仁，谭峰，梁冰．高速再入飞行器的鲁棒自动驾驶仪设计［J］．系统工程与电子技术，2007，29（11）：1908-1911.

［8］ 孙勇．基于改进 Gauss 伪谱法的高超声速飞行器轨迹优化与制导［D］．哈尔滨：哈尔滨工业大学，2012.

［9］ 穆凌霞，王新民，谢蓉，等．高超声速飞行器及其制导控制技术综述［J］．哈尔滨工业大学学报，2019，51（3）：1-14.

［10］ Guo Z Z，Dai G，Yang H，et al. Unsteady flow simulation of a variable-sweep morphing aircraft coupled with flight control system［J］. International Journal of Modern Physics B，2020，34（14-16）：2040073.

［11］ 高峰，蒋国江，丰志伟，等．仿生变形飞行器多体动力学建模与仿真［J］．系统仿真技术，2020，16（01）：32-36.

［12］ Gong C，Ma B F. Aerodynamic evaluation of an unmanned aerial vehicle with variable sweep and span［J］. Proceedings of the Institution of Mechanical Engineers Part G-Journal of Aerospace Engineering，2019，233（13）：4980-4997.

［13］ Natsuki T，Masato T. Recent researches on morphing aircraft technologies in Japan and other countries［J］. Mechanical Engineering Reviews，2019，6（2）：19-00197.

［14］ 聂博文，刘志涛，曾维平，等．一种可折叠变形飞行器的过渡飞行控制策略设计与初步验证［J］．控制与信息技术，2019（04）：50-57.

［15］ Yan B B，Li Y，Dai P，et al. Aerodynamic analysis，dynamic modeling，and control of a morphing aircraft［J］. Journal of Aerospace Engineering，2019，32（5）：04019058.

［16］ Bashir A，Woong Y J，Muhammad A. Computational analysis of 3D lattice structures for skin in real-scale camber morphing aircraft［J］. Aerospace，2019，6（7）：79.

［17］ 彭悟宇，杨涛，王常悦，等．高超声速伸缩翼变形飞行器轨迹多目标优化［J］．国防科技大学学报，2019，41（01）：41-47.

［18］ 陈铁彪，龚旻，王洪波，等．临近空间可变形滑翔飞行器轨迹优化与性能分析［J］．宇航学报，2018，39（09）：944-952.

［19］ 彭悟宇，杨涛，涂建秋，等．高超声速变形飞行器翼面变形模式分析［J］. 国防科技大学学报，2018，40（03）：15－21.

［20］ Gong L G，Wang Q，Dong C Y，et al. Prescribed performance control of morphing aircraft based on switched nonlinear systems and reinforcement learning［J］. Measurement and Control：Journal of the Institute of Measurement and Control，2019，52（5－6）：608－624.

［21］ 段富海，初雨田，关文卿，等．变形机翼的关键技术研究现状及其展望［J］. 空军预警学院学报，2020，34（03）：203－209.

［22］ 杨博，窦婧文，曹振．变体飞行器的气动结构对控制系统的影响［J］. 弹道学报，2020，32（01）：83－90.

［23］ 闫斌斌，李勇，戴沛，等．基于增强学习的变体飞行器自适应变体策略与飞行控制方法研究［J］. 西北工业大学学报，2019，37（04）：656－663.

［24］ Magrini A，Benini E，Ponza R，et al. Comparison of constrained parameterisation strategies for aerodynamic optimisation of morphing leading edge airfoil［J］. Aerospace，2019，6（3）：31.

［25］ Carniato L A，Carniato A A，Texeira M C M，et al. Output control of continuous－time uncertain switched linear systems via switched static output feedback［J］. International Journal of Control，2020，93（5）：1127－1146.

［26］ 侯明哲，谭峰．高超声速飞行器的增益协调鲁棒参数化控制［M］. 北京：科学出版社，2018.

［27］ 梁小辉，王青，董朝阳．基于切换系统的变体飞行器鲁棒自适应控制［J］. 北京航空航天大学学报，2019，45（03）：538－545.

［28］ Tan F，Duan G. Stability criterion and stabilization of linear time－varying systems［C］// IEEE Conference on Decision and Control，2009：3238－3243.

［29］ 夏川，董朝阳，程昊宇，等 变体飞行器有限时间切换 H_∞ 跟踪控制［J］. 兵工学报，2018，39（03）：485－493.

［30］ 田国兵．带落角约束的 BTT 飞行器制导控制一体化方法研究［D］. 哈尔滨：哈尔滨工业大学，2011.

［31］ 苏晓东．一种 U 型变体无人飞行器气动外形技术研究［J］. 中国科技信息，2020（05）：38－41.

第 4 章　空天高速飞行器 LPV 变形控制

4.1　空天高速飞行器变体气动与结构问题

变体飞行器通常采用精密机械传动结构或者智能变形材料等方式，实现飞行过程中机体结构或外形的自适应变化。参考文献 [1] 分析得出一体化的结构设计会导致处于机体下部的超燃动力推进系统与机翼、控制舵面互相耦合。如果在这种情况下盲目地改变飞行器的外形结构，会导致飞行器整体稳定性下降，使得气动力与控制操纵面的耦合关系更加复杂[2]。高速变体飞行器外形设计与控制器设计皆是涉及多学科的综合领域，在变体飞行器研究中会涉及飞行器气动外形设计、智能材料应用及自适应主动控制等技术，因此具有很大的挑战性[3]。本章重点讨论空天高速飞行器变体控制的线性变参数方法（Linear Parameter Varying，LPV）和多胞 LPV 技术。

4.1.1　高速变体飞行器的非线性动力学

针对高速变体飞行器的动态特性问题，学者们研究了包括参数化建模方法[4-6]、多刚体建模方法[7]、非刚体建模方法[8,9]，以及柔性体建模方法[10,11]等，都能在一定程度上还原飞行过程中的非线性气动特性以及高超声速飞行状态下的强耦合、静不稳定等特性，以此来描述空天飞行环境下结构变体对飞行器的影响，为控制器设计提供可分析的模型。Bryan[12]首次给出空天高速飞行器在准定常情况下的动力学方程，由该方程推导得到的非线性模型假设飞行器的重心位置在机体系中不变。然而在高马赫数空天飞行状态下，机体结构变形会导致机体几何参数、质量分布和空气动力特性的改变，导致高速变体飞行器成为依赖于变形参数的参变系统[13]。目前被广泛采用的方法之一是参数化建模方法[4-6]，首先计算得到不同工况下高速变体飞行器的气动力和惯性力，然后通过插值方法得到整个变形过程中的参变动力学方程，以便于飞行器稳定性分析及控制器设计。殷明等[14]采用 Jacobian 线性化方法，将一类变翼展的高速变体飞行器模型转化为线性参变系统。高速变体飞行器在变形时，机体结构不稳定性及诱导因素的原理探讨都是待解决的难题。尤其是采用多刚体建模绝对节点坐标法来描述含运动学约束的变形机翼在展开和收缩过程中的动力学响应，需要较为准确地预测高速变体飞行器大尺度刚体运动以及气动弹性现象。刘姝含[16]考虑飞行器所处的攻角和马赫数变化环境，将机翼的控制舵面偏转角看作是攻角和马赫数相关的变量，通过结合多种智能算法对变形飞行器的控制变量进行了选取，然后将可变形翼产生的动力特性与舵面偏转角的关系进行了分析推导。

4.1.2 高速变体飞行器的主动控制

固定外形高超声速飞行器控制器的设计多采用最优控制、鲁棒控制和预测控制等方法[15,17-20]。但是当以上方法用于高速变体飞行器时，由于结构外形的改变导致气动特性变化较大，大大增加了控制系统的复杂性，尤其对于大尺度空天高速变体飞行器，其变形部分会对机体动力学模型中的力和力矩产生很大的影响[18,19]。随着各国学者对高速变体飞行器建模以及动力学特性更深刻的理解，近年来在高速变体飞行器的控制器设计方面取得了诸多成果[16,20,22]。第一类方法是采用非线性动态逆反步法[22]。这种方法的基本思想是使用全状态反馈抵消内部的非线性因素，使得经典控制方法可以用于控制器的设计。Bao 等人[7]针对高超声速变体飞行器，基于变体特性建立了相应的气动模型，建立了带有末端角度约束的综合控制系统，其中变形量用于辅助控制以实现对质心运动的快速稳定控制。然而这种方法要求系统的非线性部分在一定程度上是连续函数，但对于高速变体飞行器来说很难得到其解析的非线性部分，因此该方法也具有一定的局限性[23-25]。第二类方法是采用多回路设计方法。多回路设计方法一般分别对制导控制回路和姿态控制回路进行控制，该设计理念的优势在于可以避免分析耦合项从而降低工作量并简化控制器设计。Shi[26,28]采用自抗扰的方法，分别对变形控制和姿态控制设计单独的回路，研究了一类高速变体飞行器的大尺度变形策略问题。另外还有将最新的人工智能、强化学习方法引入飞行器控制的研究方向[28]。

4.1.3 变体飞行器弹性模态及稳定性分析研究

高速变体飞行器进行结构变形时，整机的质量分布和刚度会发生很大的改变，从而会产生一些与固定外形高超声速飞行器不同的气动弹性现象。胡巍[29]的研究结果表明，伸缩翼在伸展过程中，诱导阻力减小而翼根处的弯曲力矩增大。Huang[30]则将伸缩翼等效为悬臂欧拉梁，通过无量纲方法将时变自由边界条件转换为时不变边界条件，得出随着翼展伸长而抖振临界速度明显降低的结论。高速变体飞行器的气动参数变化，重点在于瞬时构型气动力对系统内部稳定性的影响。Schrass[31]基于慢变系统理论构造参数依赖的 Lyapunov 函数，研究了变展长、变后掠和变尾翼对系统瞬态稳定性的影响，给出了变形过程中满足一致稳定性的变形速率上界。Shi[32]考虑变形速率对系统的影响，将变形速率显含在模型方程中，通过求解方程特征值问题确定系统满足稳定性时的变形速率的上界。

4.2 高速变体飞行器非线性刚体模型建立

4.2.1 坐标系变换

飞行器运动的四个坐标系统和相应的变换矩阵之间的相互转换关系参见参考文献[33]。通常俯仰角 ϑ 、偏航角 ψ 、滚动角 γ 被用于描述地面坐标系和弹体坐标系的关系，转换矩阵可表示为

$$\boldsymbol{L}(\gamma,\vartheta,\psi)=\begin{bmatrix}\cos\vartheta\cos\psi & \sin\vartheta & -\sin\psi\cos\vartheta \\ -\sin\vartheta\cos\psi\cos\gamma+\sin\psi\sin\gamma & \cos\vartheta\cos\gamma & \sin\vartheta\sin\psi\cos\gamma+\cos\psi\sin\gamma \\ \sin\vartheta\cos\psi\sin\gamma+\sin\psi\cos\gamma & -\cos\vartheta\sin\gamma & -\sin\vartheta\sin\psi\cos\gamma+\cos\psi\cos\gamma\end{bmatrix} \tag{4-1}$$

$$\boldsymbol{L}^{-1}(\gamma,\vartheta,\psi)=\boldsymbol{L}^{\mathrm{T}}(\gamma,\vartheta,\psi) \tag{4-2}$$

弹道偏角 ψ_V 、弹道倾角 θ 用来描述大地坐标系和飞行器弹道坐标系之间的关系，转换矩阵为

$$\boldsymbol{L}(\theta,\psi_V)=\begin{bmatrix}\cos\theta\cos\psi_V & \sin\theta & -\cos\theta\sin\psi_V \\ -\sin\theta\cos\psi_V & \cos\theta & \sin\theta\sin\psi_V \\ \sin\psi_V & 0 & \cos\psi_V\end{bmatrix} \tag{4-3}$$

$$\boldsymbol{L}^{-1}(\theta,\psi_V)=\boldsymbol{L}^{\mathrm{T}}(\theta,\psi_V) \tag{4-4}$$

攻角 α 、侧滑角 β 在弹体坐标系与速度坐标系中的关系可以由下式描述

$$\boldsymbol{L}(\beta,\alpha)=\begin{bmatrix}\cos\alpha\cos\beta & \sin\alpha & -\cos\alpha\sin\beta \\ -\sin\alpha\cos\beta & \cos\alpha & \sin\alpha\sin\beta \\ \sin\beta & 0 & \cos\beta\end{bmatrix} \tag{4-5}$$

$$\boldsymbol{L}^{-1}(\beta,\alpha)=\boldsymbol{L}^{\mathrm{T}}(\beta,\alpha) \tag{4-6}$$

而弹道坐标系与速度坐标系之间的关系则可以用如下矩阵实现

$$\boldsymbol{L}(\gamma_V)=\begin{bmatrix}1 & 0 & 0 \\ 0 & \cos\gamma_V & \sin\gamma_V \\ 0 & -\sin\gamma_V & \cos\gamma_V\end{bmatrix} \tag{4-7}$$

$$\boldsymbol{L}^{-1}(\gamma_V)=\boldsymbol{L}^{\mathrm{T}}(\gamma_V) \tag{4-8}$$

4.2.2　纵向动力学模型推导

高速变体飞行器是一类变展长的特定飞行器，其所受到的气动力与飞行器的一体化结构、机翼变结构以及外部环境等因素呈现互相耦合的非线性关系，这给高速变体飞行器的建模工作带来了困难[34]，因此变体飞行器在建模过程中需要忽略一些非主要因素。在此做如下假设[35]：

1）将飞行器看作是刚体，暂不研究材料弹性模态；

2）作用在机体结构上的外力交点在质心上。

3）高速变体飞行器的结构变形过程作准定常假定，即在某个确定的变形状态下气动特性等参数可取常数。

4）β，γ，γ_V，ψ，ψ_V，ω_x，ω_y，z 都是小量，这样可以简化相应的三角函数量和它们的乘积项。

（1）变体飞行器质心动力学方程

基于前面的假设，下面给出变体飞行器质心动力学方程

$$
\begin{cases}
m\dfrac{\mathrm{d}V}{\mathrm{d}t}=T\cos\alpha\cos\beta-D-mg\sin\theta \\
mV\dfrac{\mathrm{d}\theta}{\mathrm{d}t}=T(\sin\alpha\cos\gamma_V+\cos\alpha\sin\beta)+L\cos\gamma_V-Z\sin\gamma_V-mg\cos\theta \\
-mV\cos\theta\dfrac{\mathrm{d}\psi_V}{\mathrm{d}t}=T(\sin\alpha\sin\gamma_V-\cos\alpha\sin\beta\cos\gamma_V)+L\sin\gamma_V+Z\cos\gamma_V
\end{cases}
\tag{4-9}
$$

式中，T 为发动机推力；D 为阻力，L 为升力，Z 为侧向力。

（2）变体飞行器动力学方程

$$
\begin{cases}
\dfrac{\mathrm{d}\omega_x}{\mathrm{d}t}=[M_x-(J_z-J_y)\omega_z\omega_y]/J_x \\
\dfrac{\mathrm{d}\omega_y}{\mathrm{d}t}=[M_y-(J_x-J_z)\omega_x\omega_z]/J_y \\
\dfrac{\mathrm{d}\omega_z}{\mathrm{d}t}=[M_z-(J_y-J_x)\omega_y\omega_x]/J_z
\end{cases}
\tag{4-10}
$$

式中，J_x，J_y，J_z 是飞行器对于各个旋转轴所产生的转动惯量；M_x 为滚转力矩，M_y 为偏航力矩，M_z 为俯仰力矩。

（3）变体飞行器纵向简化运动学方程

$$
\begin{cases}
\dfrac{\mathrm{d}x}{\mathrm{d}t}=V\cos\theta\cos\psi_V \\
\dfrac{\mathrm{d}y}{\mathrm{d}t}=V\sin\theta \\
\dfrac{\mathrm{d}z}{\mathrm{d}t}=-V\cos\theta\sin\psi_V
\end{cases}
\tag{4-11}
$$

式中，x，y，z 为飞行器在所研究时刻在地面坐标系中的位置。

（4）变体飞行器姿态运动学方程

$$
\begin{cases}
\dfrac{\mathrm{d}\vartheta}{\mathrm{d}t}=\omega_y\sin\gamma+\omega_z\cos\gamma \\
\dfrac{\mathrm{d}\psi}{\mathrm{d}t}=\dfrac{1}{\cos\vartheta}(\omega_y\cos\gamma-\omega_z\sin\gamma) \\
\dfrac{\mathrm{d}\gamma}{\mathrm{d}t}=\omega_x-\tan\vartheta(\omega_y\cos\gamma-\omega_z\sin\gamma)
\end{cases}
\tag{4-12}
$$

式中，ω_x，ω_y，ω_z 是弹体坐标轴各方向的角速度，ϑ，ψ，γ 分别为俯仰角、偏航角、滚转角。

（5）角度关系方程

$$
\begin{cases}
\cos\alpha=[\cos\vartheta\cos\theta\cos(\psi-\psi_V)+\sin\vartheta\sin\theta]/\cos\beta \\
\sin\beta=\cos\theta[\cos\gamma\sin(\psi-\psi_V)+\sin\vartheta\sin\gamma\cos(\psi-\psi_V)]-\sin\theta\cos\vartheta\sin\gamma \\
\cos\gamma_V=[\cos\gamma\cos(\psi-\psi_V)-\sin\vartheta\sin\gamma\sin(\psi-\psi_V)]/\cos\beta
\end{cases}
\tag{4-13}
$$

（6）质量方程

变体飞行器在空天环境飞行过程中会消耗燃料产生推力，因此质量会随着时间降低，

考虑到燃料消耗可量化，因此飞行器的质量表示为

$$\frac{\mathrm{d}m}{\mathrm{d}t}=-m_s(t) \tag{4-14}$$

式中，m_s 为燃料消耗的质量，$\frac{\mathrm{d}m}{\mathrm{d}t}$ 为质量的变化率。在纵向运动模型中，相关参数 V，θ，ϑ，ω_z，α，x，y 用来描述纵向模型中各个变量随时间的变化。

作为飞行器较大尺度变形模式之一，伸缩变形模式在工程上实现难度较小，相关气动参数的仿真也易于做到，故本章设计伸缩式连续变展长的空天高速变体飞行器。综合考虑机翼变形对气动性能的影响以及尺寸限制，选择二级伸缩变形模式，伸缩翼通过套筒结构与梯形升力翼相连，两侧的伸缩翼为对称连续变形。翼展与飞行器结构参数直接相关，而机体纵横比变化会改变飞机的升阻比。设定其机翼能够在飞行中对称地改变两侧机翼的展长，并且套筒结构能够提供双倍横侧向伸展，如图 4-1 所示。

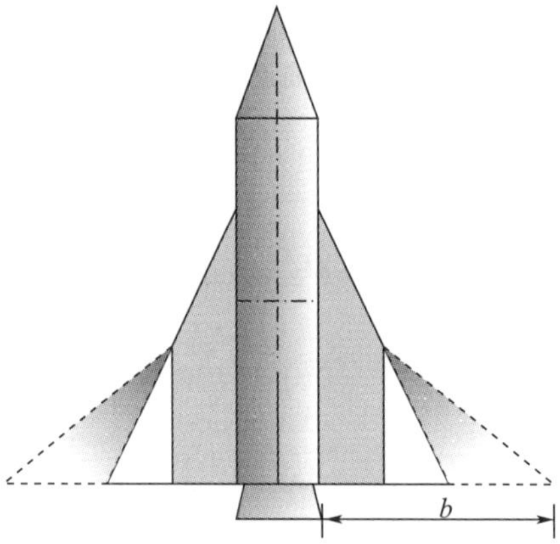

图 4-1　变体飞行器翼展变形示意图

本章采用基础高超声速飞行器外形参数[23]，见表 4-1。

表 4-1　高速变体飞行器构型参数

形态	ξ_b	J_{yf}/(kg·m²)	m_t/kg	m_w/kg	m_a/kg	x_w/m	x_a/m	b/m	S/m²	c_A/m
巡航	0.0	3 107.5	907.8	272	26.36	0	−3.2	6.036	4.362 1	0.710 1
高速	1.0	3 107.5	907.8	272	26.36	−0.607 2	3.065 6	3.018	6.079 2	1.911 7

表中，ξ_b 为变形率；J_{yf} 为俯仰转动惯量；m_t 为总重；m_a 为配重；x_a 为配重质心位置；b 为翼展，S 为飞行器参考面积，c_A 为平均气动弦长，m_w 为飞行器质量，x_w 为飞行器质心位置。由前一节得出的飞行器力学方程，变体飞行器的运动可假定分为纵向和横侧向运动两类，当仅考虑纵向运动时其中包含 V，θ，ϑ，ω_z，α，x，y，m，δ_z，δ_p 等 10 个参数。利用气动系数插值软件仿真计算不同工作点处变体飞行器的气动参数，工作点 ξ_b 的取点如表 4-2 所示。

表 4-2　变体飞行器变形率与翼展对应关系

ξ_b	0.0	0.2	0.4	0.6	0.8	1.0
b/m	3.018	3.621 6	4.225 2	4.828 8	5.432 4	6.036

4.2.3　气动数据计算

得到不同变形率下的飞行器气动参数后进行数据处理和计算，绘制完成气动参数随攻角、马赫数以及变形率变化的结果，并且对数据进行分析。气动计算软件输出参数见表 4-3。具体仿真工作点的选取包括飞行高度 h 、马赫数 Ma 和翼展变形率 ξ_b 三项，其中 h 的取点为 10 000 m，Ma 的取点为 [1，2，3，4，5]，α 的取点为 [−4，0，4，8，12]，得到的气动参数及导数如图 4-2～图 4-4 所示。

表 4-3　气动计算软件输出参数

仿真软件	通用符号	表示的意义
cd	C_D	阻力系数
cl	C_L	升力系数
cm	C_M	俯仰力矩系数
cn	C_N	法向力系数
ca	C_A	轴向力系数
cla	$C_{L,A}$	升力线斜率
cma	$C_{M,a}$	纵向静稳定性导数

图 4-2 是升力系数变化曲线。随着攻角和马赫数增大，升力系数也随着翼展的增加而增加。从图 4-3 可以看出，变体飞行器的阻力系数在 $\alpha=0$ 处最小，因为此时前向横截面最小，并且与攻角 α 成正比，当速度越来越快，阻力相对增加，图 4-4 是俯仰力矩系数曲线，表明高速飞行增加了变体飞行器的不稳定性。

4.2.4　高速变体飞行器运动学插值模型

基于前面的理论推导和假设，参考文献［36］给出了高速变体飞行器纵向模型的数学表达式如下

$$
\begin{cases}
\dot{V}=\dfrac{1}{m}T\cos\alpha-\dfrac{1}{m}D(\xi_\delta)-g\sin(\theta-\alpha) \\
\dot{\alpha}=-\dfrac{1}{mV}T\sin\alpha-\dfrac{1}{mV}L(\xi_\delta)+q+\dfrac{1}{V}g\cos(\theta-\alpha) \\
\dot{\omega}_z=\dfrac{1}{J_z}M(\xi_\delta) \\
\dot{h}=V\sin(\theta-\alpha) \\
\dot{\theta}=\omega_z
\end{cases}
\tag{4-15}
$$

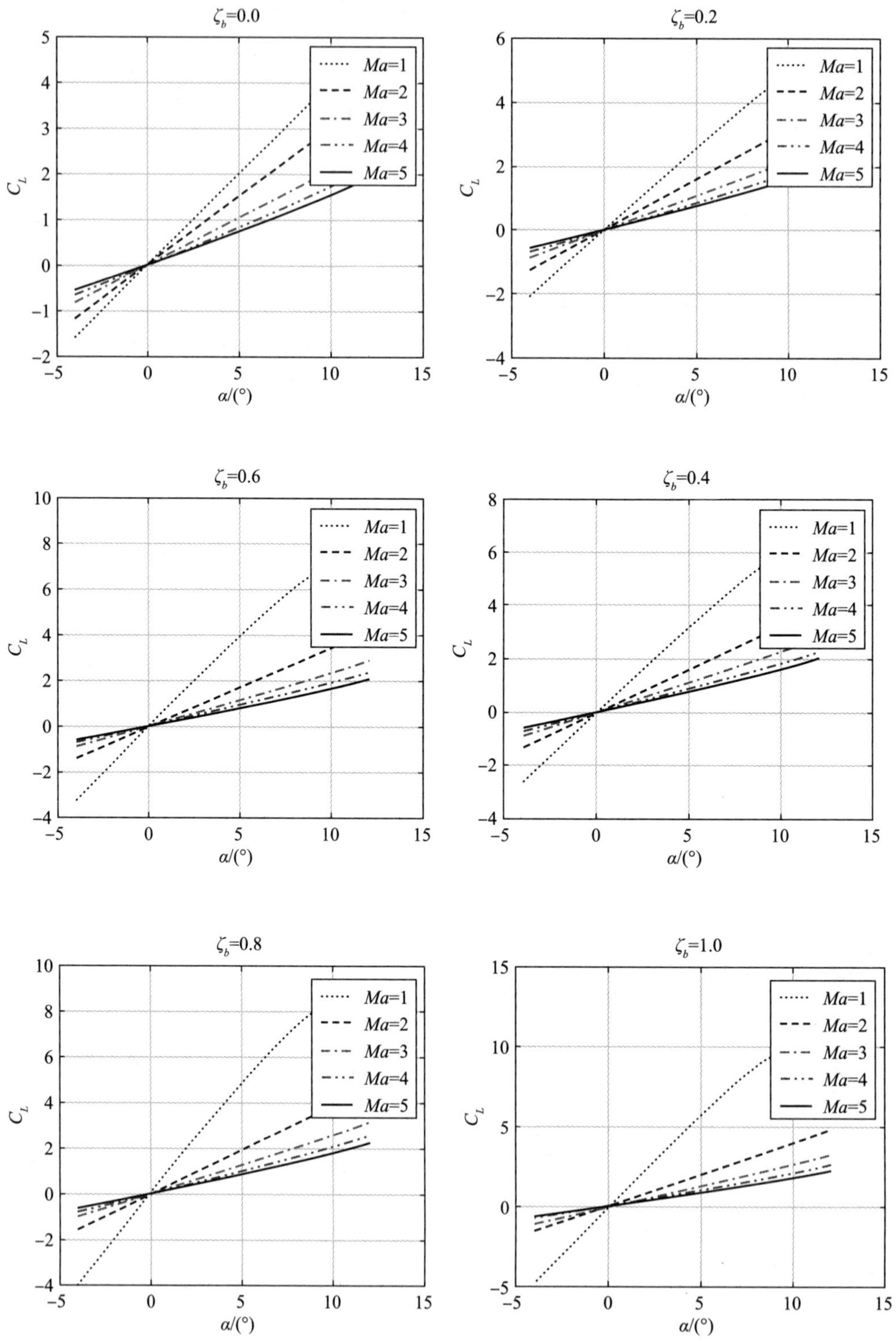

图 4-2　不同变形率下升力系数变化曲线

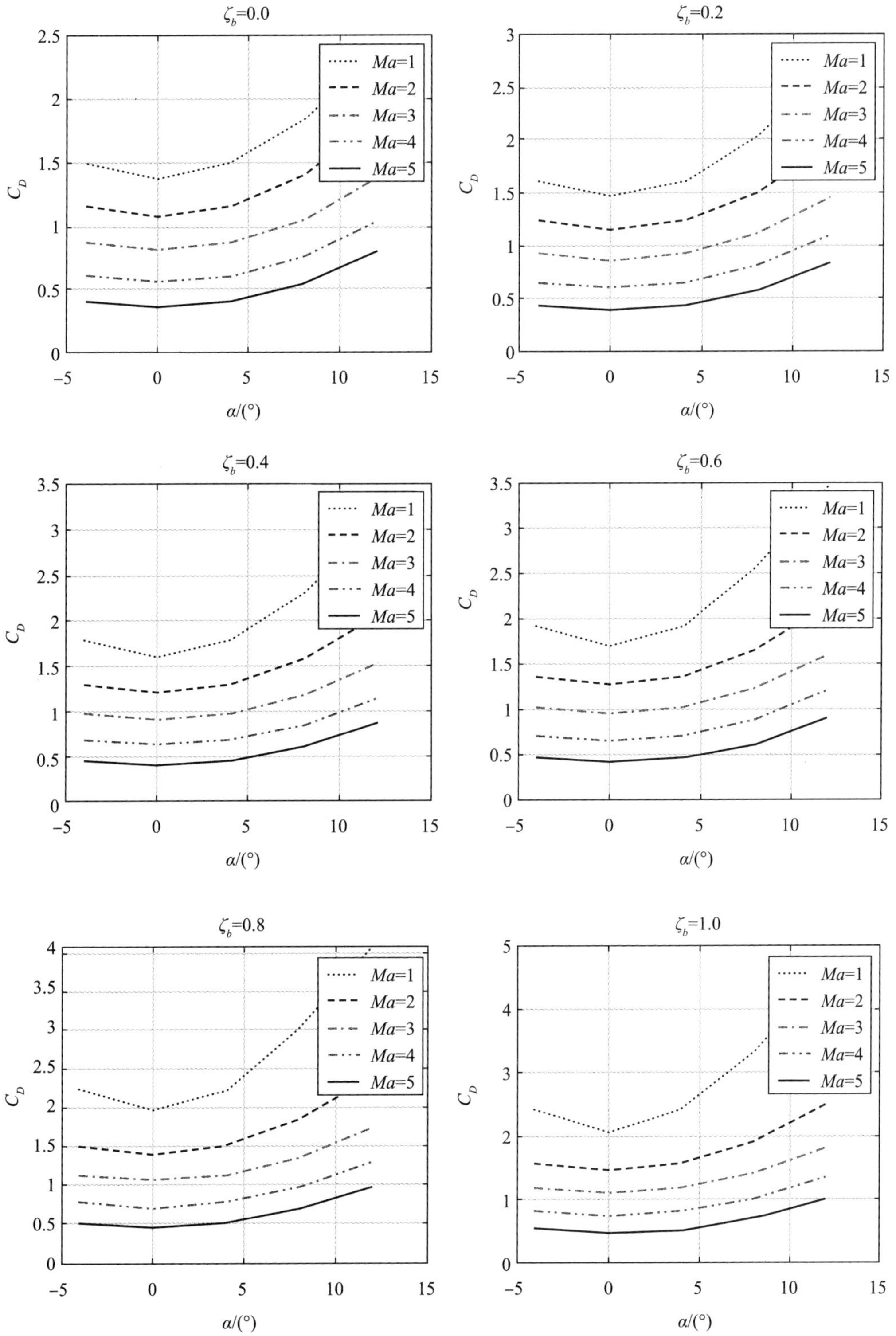

图 4-3　不同变形率下阻力系数变化曲线

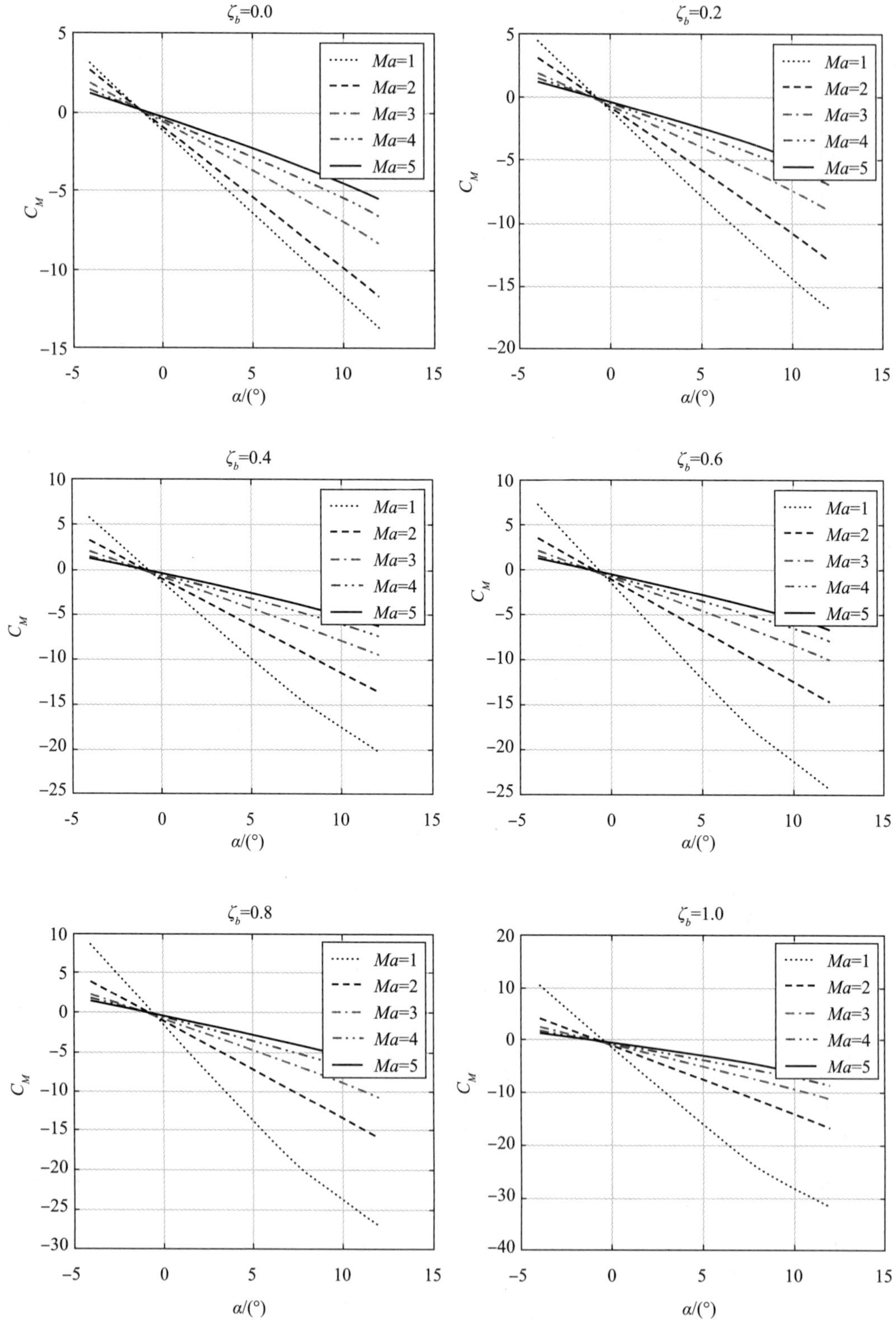

图 4-4　不同变形率下俯仰力矩系数变化曲线

其中，T 代表推力；D 为阻力；g 为重力加速度；m 为飞行器的质量；L 代表升力的合力；M 表示俯仰力矩；J_z 则是相应的转动惯量。选取了速度 V 、弹道倾角 θ 、飞行高度 h 、攻角 α 、俯仰角速度 ω_z 作为状态变量。将油门开度 δ_t 、舵偏角 δ_e 以及变形率 ξ_b 作为被控输入，即 $\boldsymbol{u}=[\delta_e,\ \delta_t,\ \xi_b]$ 。具体系数计算方式参考如下公式

$$\begin{cases} T=C_T(\delta_t) \\ D=\dfrac{1}{2}\rho V^2 SC_D(\alpha,Ma,\xi_b,\delta_e) \\ L=\dfrac{1}{2}\rho V^2 SC_L(\alpha,Ma,\xi_b,\delta_e) \\ M=\dfrac{1}{2}\rho V^2 S\bar{c}\,[C_M(\alpha,Ma)+C_M(\xi_b,\delta_e)] \end{cases} \tag{4-16}$$

根据前文中的假设，在小攻角范围内攻角与马赫数具有二阶相关性，即可用下式来表征

$$\begin{cases} C_L=C_{L00}+C_{L10}\alpha+C_{L20}\alpha^2+C_{L01}Ma+C_{L02}Ma^2+C_{L11}\alpha Ma+C_L(\xi_b)+C_{L\delta_e}(h,Ma) \\ C_D=C_{D00}+C_{D10}\alpha+C_{D20}\alpha^2+C_{D01}Ma+C_{D02}Ma^2+C_{D11}\alpha Ma+C_D(\xi_b) \\ C_M=C_{M00}+C_{M10}\alpha+C_{M20}\alpha^2+C_{M01}Ma+C_{M02}Ma^2+C_{M11}\alpha Ma+C_M(\xi_b)+C_{M\delta_e}(h,Ma) \end{cases} \tag{4-17}$$

式中，C_{L**} 为升力系数拟合参数；C_{D**} 为阻力系数拟合参数；C_{M**} 表示俯仰力矩系数插值参数；$C_*(\xi_b,\ \delta_e)$ 为各气动系数与变形率、舵偏等控制量的关系，将在后文中给出；ρ 代表高度 h 处的空气密度；S 为飞行器的参考面积；各个 C_* 代表各项气动参数；$\bar{c}$ 表示飞行器的参考长度；ξ_b 为变形率，与高速变体飞行器所处的翼展状态有关。其中推力 T 采用简化后的一阶线性关系表征

$$T=C_{\delta_t}\times\delta_t \tag{4-18}$$

式中，$C_{\delta_t}=213$ N/% 为推力系数，δ_t 为油门开度。

马赫数按下式计算

$$Ma=\frac{V}{8.99\times10^{-9}h^2-9.16\times10^{-4}h+996} \tag{4-19}$$

各个变形率 ξ_b 下得到的纵向气动参数是飞行高度 h 、马赫数 Ma 和翼展变形率 ξ_b 的插值，得出相关纵向气动参数关于 h 、Ma 和 ξ_b 的函数模型如表 4-4～表 4-6 所示。

表 4-4　阻力系数拟合结果

	C_{D00}	C_{D10}	C_{D01}	C_{D20}	C_{D11}	C_{D02}	RS
$\xi_b=0.0$	1.872 3	−0.456 6	0.023 2	0.030 3	−0.007 8	0.004 5	0.992 8
$\xi_b=0.2$	2.065 4	−0.538 0	0.030 7	0.040 2	−0.010 3	0.005 0	0.987 8
$\xi_b=0.4$	2.349 6	−0.682 1	0.039 2	0.059 0	−0.013 0	0.005 4	0.979 9
$\xi_b=0.6$	2.603 0	−0.814 3	0.049 1	0.076 3	−0.016 2	0.005 9	0.970 6
$\xi_b=0.8$	3.095 2	−1.038 3	0.060 7	0.103 9	−0.020 0	0.006 7	0.964 4
$\xi_b=1.0$	3.412 2	−1.211 6	0.073 9	0.127 2	−0.024 3	0.007 4	0.953 0

表 4-5　升力系数拟合结果

	C_{L00}	C_{L10}	C_{L01}	C_{L20}	C_{L11}	C_{L02}	RS
$\xi_b = 0.0$	0.402 7	−0.351 6	0.425 7	0.058 9	−0.061 2	0.000 6	0.990 8
$\xi_b = 0.2$	0.707 1	−0.612 7	0.517 0	0.102 9	−0.081 0	0.000 0	0.978 5
$\xi_b = 0.4$	1.100 7	−0.943 8	0.616 8	0.158 5	−0.102 6	−0.000 9	0.957 1
$\xi_b = 0.6$	1.539 5	−1.315 2	0.731 9	0.220 8	−0.127 9	−0.001 7	0.934 0
$\xi_b = 0.8$	1.973 4	−1.682 2	0.873 4	0.282 4	−0.156 9	−0.002 4	0.920 8
$\xi_b = 1.0$	2.573 0	−2.190 3	1.019 5	0.367 4	−0.190 0	−0.003 2	0.897 5

表 4-6　俯仰力矩系数拟合结果

	C_{M00}	C_{M10}	C_{M01}	C_{M20}	C_{M11}	C_{M02}	RS
$\xi_b = 0.0$	−1.843 4	0.783 7	−1.173 5	−0.099 4	0.166 0	−0.003 1	0.995 2
$\xi_b = 0.2$	−2.636 6	1.411 0	−1.450 0	−0.203 4	0.222 1	−0.001 6	0.990 9
$\xi_b = 0.4$	−3.769 1	2.301 1	−1.747 6	−0.349 9	0.283 5	0.000 8	0.979 5
$\xi_b = 0.6$	−5.006 1	3.297 2	−2.084 4	−0.514 5	0.355 1	0.002 9	0.963 8
$\xi_b = 0.8$	−5.899 4	3.926 0	−2.334 4	−0.613 7	0.405 3	0.003 4	0.958 8
$\xi_b = 1.0$	−7.467 7	5.198 3	−2.719 7	−0.823 7	0.490 4	0.005 1	0.940 8

各种外形气动系数拟合的 RS 相关系数都在 1 附近，验证了拟合效果。图 4-5 给出变形率 ξ_b =0.4 时相关气动参数以及升阻比与攻角 α 、马赫数 Ma 变化的关系。图 4-6 给出了翼展伸缩变化时的各力和变形率变化曲线。

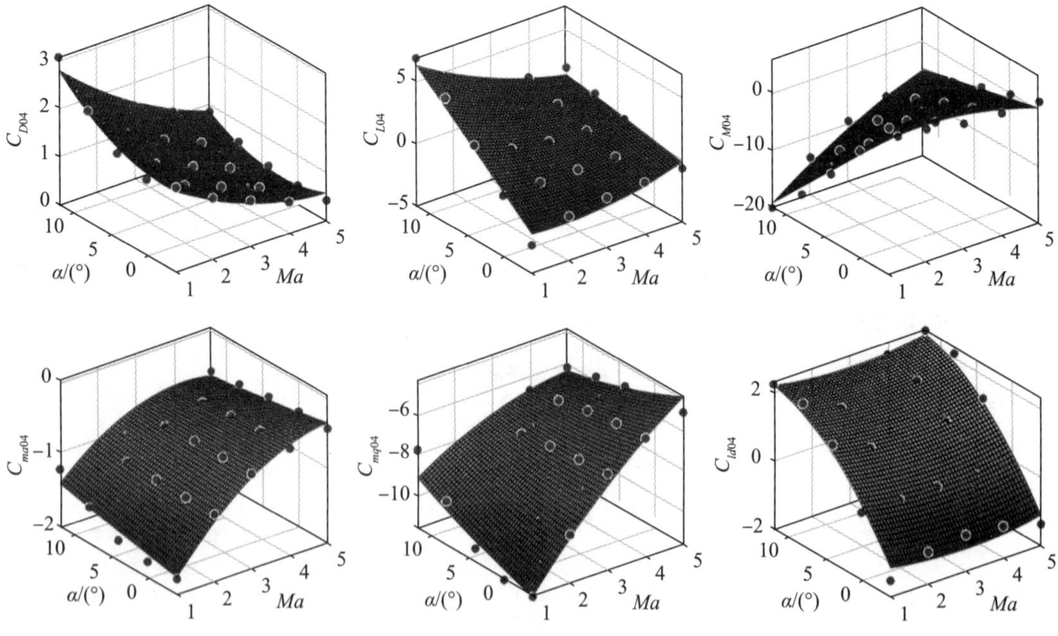

图 4-5　变形率 ξ_b = 0.4 时的各力和力矩系数变化曲线

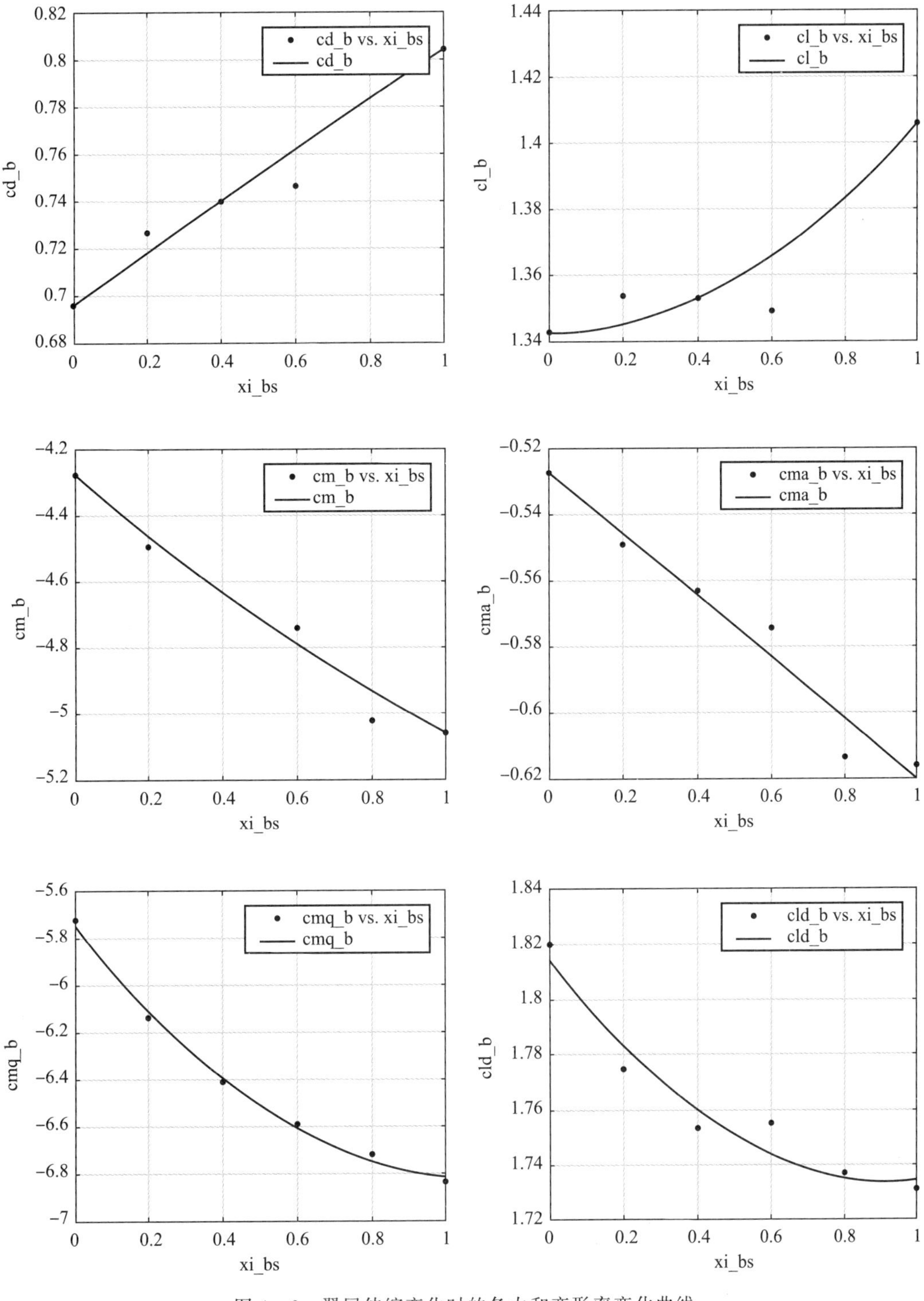

图 4-6　翼展伸缩变化时的各力和变形率变化曲线

由于本节着重考虑变体飞行器的气动建模，引入变形率的高阶形式可表达为

$$\begin{cases}C_D(\xi_b)=0.695\ 985+0.112\ 123\times\xi_b-0.003\ 83\times\xi_b^2\\C_L(\xi_b)=1.342\ 695+0.000\ 902\times\xi_b+0.062\ 553\times\xi_b^2\\C_M(\xi_b)=-4.281\ 07-0.955\ 77\times\xi_b+0.178\ 021\times\xi_b^2\end{cases}\tag{4-20}$$

另外引入舵偏对气动操纵系数的影响[25]如下式所示

$$\begin{cases}C_{L\delta_e}(h,Ma)=-0.001\ 3h+0.031\ 6Ma+0.409\ 9\\C_{M\delta_e}(h,Ma)=0.003\ 0h-0.125\ 6Ma-0.976\ 6\end{cases}\tag{4-21}$$

高速变体飞行器飞行速度和飞行高度跨越范围很大，重力加速度由飞行器所处高度求解得到[37]

$$g=g_0\left(\frac{R_0}{R_0+h}\right)^2\tag{4-22}$$

式中，R_0 为在特定纬度上的有效地球半径，$g_0=9.78\ \mathrm{m/s^2}$，为海平面处的重力加速度。

4.2.5 纵向变翼展特性分析

本节给出纵向气动力和力矩在不同马赫数下与变形率的关系，如图 4-7～图 4-8 所示。

图 4-7 表示阻力变化，它随机翼面积的增加而增加，与当前马赫数成反比。从图 4-8 可以看出，在小攻角范围内，升力与翼展和 α 成正比。图 4-9 中，由于翼展增加导致质心位移，因此这时的俯仰力矩系数随着 α 增加而减小。图 4-10 是飞行器的极曲线，在变形率的变化范围内，当处于小攻角状态时，短翼展有较好的升阻比；随着攻角增加，长翼展状态下的变体飞行器具有更优的升阻比曲线。可见加入变形率参数改善了不同姿态下的气动特性。

4.2.6 高速变体飞行器纵向仿真

本部分主要对上一节中得出的高速变体飞行器非线性模型进行仿真，可以获得关于速度 V 、弹道倾角 θ 、飞行高度 h 、攻角 α 、俯仰角速度 ω_z 及其对应分量的仿真结果。

根据图 4-11、图 4-12 仿真图形的结果可以看出，飞行器纵向非线性模型符合预期，引入变体技术后仿真得到的主要技术参数获得了提升。进行分析可以得知，速度 V 、弹道倾角 θ 、飞行高度 h 描述了外环位置变化，而攻角 α 、俯仰角速度 ω_z 确定了在当前位置的飞行器姿态。可以看出这 5 个状态量的变化特性是不同的；其中 ω_z 的变化速度比较快，是由于飞行器在绕质心转动的过程中相对应的阻尼力矩的控制需要。图 4-13 为模型控制输入曲线。

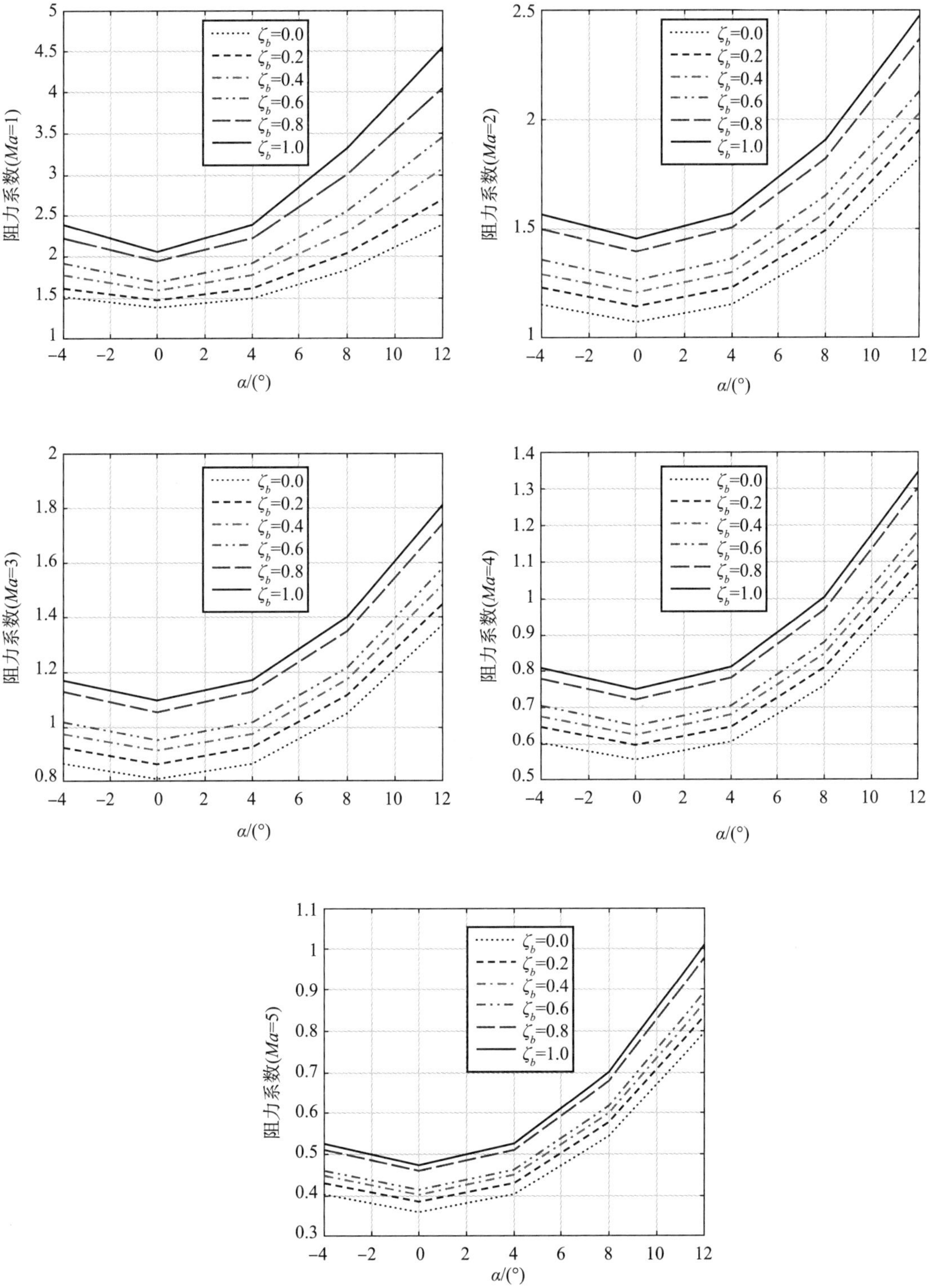

图 4-7　阻力系数随变形率变化

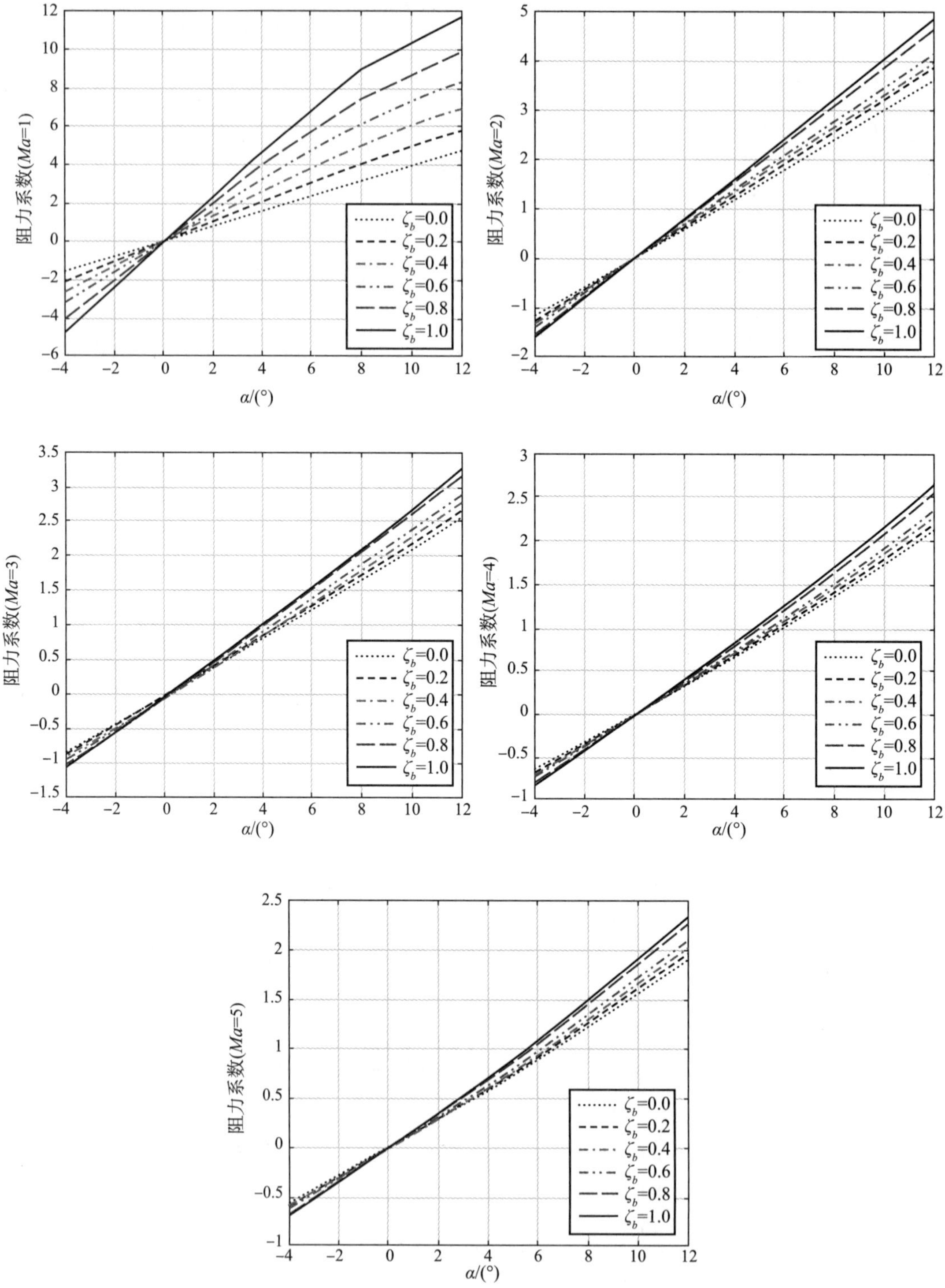

图 4－8　升力系数随变形率变化

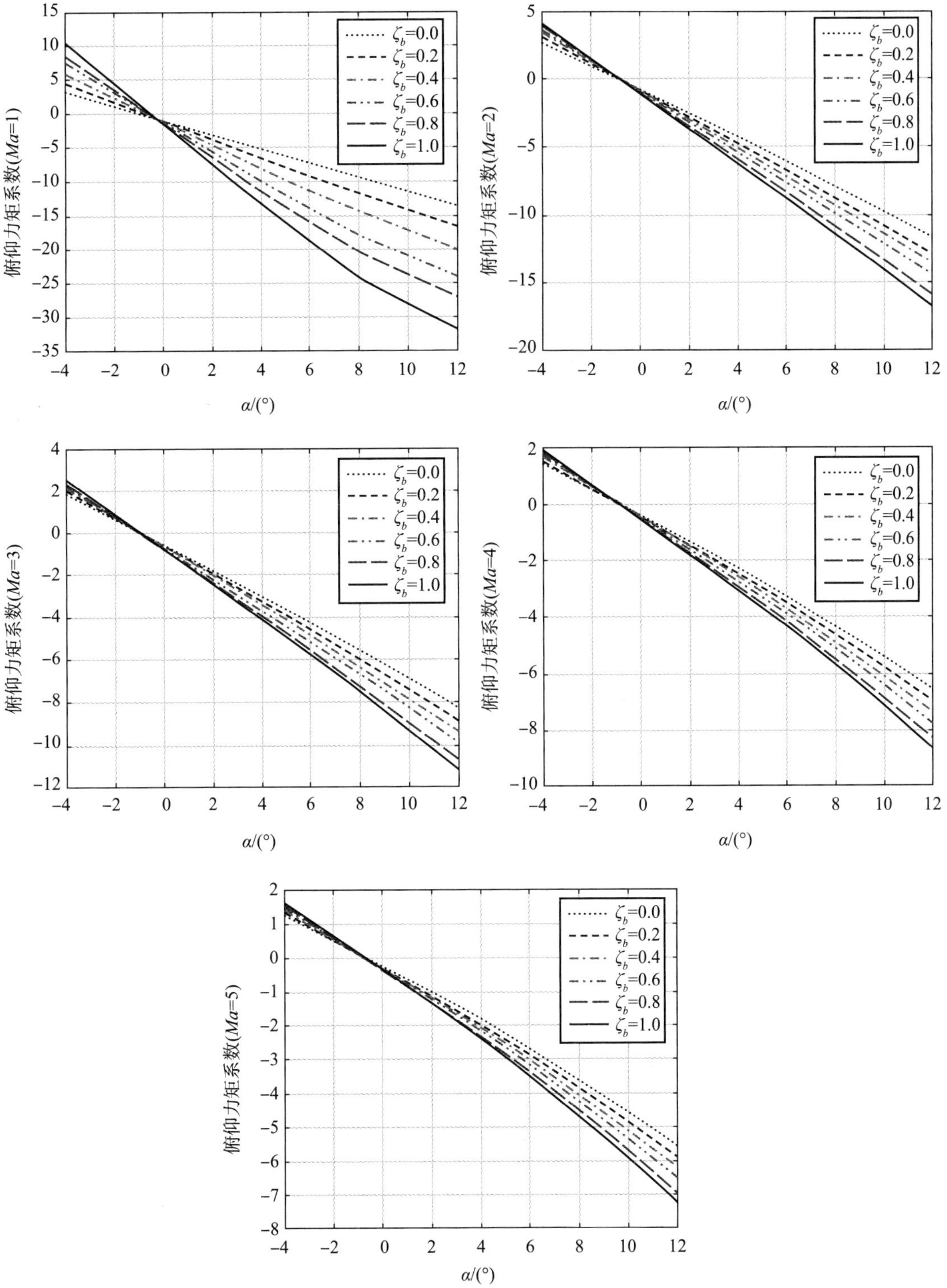

图 4-9　俯仰力矩系数随变形率变化

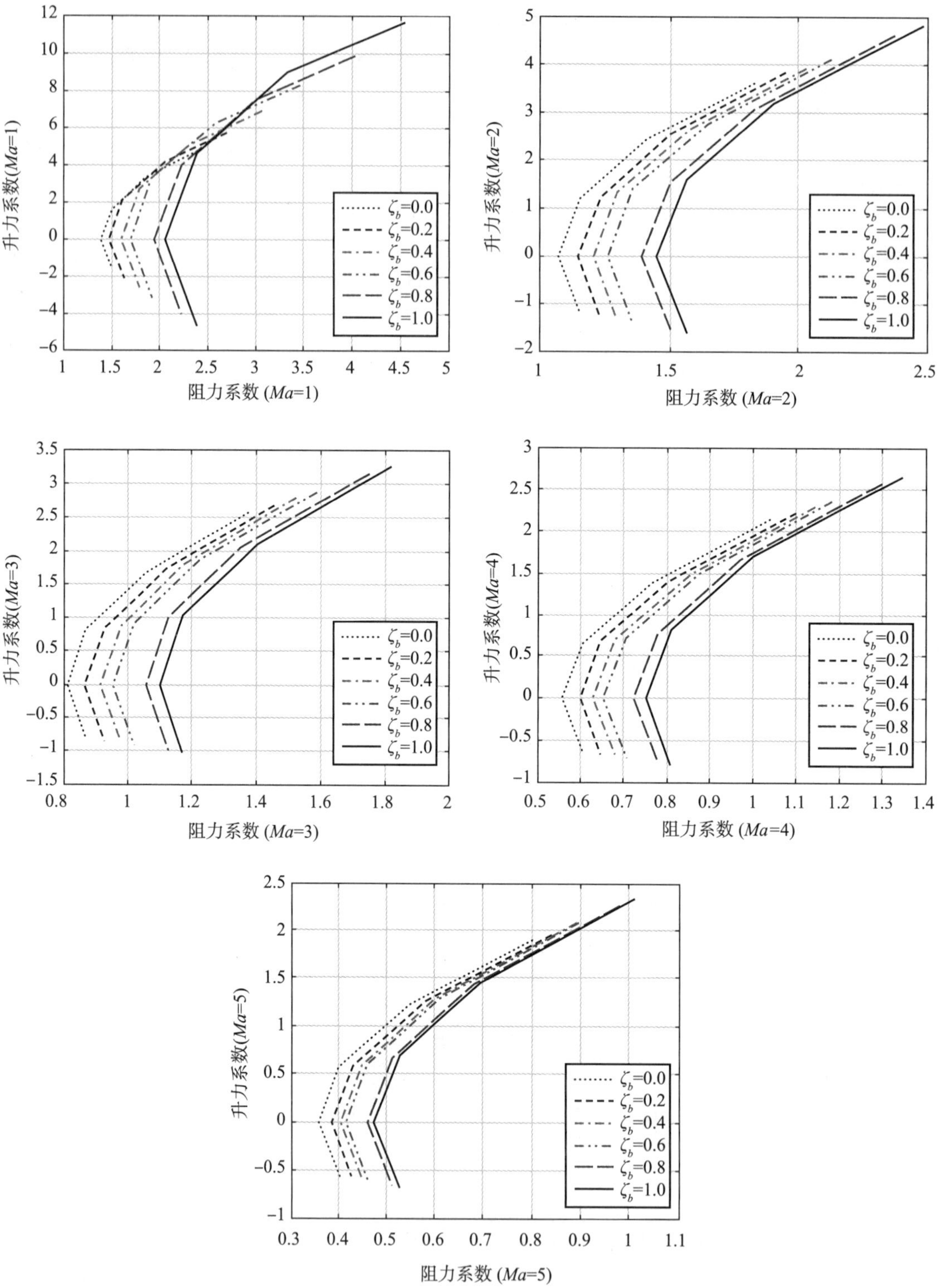

图 4-10　不同 Ma 下极曲线随变形率变化

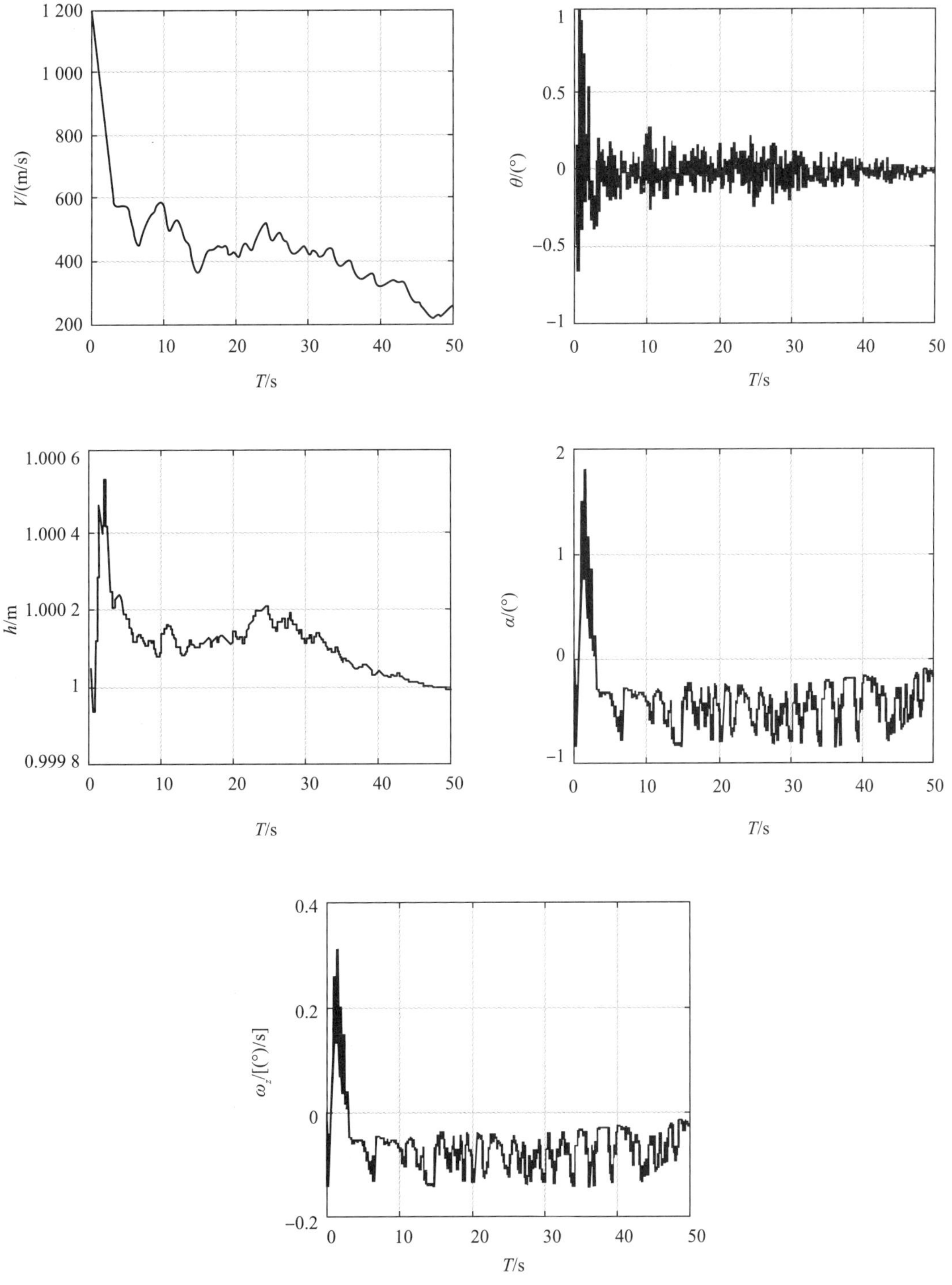

图 4 - 11　模型状态量变化曲线

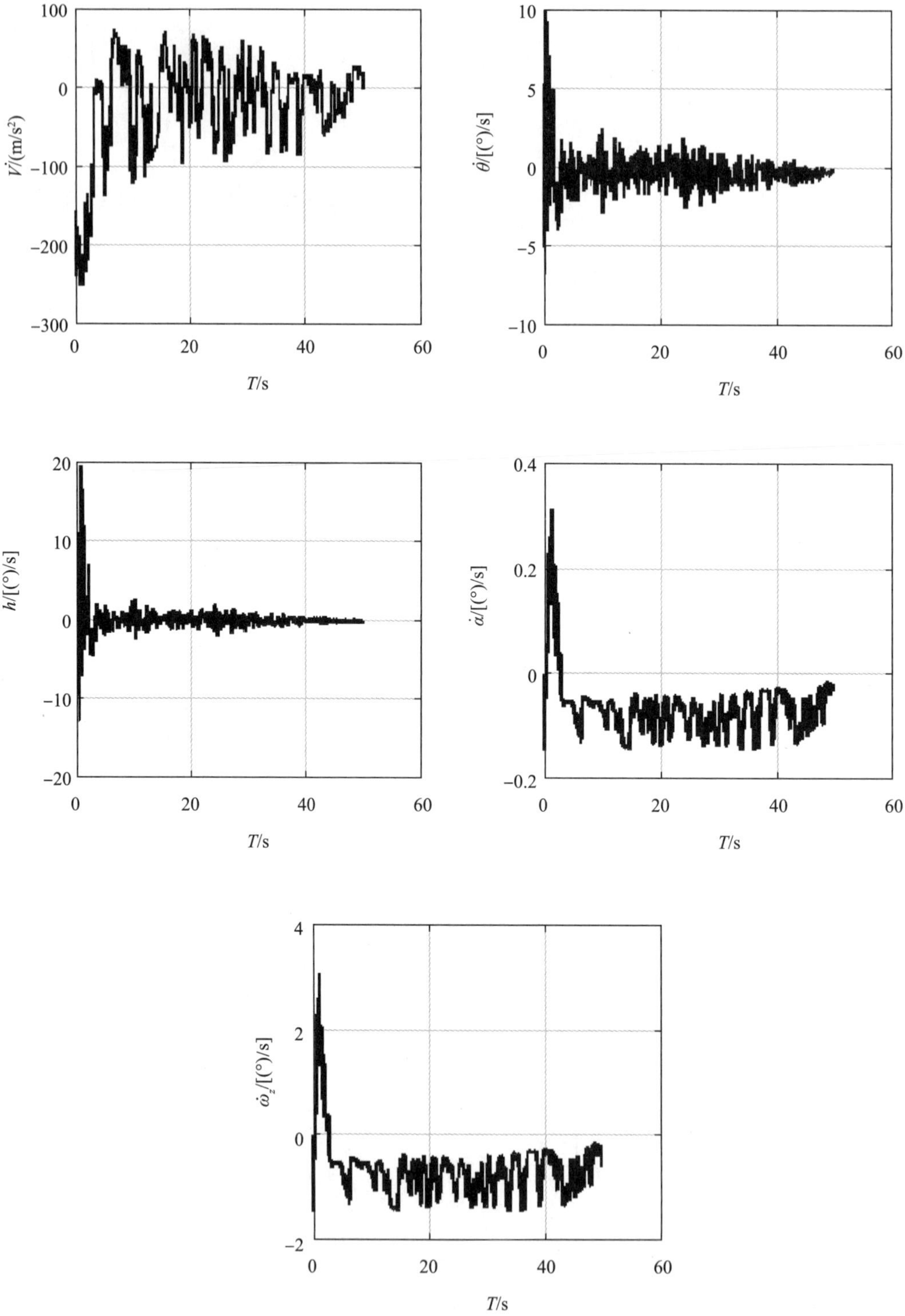

图 4-12　仿真模型状态量变化率

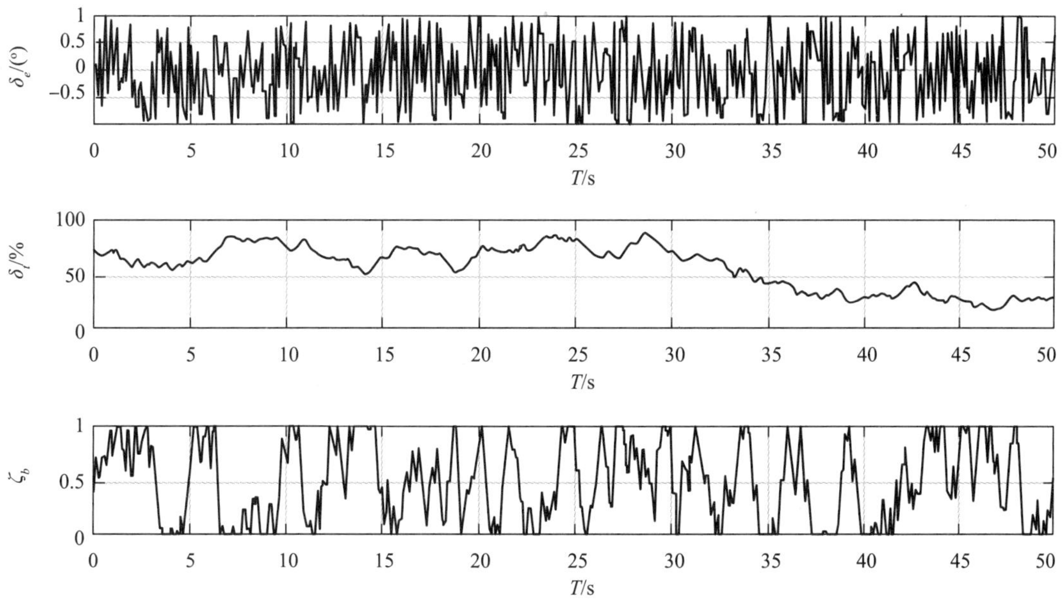

图 4－13　模型控制输入曲线

通过观察仿真结果，得知变体高速飞行器的纵向模型本身是静不稳定的；但是通过加入一定的控制量可以在一段时间后达到平衡状态并保持稳定。开环系统中攻角 α 和俯仰角速度 ω_z 均存在不同程度的振荡。本节建立变体高速飞行器的纵向非线性模型，其中包括运动学模型、质量变化模型和纵向力（力矩）耦合关系模型。分析所搭建的仿真模型得到的结果，验证了提出的关于飞行器飞行环境和耦合关系的假设，为后文中 LPV 模型的转化、相关控制器的设计做好了铺垫。下一节中会将变体高速飞行器模型转化为依赖变参量反映其动态特性的 LPV 模型，并设计最优控制器来实现其不同类型的操纵控制。

4.3　多刚体时变非线性模型转换 LPV 模型

4.3.1　LPV 理论与方法

对于动态系统有三种参数化描述方式，分别为线性时不变系统（LTI）、线性时变系统（LTV）以及线性变参数系统（LPV），三者间的主要原理可参考图 4－14。一个 LPV 系统表示了系统对象在变参数变化集合内的全局运动，相对而言线性时不变系统则只能描述系统在某特定平衡点附近的状态。

4.3.1.1　LPV 系统定义

假设参数向量 $\boldsymbol{\rho}(t)$ 的变化轨迹存在一个有界的集合内，下面给出了 LPV 系统的一般定义。

定义 1　如果一类系统可以用如下的状态空间方程进行描述[38]，且满足

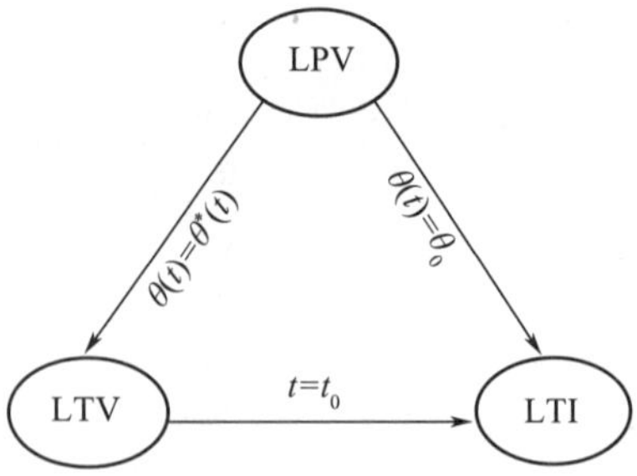

图 4-14 三种线性系统之间的关系

$$\begin{aligned}\dot{\boldsymbol{x}}(t)&=\boldsymbol{A}[\boldsymbol{\rho}(t)]\boldsymbol{x}(t)+\boldsymbol{B}[\boldsymbol{\rho}(t)]\boldsymbol{u}(t)\\ \boldsymbol{y}(t)&=\boldsymbol{C}[\boldsymbol{\rho}(t)]\boldsymbol{x}(t)+\boldsymbol{D}[\boldsymbol{\rho}(t)]\boldsymbol{u}(t)\end{aligned} \tag{4-23}$$

其中，$\boldsymbol{x}(t)$ 为状态向量，$\boldsymbol{y}(t)$ 为输出向量，$\boldsymbol{u}(t)$ 为输入向量，$\boldsymbol{\rho}(t)$ 为时变参数向量，且 $\boldsymbol{\rho}(t)\in\boldsymbol{\Theta}$，在连续可微集上变化、未知但是可以在线测量。$\boldsymbol{A}$，$\boldsymbol{B}$，$\boldsymbol{C}$，$\boldsymbol{D}$ 为状态矩阵，称这样一类系统是线性变参数（LPV）系统，若状态量和控制输入向量具有耦合关系的话，系统互相之间表现为线性关系。如果调度参数 $\boldsymbol{\rho}(t)$ 中包含状态量则得到准 LPV 系统，定义如下[38]：

定义 2 对于形如式（4-23）的一种 LPV 系统，状态量 $\boldsymbol{x}(t)$ 可以分解成调度变量 $\boldsymbol{z}(t)$ 和非调度变量 $\boldsymbol{w}(t)$ 两部分

$$\boldsymbol{x}(t)=[\boldsymbol{z}(t)\boldsymbol{w}(t)]^{\mathrm{T}} \tag{4-24}$$

将式（4-24）代入到 LPV 系统［式（4-23）］中，可获得准 LPV 系统

$$\begin{cases}\dot{\boldsymbol{z}}(t)=\boldsymbol{A}_{11}[\boldsymbol{\rho}(t)]\boldsymbol{z}(t)+\boldsymbol{A}_{12}[\boldsymbol{\rho}(t)]\boldsymbol{w}(t)+\boldsymbol{B}_1[\boldsymbol{\rho}(t)]\boldsymbol{u}(t)\\ \dot{\boldsymbol{w}}(t)=\boldsymbol{A}_{21}[\boldsymbol{\rho}(t)]\boldsymbol{z}(t)+\boldsymbol{A}_{22}[\boldsymbol{\rho}(t)]\boldsymbol{w}(t)+\boldsymbol{B}_2[\boldsymbol{\rho}(t)]\boldsymbol{u}(t)\\ \boldsymbol{y}(t)=\boldsymbol{C}_1[\boldsymbol{\rho}(t)]\boldsymbol{z}(t)+\boldsymbol{C}_2[\boldsymbol{\rho}(t)]\boldsymbol{w}(t)+\boldsymbol{D}[\boldsymbol{\rho}(t)]\boldsymbol{u}(t)\end{cases} \tag{4-25}$$

假设调度变量中不存在系统自身以外的变量，则最后都可以变成下式所描述的形式

$$\begin{cases}\begin{bmatrix}\dot{\boldsymbol{z}}(t)\\ \dot{\boldsymbol{w}}(t)\end{bmatrix}=\boldsymbol{A}[\boldsymbol{\rho}(t)]\begin{bmatrix}\boldsymbol{z}(t)\\ \boldsymbol{w}(t)\end{bmatrix}+\boldsymbol{B}[\boldsymbol{\rho}(t)]\boldsymbol{u}(t)+\boldsymbol{K}[\boldsymbol{\rho}(t)]\\ \boldsymbol{y}(t)=[\boldsymbol{z}(t)\boldsymbol{w}(t)]^{\mathrm{T}}\end{cases} \tag{4-26}$$

4.3.1.2 三种 LPV 建模方法与比较

首先介绍 Jacobian 线性化法[39]。在飞行器运动范围内求解一系列平衡点，然后进行拟合得到连续 LPV 模型。假设系统可用如下微分方程表征

$$\dot{\boldsymbol{z}}(t)=\boldsymbol{f}_1[\boldsymbol{z}(t),\boldsymbol{w}(t),\boldsymbol{u}(t)]=\boldsymbol{A}_{11}[\boldsymbol{\rho}(t)]\boldsymbol{z}(t)+\boldsymbol{A}_{12}[\boldsymbol{\rho}(t)]\boldsymbol{w}(t)+\boldsymbol{B}_1[\boldsymbol{\rho}(t)]\boldsymbol{u}(t) \tag{4-27}$$

$$\dot{\boldsymbol{w}}(t)=\boldsymbol{f}_2[\boldsymbol{z}(t),\boldsymbol{w}(t),\boldsymbol{u}(t)]=\boldsymbol{A}_{21}[\boldsymbol{\rho}(t)]\boldsymbol{z}(t)+\boldsymbol{A}_{22}[\boldsymbol{\rho}(t)]\boldsymbol{w}(t)+\boldsymbol{B}_2[\boldsymbol{\rho}(t)]\boldsymbol{u}(t) \tag{4-28}$$

此系统状态向量定义为 $\boldsymbol{x}(t)=[\boldsymbol{z}(t)\boldsymbol{w}(t)]^{\mathrm{T}}$，控制输入为 $\boldsymbol{u}(t)$，系统的调度参数为 $\boldsymbol{p}(t)=\boldsymbol{z}(t)$，没有外部变量作为调度变量。出于简化的目的，将系统状态空间矩阵直接记

成 $\boldsymbol{A}$，$\boldsymbol{B}$，$\boldsymbol{u}$，$\boldsymbol{z}$，$\boldsymbol{w}$ 。选择平衡点 $\boldsymbol{\rho}_{eq}=\boldsymbol{z}_{eq}$ ，在平衡点附近进行一阶近似

$$\boldsymbol{x}=\boldsymbol{x}_{eq}+\boldsymbol{\delta}_{x} \tag{4-29}$$

$$\dot{\boldsymbol{x}}\approx\dot{\boldsymbol{x}}_{eq}+\dot{\boldsymbol{\delta}}_{x} \tag{4-30}$$

将式（4-29）、式（4-30）代入到方程（4-27）、方程（4-28），即对系统进行一阶泰勒展开

$$\dot{\boldsymbol{z}}=\boldsymbol{f}_{1}(\boldsymbol{z}_{eq},\boldsymbol{w}_{eq},\boldsymbol{u}_{eq})+\left[\frac{\partial\boldsymbol{A}_{11}}{\partial z}z+\boldsymbol{A}_{11}+\frac{\partial\boldsymbol{A}_{12}}{\partial z}\boldsymbol{w}+\frac{\partial\boldsymbol{B}_{1}}{\partial z}\boldsymbol{u}\right]\Big|_{eq}\boldsymbol{\delta}_{z}+\boldsymbol{A}_{12}\big|_{eq}\boldsymbol{\delta}_{w}+\boldsymbol{B}_{1}\big|_{eq}\boldsymbol{\delta}_{u} \tag{4-31}$$

$$\dot{\boldsymbol{w}}=\boldsymbol{f}_{2}(\boldsymbol{z}_{eq},\boldsymbol{w}_{eq},\boldsymbol{u}_{eq})+\left[\frac{\partial\boldsymbol{A}_{21}}{\partial z}z+\boldsymbol{A}_{21}+\frac{\partial\boldsymbol{A}_{22}}{\partial z}\boldsymbol{w}+\frac{\partial\boldsymbol{B}_{2}}{\partial z}\boldsymbol{u}\right]\Big|_{eq}\boldsymbol{\delta}_{z}+\boldsymbol{A}_{22}\big|_{eq}\boldsymbol{\delta}_{w}+\boldsymbol{B}_{2}\big|_{eq}\boldsymbol{\delta}_{u} \tag{4-32}$$

令上述方程左边为零。对上述的展开结果可用状态空间方程描述的形式来表达

$$\begin{bmatrix}\dot{\boldsymbol{\delta}}_{z}\\ \dot{\boldsymbol{\delta}}_{w}\end{bmatrix}=\begin{bmatrix}\boldsymbol{a}_{11} & \boldsymbol{a}_{12}\\ \boldsymbol{a}_{21} & \boldsymbol{a}_{22}\end{bmatrix}\Big|_{eq}\begin{bmatrix}\boldsymbol{\delta}_{z}\\ \boldsymbol{\delta}_{w}\end{bmatrix}+\begin{bmatrix}\boldsymbol{b}_{1}\\ \boldsymbol{b}_{2}\end{bmatrix}\Big|_{eq}[\boldsymbol{\delta}_{u}] \tag{4-33}$$

上式方程中矩阵各元素具体表达式如下

$$\boldsymbol{a}_{11}=\frac{\partial\boldsymbol{A}_{11}}{\partial z}z+\boldsymbol{A}_{11}+\frac{\partial\boldsymbol{A}_{12}}{\partial z}\boldsymbol{w}+\frac{\partial\boldsymbol{B}_{1}}{\partial z}\boldsymbol{u} \tag{4-34}$$

$$\boldsymbol{a}_{12}=\boldsymbol{A}_{12} \tag{4-35}$$

$$\boldsymbol{a}_{21}=\frac{\partial\boldsymbol{A}_{21}}{\partial z}z+\boldsymbol{A}_{21}+\frac{\partial\boldsymbol{A}_{22}}{\partial z}\boldsymbol{w}+\frac{\partial\boldsymbol{B}_{2}}{\partial z}\boldsymbol{u} \tag{4-36}$$

$$\boldsymbol{a}_{22}=\boldsymbol{A}_{22} \tag{4-37}$$

$$\boldsymbol{b}_{1}=\boldsymbol{B}_{1} \tag{4-38}$$

$$\boldsymbol{b}_{2}=\boldsymbol{B}_{2} \tag{4-39}$$

Shamma[40] 和 Cloutier[41] 最先提出状态变换法。这种方法要求，如果模型中有不属于系统调度的状态量，则需要对这一类变量重新定义使得方程转换为线性项。这种方法只能应用于具有方程（4-40）、方程（4-41）表达形式的系统。

$$\begin{bmatrix}\dot{\boldsymbol{z}}(t)\\ \dot{\boldsymbol{w}}(t)\end{bmatrix}=\begin{bmatrix}\boldsymbol{K}_{1}[(\boldsymbol{\rho}(t)]\\ \boldsymbol{K}_{1}[\boldsymbol{\rho}(t)]\end{bmatrix}+\begin{bmatrix}\boldsymbol{A}_{11}[\boldsymbol{\rho}(t)] & \boldsymbol{A}_{12}[\boldsymbol{\rho}(t)]\\ \boldsymbol{A}_{21}[\boldsymbol{\rho}(t)] & \boldsymbol{A}_{22}[\boldsymbol{\rho}(t)]\end{bmatrix}\begin{bmatrix}\boldsymbol{z}(t)\\ \boldsymbol{w}(t)\end{bmatrix}+\begin{bmatrix}\boldsymbol{B}_{1}[\boldsymbol{\rho}(t)]\\ \boldsymbol{B}_{2}[\boldsymbol{\rho}(t)]\end{bmatrix}[\boldsymbol{u}(t)] \tag{4-40}$$

$$\boldsymbol{y}(t)=[\boldsymbol{z}(t)\quad \boldsymbol{w}(t)]^{\mathrm{T}} \tag{4-41}$$

其中，$\boldsymbol{z}(t)\in\mathbf{R}^{n_z}$ 是状态向量，而 $\boldsymbol{w}(t)\in\mathbf{R}^{n_w}$ 为非调度状态变量，$\boldsymbol{u}(t)\in\mathbf{R}^{n_u}$ 为控制输入向量。但是这种方法的局限性在于，当所有状态均为可测变量时，只有存在不依赖于变参数的稳定状态方程，才能够使用这种方式得到系统的 LPV 模型。

函数替代法[42]也对非线性系统结构提出了与状态变换法相同的要求。不同之处是函数替代法建立 LPV 模型时需要选择一个满足要求的平衡点得到依赖变参数的部分。假设存在某一系统能用类似于式（4-42）的方式来描述

$$S[\boldsymbol{\rho}(t)]=\begin{bmatrix}\boldsymbol{A}[\boldsymbol{\rho}(t)] & \boldsymbol{B}[\boldsymbol{\rho}(t)]\\ \boldsymbol{C}[\boldsymbol{\rho}(t)] & \boldsymbol{D}[\boldsymbol{\rho}(t)]\end{bmatrix} \tag{4-42}$$

$$\begin{bmatrix}\dot{z}\\ \dot{w}\end{bmatrix}=\begin{bmatrix}\boldsymbol{K}_1(\boldsymbol{\rho})\\ \boldsymbol{K}_1(\boldsymbol{\rho})\end{bmatrix}+\begin{bmatrix}\boldsymbol{A}_{11}(\boldsymbol{\rho}) & \boldsymbol{A}_{12}(\boldsymbol{\rho})\\ \boldsymbol{A}_{21}(\boldsymbol{\rho}) & \boldsymbol{A}_{22}(\boldsymbol{\rho})\end{bmatrix}\begin{bmatrix}z\\ w\end{bmatrix}+\begin{bmatrix}\boldsymbol{B}_1(\boldsymbol{\rho})\\ \boldsymbol{B}_2(\boldsymbol{\rho})\end{bmatrix}[\tilde{\boldsymbol{u}}(\boldsymbol{\rho},\boldsymbol{\delta})] \tag{4-43}$$

同样地，$z(t)\in\mathbf{R}^{n_z}$ 是状态向量，$w(t)\in\mathbf{R}^{n_w}$ 为非调度状态变量，$\boldsymbol{u}$：$\mathbf{R}^{n_z\times n\delta}\rightarrow\mathbf{R}^{n_\delta}$ 为控制输入向量。为了简化问题，假设所有状态均有可以线上测量的输出值。可以找到这样一个函数 $\boldsymbol{v}$：$\mathbf{R}^{n_z\times n\delta}\rightarrow\mathbf{R}^{n_\delta}$ ，使得对于所有调度向量 $\boldsymbol{\rho}\in\boldsymbol{F}_\rho$ 和非线性输入 $\boldsymbol{u}\in\mathbf{R}^{n_\delta}$ ，使得下式成立

$$\tilde{\boldsymbol{u}}[z,\boldsymbol{v}(z,\boldsymbol{u})]=\boldsymbol{u} \tag{4-44}$$

则非线性项 $\tilde{\boldsymbol{u}}(\rho,\delta)$ 将转化成线性形式重新进入到方程中。对应地，可以将 $\boldsymbol{u}$ 作为这一类非线性系统的输入，则上式可以重新记为

$$\begin{bmatrix}\dot{z}\\ \dot{w}\end{bmatrix}=\begin{bmatrix}\boldsymbol{K}_1(\boldsymbol{\rho})\\ \boldsymbol{K}_1(\boldsymbol{\rho})\end{bmatrix}+\begin{bmatrix}\boldsymbol{A}_{11}(\boldsymbol{\rho}) & \boldsymbol{A}_{12}(\boldsymbol{\rho})\\ \boldsymbol{A}_{21}(\boldsymbol{\rho}) & \boldsymbol{A}_{22}(\boldsymbol{\rho})\end{bmatrix}\begin{bmatrix}z\\ w\end{bmatrix}+\begin{bmatrix}\boldsymbol{B}_1(\boldsymbol{\rho})\\ \boldsymbol{B}_2(\boldsymbol{\rho})\end{bmatrix}[\boldsymbol{u}] \tag{4-45}$$

选择一个平衡点 $(z_{eq},\ w_{eq},\ u_{eq})$ ，作如下代换

$$\boldsymbol{\eta}_z=z-z_{eq},\boldsymbol{\eta}_w=w-w_{eq},\boldsymbol{\eta}_u=\boldsymbol{u}-\boldsymbol{u}_{eq} \tag{4-46}$$

将上式代入方程得

$$\begin{bmatrix}\dot{\boldsymbol{\eta}}_z+\dot{z}_{eq}\\ \dot{\boldsymbol{\eta}}_w+\dot{w}_{eq}\end{bmatrix}=\begin{bmatrix}\boldsymbol{A}_{11}(\boldsymbol{\eta}_z+z_{eq}) & \boldsymbol{A}_{12}(\boldsymbol{\eta}_z+z_{eq})\\ \boldsymbol{A}_{21}(\boldsymbol{\eta}_z+z_{eq}) & \boldsymbol{A}_{22}(\boldsymbol{\eta}_z+z_{eq})\end{bmatrix}\begin{bmatrix}\boldsymbol{\eta}_z\\ \boldsymbol{\eta}_w\end{bmatrix}+\begin{bmatrix}\boldsymbol{B}_1(\boldsymbol{\eta}_z+z_{eq})\\ \boldsymbol{B}_2(\boldsymbol{\eta}_z+z_{eq})\end{bmatrix}[\boldsymbol{\eta}_u] \tag{4-47}$$

其中分解函数 $\boldsymbol{F}_d$ 的表达式如下

$$\boldsymbol{F}_d=\begin{bmatrix}\boldsymbol{k}_1(\boldsymbol{\eta}_z+z_{eq})\\ \boldsymbol{k}_2(\boldsymbol{\eta}_z+z_{eq})\end{bmatrix}+\begin{bmatrix}\boldsymbol{A}_{11}(\boldsymbol{\eta}_z+z_{eq}) & \boldsymbol{A}_{12}(\boldsymbol{\eta}_z+z_{eq})\\ \boldsymbol{A}_{21}(\boldsymbol{\eta}_z+z_{eq}) & \boldsymbol{A}_{22}(\boldsymbol{\eta}_z+z_{eq})\end{bmatrix}\begin{bmatrix}z_{eq}\\ w_{eq}\end{bmatrix}+\begin{bmatrix}\boldsymbol{B}_1(\boldsymbol{\eta}_z+z_{eq})\\ \boldsymbol{B}_2(\boldsymbol{\eta}_z+z_{eq})\end{bmatrix}[\boldsymbol{u}_{eq}] \tag{4-48}$$

4.3.2 LPV 模型平衡点选取

参照 4.2 节中描述的高速变体飞行器非线性模型，有 $\boldsymbol{x}(t)=[V\quad\alpha\quad\omega_z\quad h\quad\theta]^{\mathrm{T}}$ 为状态变量。其中 θ 代表弹道倾角，控制输入 $\boldsymbol{u}(t)=[\delta_e\quad\delta_t\quad\xi_b]^{\mathrm{T}}$ 代表升降舵、油门开度及变形率，则式（4－15）可表示为下面的形式

$$\begin{aligned}\dot{\boldsymbol{x}}&=\boldsymbol{A}(V,\alpha,h)\boldsymbol{x}+\boldsymbol{B}(V,\alpha,h)\boldsymbol{u}\\ \dot{\boldsymbol{y}}&=\boldsymbol{C}(V,\alpha,h)\boldsymbol{x}+\boldsymbol{D}(V,\alpha,h)\boldsymbol{u}\end{aligned} \tag{4-49}$$

其中状态矩阵的具体参数将在附录中给出。LPV 建模的目标就是将式（4－49）所表示的状态空间模型分解为攻角 α 、马赫数 Ma 和变形率 ξ_b 的线性函数。根据所需在飞行包线内求取 125 个平衡点，求解飞行器纵向 LPV 模型。其中变形率取值范围为 $\xi_b=[0.2,\ 0.4,\ 0.6,\ 0.8]$ 、马赫数为 $Ma=[1.5,\ 2.5,\ 3.5,\ 4.5,\ 5.5]$ 。

4.3.3　状态空间模型提取

当形如式（4-15）的飞行器动力学方程建立之后，需要提取控制器设计模型和控制器评估模型。通过分离不相关的状态量简化部分气动插值结果，可以得到形如式（4-50）的非线性动力学模型，同时也是进行仿真的迭代基础。

$$\begin{cases}\dot{\boldsymbol{x}}(t)=\boldsymbol{f}[\boldsymbol{x}(t),\xi_b]+\boldsymbol{g}[\boldsymbol{x}(t),\xi_b]\boldsymbol{u}(t)+\boldsymbol{d}(t)\\ \boldsymbol{y}(t)=\boldsymbol{x}(t)\end{cases}\tag{4-50}$$

式中，$\boldsymbol{x}(t)=[V\quad\alpha\quad\omega_z\quad h\quad\theta]^{\mathrm{T}}$为状态向量；$\boldsymbol{u}(t)=[\delta_e\quad\delta_t\quad\xi_b]^{\mathrm{T}}$为输入向量，$\boldsymbol{y}(t)$为输出向量；$\boldsymbol{d}(t)$为干扰向量。

系统函数$\boldsymbol{f}[\boldsymbol{x}(t),\ \xi_b]$，$\boldsymbol{g}[\boldsymbol{x}(t),\ \xi_b]$分别为

$$\boldsymbol{f}[\boldsymbol{x}(t),\xi_b]=\begin{bmatrix}-\dfrac{1}{2m}\rho V^2S_w(C_{D_{\alpha=0}}+C_{D_\alpha}\alpha+C_{D_{\alpha^2}}\alpha^2)-g\sin(\theta-\alpha)\\ -\dfrac{1}{2m}\rho VS_w\left(C_{L_{\alpha=0}}+C_{L_\alpha}\alpha+C_{L_q}\dfrac{C_A}{2V}q\right)+q+\dfrac{1}{V}g\cos(\theta-\alpha)\\ q\\ \dfrac{1}{2I_y}\rho V^2S_wC_A\left(C_{m_{\alpha=0}}+C_{m_\alpha}\alpha+C_{m_q}\dfrac{C_A}{2V}q\right)\\ V\sin(\theta-\alpha)\end{bmatrix}$$

$$\boldsymbol{g}[\boldsymbol{x}(t),\xi_b]=\begin{bmatrix}0 & \dfrac{1}{m}T_{\delta_t}\cos\alpha\\ \dfrac{1}{2m}\rho VS_wC_{L_{\delta_e}} & -\dfrac{1}{mV}T_{\delta_t}\sin\alpha\\ 0 & 0\\ \dfrac{1}{2I_y}\rho V^2S_wC_AC_{m_{\delta_e}} & 0\\ 0 & 0\end{bmatrix}\tag{4-51}$$

在高速变体飞行器的包线内设计一组平衡点，根据4.3.2小节的研究内容在选定状态下求解平衡点，作为飞行器变体控制器设计和分析的基础。平衡点的状态量$\boldsymbol{x}_e=[V_e,\ \alpha_e,\ \omega_{ze},\ h_e,\ \theta_e]^{\mathrm{T}}$，$\boldsymbol{u}_e=[\delta_{ee},\ \delta_{te},\ \xi_{be}]$，于是得到用于控制器设计的线性时不变系统[43]

$$\begin{aligned}\Delta\boldsymbol{X}&=\boldsymbol{A}\cdot\Delta\boldsymbol{X}+\boldsymbol{B}\cdot\Delta\boldsymbol{U}\\ \Delta\boldsymbol{Y}&=\boldsymbol{C}\Delta\boldsymbol{X}+\boldsymbol{D}_0\Delta\boldsymbol{U}\end{aligned}\tag{4-52}$$

其中状态变量和输入量定义为

$$\begin{cases}\Delta\boldsymbol{X}\triangleq[\Delta v,\Delta\alpha,\Delta q,\Delta h,\Delta\theta]^{\mathrm{T}}\\ \Delta\boldsymbol{U}\triangleq[\Delta\delta_e,\Delta\delta_t,\Delta\xi_b]^{\mathrm{T}}\end{cases}\tag{4-53}$$

式（4-53）中系统阵和控制阵的具体元素如下所示

$$
\boldsymbol{A}=\begin{bmatrix} D_v & D_\alpha & 0 & D_h & -g \\ \dfrac{L_v}{V_e} & \dfrac{L_\alpha}{V_e} & \dfrac{1-L_q}{V_e} & \dfrac{L_h}{V_e} & 0 \\ M_v & M_\alpha & M_q & M_h & 0 \\ 0 & -V_0 & 0 & 0 & V_0 \\ 0 & 0 & 1 & 0 & 0 \end{bmatrix} \quad \boldsymbol{B}=\begin{bmatrix} 0 & D_{\delta_t} & D_{\xi_b} \\ \dfrac{L_{\delta_e}}{V_e} & \dfrac{L_{\delta_t}}{V_e} & \dfrac{L_{\xi_b}}{V_e} \\ M_{\delta_e} & 0 & M_{\xi_b} \\ 0 & 0 & 0 \\ 0 & 0 & 0 \end{bmatrix} \tag{4-54}
$$

为了进一步说明问题，选取 $Ma=7, h=26$ km 的初始飞行速度和高度值，所得到的系数矩阵如下

$$
\boldsymbol{A}=\begin{pmatrix} 6.57\mathrm{E}-07 & 9.749\,302 & 0 & 0 & -9.749\,3 \\ 2.21\mathrm{E}-06 & 7.98\mathrm{E}-12 & 1 & 0 & 0 \\ -4.62\mathrm{E}-08 & -9.73\mathrm{E}-09 & 0 & 0 & 0 \\ 0 & -2\,100 & 0 & 0 & 2\,100 \\ 0 & 0 & 1 & 0 & 0 \end{pmatrix}
$$

$$
\boldsymbol{B}=\begin{pmatrix} 0 & 4.72\mathrm{E}-06 & -0.007\,84 & 0 & 0 \\ 1.686\,447 & -3.33\mathrm{E}-10 & 0 & 0 & 0 \\ -0.000\,63 & -5.28\mathrm{E}-07 & -0.000\,34 & 0 & 0 \end{pmatrix} \tag{4-55}
$$

经检验 $(\boldsymbol{A},\boldsymbol{B})$ 能控，其中刚体模型状态矩阵的特征值见表 4-7。

表 4-7　变体飞行器状态空间特征值

特征根	阻尼比	自然频率/(rad/s)	时间常数
1.62e−09+7.45e−04i	7.45e−04	−2.18e−06	−6.16e+08
1.62e−09 − 7.45e−04i	7.45e−04	−2.18e−06	−6.16e+08
−4.64e−03	4.64e−03	1.00e+00	2.15e+02
4.64e−03	4.64e−03	−1.00e+00	−2.15e+02

4.3.4　高速变体飞行器线性变参数模型转换

选取速度 V 、高度 h 、变形率 ξ_b 为线性变参数系统的变参量，采用标准归一化分别将其变为值处于 $[-1, 1]$ 之间的无纲变量，对应关系见下式

$$
\begin{cases} V=610.8\times\delta_V+792 \\ h=4\,000\times\delta_h+24\,000 \\ \xi_b=\delta_b \end{cases} \tag{4-56}
$$

对于高速变体飞行器，首先假设

$$
\begin{cases}
f_1 = \dfrac{1}{m}T\cos\alpha - \dfrac{1}{m}D(\xi_\delta) - g\sin(\theta - \alpha) \\
f_2 = -\dfrac{1}{mV}P\sin\alpha - \dfrac{1}{mV}L(\xi_\delta) + q + \dfrac{1}{V}g\cos(\theta - \alpha) \\
f_3 = \dfrac{1}{J_z}M(\xi_\delta) \\
f_4 = V\sin(\theta - \alpha) \\
f_5 = q
\end{cases}
\tag{4-57}
$$

选择攻角 α 、马赫数 Ma 作为调度变量。系统平衡点序列可按方程求解

$$
\begin{aligned}
f_1[V_e(\alpha, Ma, \delta_e), \theta_e(\alpha, Ma, \delta_e), h_e, \alpha_e, \omega_{ze}(\alpha, Ma, \delta_e)] = 0 \\
f_2[V_e(\alpha, Ma, \delta_e), \theta_e(\alpha, Ma, \delta_e), h_e, \alpha_e, \omega_{ze}(\alpha, Ma, \delta_e)] = 0 \\
f_3[V_e(\alpha, Ma, \delta_e), \theta_e(\alpha, Ma, \delta_e), h_e, \alpha_e, \omega_{ze}(\alpha, Ma, \delta_e)] = 0 \\
f_4[V_e(\alpha, Ma, \delta_e), \theta_e(\alpha, Ma, \delta_e), h_e, \alpha_e, \omega_{ze}(\alpha, Ma, \delta_e)] = 0 \\
f_5[V_e(\alpha, Ma, \delta_e), \theta_e(\alpha, Ma, \delta_e), h_e, \alpha_e, \omega_{ze}(\alpha, Ma, \delta_e)] = 0
\end{aligned}
\tag{4-58}
$$

由式（4-57）和式（4-58）可得

$$
\begin{cases}
P\cos\alpha - D = 0 \\
L + P\sin\alpha - mg = 0 \\
\dot{\theta} = 0 \\
M_z = 0 \\
\omega_z = \dot{\theta} \\
V\sin\theta = 0
\end{cases}
\tag{4-59}
$$

因此可得 $\theta_e = 0$，$\omega_{ze} = 0$，$\dot{\theta}_e = 0$。然后依据调度变参数 α 和 Ma 确定平衡点和输入量，即

$$
\begin{aligned}
\boldsymbol{x}_e &= [V_e(\alpha, Ma), \theta_e(\alpha, Ma), h_e, \alpha_e, \omega_{ze}(\alpha, Ma)]^{\mathrm{T}} \\
\boldsymbol{u}_e &= [\delta_e(\alpha, Ma)]
\end{aligned}
\tag{4-60}
$$

另外还需要归一化时变参数[44]，即定义 $\delta_{ma} \in [-1 \quad 1]$，$\delta_\alpha \in [-1 \quad 1]$ 为如下形式

$$
\begin{aligned}
\delta_{ma} &= [2Ma - (Ma_{\max} + Ma_{\min})] / (Ma_{\max} - Ma_{\min}) \\
\delta_\alpha &= [2\alpha - (\alpha_{\max} + \alpha_{\min})] / (\alpha_{\max} - \alpha_{\min})
\end{aligned}
$$

将式（4-49）中的矩阵参数曲线拟合成 δ_{ma}，δ_α 的多项式函数。在之前讨论划定的飞行范围内，选择其中对应的平衡点进行 Jacobian 线性化，即

$$\begin{bmatrix}\dot{V}_\delta\\ \dot{\theta}_\delta\\ \dot{h}_\delta\\ \dot{\alpha}_\delta\\ \dot{\omega}_{z\delta}\end{bmatrix}=\begin{bmatrix}A_{11}&A_{12}&A_{13}&A_{14}&A_{15}\\A_{21}&A_{22}&A_{23}&A_{24}&A_{25}\\A_{31}&A_{32}&A_{33}&A_{34}&A_{35}\\A_{41}&A_{42}&A_{43}&A_{44}&A_{45}\\A_{51}&A_{52}&A_{53}&A_{54}&A_{55}\end{bmatrix}\begin{bmatrix}V_\delta\\ \theta_\delta\\ h_\delta\\ \alpha_\delta\\ \omega_{z\delta}\end{bmatrix}+\begin{bmatrix}B_{11}\\B_{21}\\B_{31}\\B_{41}\\B_{51}\end{bmatrix}[\delta_{e\delta}] \tag{4-61}$$

$$A_{11}=\frac{\partial f_1}{\partial V},A_{12}=\frac{\partial f_1}{\partial \theta},A_{21}=\frac{\partial f_2}{\partial V},B_{11}=\frac{\partial f_1}{\partial \delta_e}$$

其中的偏差量定义为

$$V_\delta(t)=V(t)-V_e(\delta_\alpha,\delta_{ma}),\theta_\delta(t)=\theta(t)-\theta_e(\delta_\alpha,\delta_{ma})$$

$$h_\delta(t)=h(t)-h_e(\delta_\alpha,\delta_{ma}),\alpha_\delta(t)=\alpha(t)-\alpha_e(\delta_\alpha,\delta_{ma})$$

$$\omega_{z\delta}(t)=\omega_z(t)-\omega_{ze}(\delta_\alpha,\delta_{ma}),\delta_{e\delta}(t)=\delta_e(t)-\delta_{ee}(\delta_\alpha,\delta_{ma})$$

整理获得的 LPV 模型状态空间矩阵，可以得到与仿射参数有关的 LPV 模型如下

$$\begin{aligned}\dot{\boldsymbol{x}}(t)&=\boldsymbol{A}[\delta_V(t),\delta_h(t)]\boldsymbol{x}(t)+\boldsymbol{B}[\delta_V(t),\delta_h(t)]\boldsymbol{u}(t)\\ \boldsymbol{y}(t)&=\boldsymbol{C}[\delta_V(t),\delta_h(t)]\boldsymbol{x}(t)+\boldsymbol{D}[\delta_V(t),\delta_h(t)]\boldsymbol{u}(t)\end{aligned} \tag{4-62}$$

$$\boldsymbol{A}[\delta_V(t),\delta_h(t)]=\begin{bmatrix}a_{11}&a_{12}&a_{13}&a_{14}&a_{15}\\a_{21}&a_{22}&a_{23}&a_{24}&a_{25}\\a_{31}&a_{32}&a_{33}&a_{34}&a_{35}\\a_{41}&a_{42}&a_{43}&a_{44}&a_{45}\\a_{51}&a_{52}&a_{53}&a_{54}&a_{55}\end{bmatrix},\boldsymbol{B}[\delta_V(t),\delta_h(t)]=\begin{bmatrix}b_{11}&b_{12}\\b_{21}&b_{22}\\b_{31}&b_{32}\\b_{41}&b_{42}\\b_{51}&b_{52}\end{bmatrix}$$

$$\boldsymbol{C}[\delta_V(t),\delta_h(t)]=\boldsymbol{I},\boldsymbol{D}[\delta_V(t),\delta_h(t)]=\boldsymbol{0} \tag{4-63}$$

其中

$$a_{**}=a_{**0}+a_{**1}\times\delta_V+a_{**2}\times\delta_h+a_{**3}\times\delta_V^2+a_{**4}\times\delta_V\times\delta_h+a_{**5}\times\delta_h^2$$

$$b_{**}=b_{**0}+b_{**1}\times\delta_V+b_{**2}\times\delta_h+b_{**3}\times\delta_V^2+b_{**4}\times\delta_V\times\delta_h+b_{**5}\times\delta_h^2$$

如果进一步整理状态空间模型（4-63），求解仿射参数依赖型的线性变参数模型如下

$$\begin{aligned}\boldsymbol{A}(\delta_\alpha,\delta_{ma})&=\boldsymbol{A}_1+\boldsymbol{A}_2\cdot\delta_\alpha+\boldsymbol{A}_3\cdot\delta_{ma}+\boldsymbol{A}_4\cdot\delta_\alpha\delta_{ma}+\boldsymbol{A}_5\cdot\delta_\alpha^2\\ \boldsymbol{B}(\delta_\alpha,\delta_{ma})&=\boldsymbol{B}_1+\boldsymbol{B}_2\cdot\delta_\alpha+\boldsymbol{B}_3\cdot\delta_{ma}+\boldsymbol{B}_4\cdot\delta_\alpha\delta_{ma}+\boldsymbol{B}_5\cdot\delta_\alpha^2\end{aligned} \tag{4-64}$$

$\boldsymbol{C}(\delta_\alpha,\ \delta_{ma})$ 为单位阵，$\boldsymbol{D}(\delta_\alpha,\ \delta_{ma})$ 为相应维数的零矩阵。式中调度变量 ρ 选择为 δ_α 和 δ_{ma}，即标准化处理后的攻角和马赫数。

4.3.5 LQR 控制仿真

为了检验前一节中线性化处理后的状态空间模型和控制模型，在这一节中在平衡点附近设计 LQR 最优控制器。取性能指标如下

$$J=\frac{1}{2}\int_0^\infty(\Delta\boldsymbol{X}^{\mathrm{T}}\boldsymbol{Q}\Delta\boldsymbol{X}+\Delta\boldsymbol{U}^{\mathrm{T}}\boldsymbol{R}\Delta\boldsymbol{U})\,\mathrm{d}t \tag{4-65}$$

选择以下加权矩阵作为高速变体飞行器状态空间的模型特征点，所设计的二次型性能指标函数的加权矩阵为

$$\boldsymbol{Q}=\begin{bmatrix}100&0&0&0&0\\0&100&0&0&0\\0&0&10&0&0\\0&0&0&10&0\\0&0&0&0&1\end{bmatrix},\boldsymbol{R}=\begin{bmatrix}1&0&0\\0&1&0\\0&0&1\end{bmatrix} \tag{4-66}$$

经过计算可知，系统 $(\boldsymbol{A}, \boldsymbol{B})$ 可镇定，并且 $(\boldsymbol{A}, \sqrt{\boldsymbol{Q}})$ 可观测。则存在 $\boldsymbol{P}$ 令所选择的指标函数 J 达到极小值，求解如下代数黎卡提（Riccati）方程

$$\boldsymbol{PA}+\boldsymbol{A}^{\mathrm{T}}\boldsymbol{P}-\boldsymbol{PBR}^{-1}\boldsymbol{B}^{\mathrm{T}}\boldsymbol{P}+\boldsymbol{Q}=0 \tag{4-67}$$

求解得出 $\boldsymbol{P}$ 。可知此时状态反馈增益控制器可表示为

$$\boldsymbol{K}=-\boldsymbol{R}^{-1}\boldsymbol{B}^{\mathrm{T}}\boldsymbol{P}=\begin{pmatrix}0.004\,004&192.270\,7&-2.811\,65&-0.004\,12&-192.302\\0.074\,205&2\,106.679&0.406\,581&-0.031\,35&-2\,106.67\\-0.000\,77&-31.456\,5&-0.127\,6&0.000\,61&31.455\,09\end{pmatrix} \tag{4-68}$$

于是得到非线性模型的控制律

$$[\delta_e,\delta_t,\xi_b]^{\mathrm{T}}=[\delta_t^*,\delta_e^*,\xi_b^*]^{\mathrm{T}}+\boldsymbol{K}(\Delta v,\Delta\alpha,\Delta q,\Delta h,\Delta\theta)^{\mathrm{T}} \tag{4-69}$$

控制律中包括稳定状态下求解得到的控制输入参数。在平衡点附近引入偏移，将得到的状态反馈增益控制矩阵代入线性化的模型后得到的仿真结果如图4-15所示。

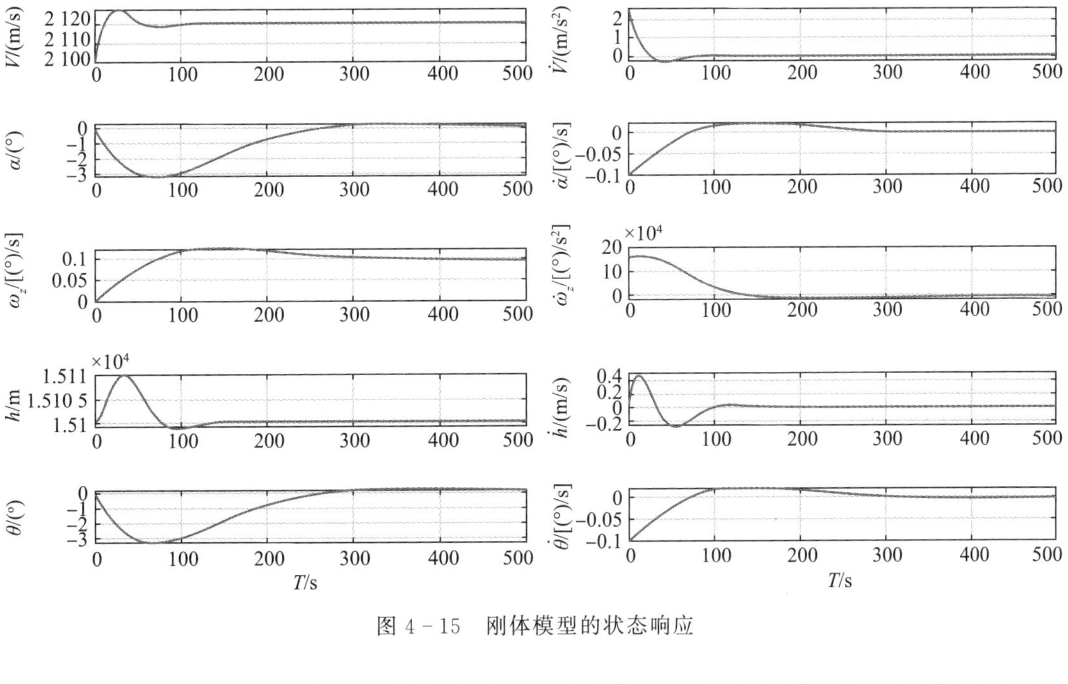

图4-15　刚体模型的状态响应

从图4-15可知，当存在初始扰动时上述设计的LQR控制律能使系统各个状态量和

输出量趋于稳定，且输入变化处于合理范围内。

4.3.6　高速变体飞行器 LPV 建模仿真验证

前一节中获得的线性模型是平衡点处原模型的简化结构，仅仅在抽象空间附近表征原系统的部分非线性特性。为了验证所采用的 LPV 建模方法转换后模型的有效性，假设变体飞行器初始状态为速度 $V=1\ 509\ \mathrm{m/s}$，高度 $h=20\ 000\ \mathrm{m}$，初始攻角 $\alpha=0\ \mathrm{rad}$，纵向非线性模型与 LPV 模型状态量之间的差异如图 4-16 所示。

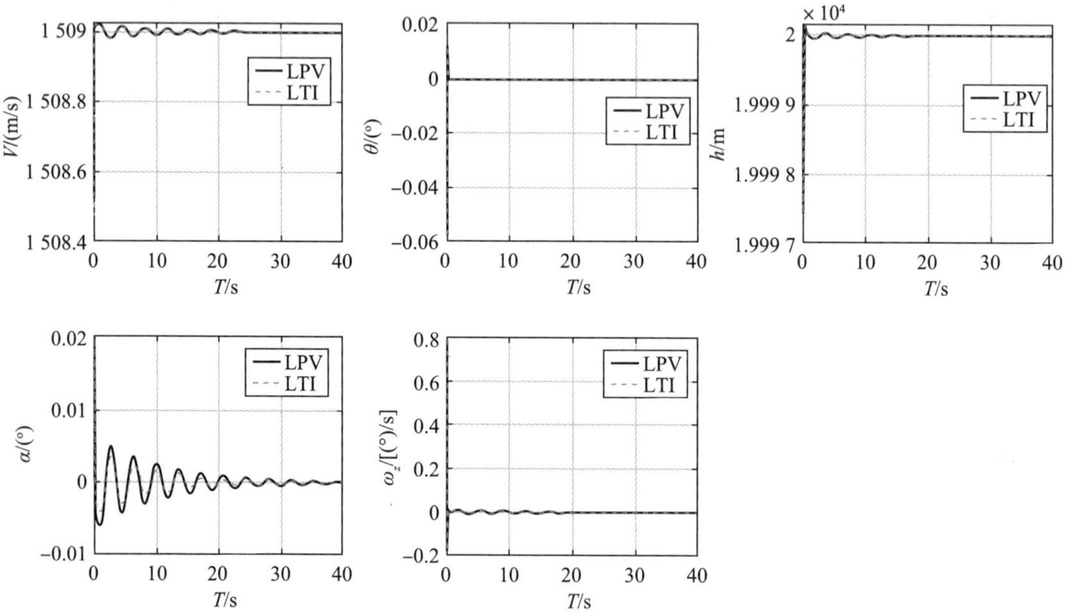

图 4-16　LPV 模型比较

4.4　高超声速变体飞行器控制器设计及仿真与分析

应用 LPV 线性变参数系统实现对上一节提出的空天高速变体飞行器模型进行精细控制，并且经过参数权重的最优分配使飞行控制系统相关综合动态响应特性及跟踪能力达到最优。

4.4.1　多胞 LPV 模型鲁棒控制器设计

将 LPV 模型进行多胞型转换，国内学者吉月辉等[44]主要研究了多胞 LPV 模型转换的步骤和方式，并且进行了仿真论证。国防科技大学的李文强等人[45]则是将 LPV 鲁棒变增益的基础要点理论作了说明，并且将其用到飞行器上检验其效果。多胞型（Polytope）是类似于下面描述的一类时变系统

$$\begin{aligned}\dot{\boldsymbol{x}}(t)&=\boldsymbol{A}(\boldsymbol{\rho})\boldsymbol{x}(t)+\boldsymbol{B}(\boldsymbol{\rho})\boldsymbol{u}(t)\\ \boldsymbol{y}(t)&=\boldsymbol{C}(\boldsymbol{\rho})\boldsymbol{x}(t)+\boldsymbol{D}(\boldsymbol{\rho})\boldsymbol{u}(t)\end{aligned}\tag{4-70}$$

系统矩阵为 $\boldsymbol{S}(\boldsymbol{\rho})=\begin{bmatrix}\boldsymbol{A}(\boldsymbol{\rho}) & \boldsymbol{B}(\boldsymbol{\rho})\\ \boldsymbol{C}(\boldsymbol{\rho}) & \boldsymbol{D}(\boldsymbol{\rho})\end{bmatrix}$，在矩阵多胞型中取值范围为

$$\boldsymbol{S}(\boldsymbol{\rho})\in \boldsymbol{C}_0\{\boldsymbol{S}_1,\cdots,\boldsymbol{S}_k\}=\left\{\sum_{i=1}^{k}a_i\boldsymbol{S}_i,a_i\geqslant 0,\sum_{i=1}^{k}a_i=1\right\} \tag{4-71}$$

其中，$\boldsymbol{S}_1=\begin{bmatrix}\boldsymbol{A}_1 & \boldsymbol{B}_1\\ \boldsymbol{C}_1 & \boldsymbol{D}_1\end{bmatrix}$，…，$\boldsymbol{S}_k=\begin{bmatrix}\boldsymbol{A}_k & \boldsymbol{B}_k\\ \boldsymbol{C}_k & \boldsymbol{D}_k\end{bmatrix}$，$a_1$，…，$a_k$ 是待定变参量。

模型中的系数矩阵是仿射依赖于参数矢量 $\boldsymbol{\rho}=[p_1,\ \cdots,\ \rho_n]$ 的，即

$$\begin{cases}\boldsymbol{A}[\boldsymbol{\rho}(t)]=\boldsymbol{A}_0+\rho_1\boldsymbol{A}_1+\cdots+\rho_n\boldsymbol{A}_n\\ \boldsymbol{B}[\boldsymbol{\rho}(t)]=\boldsymbol{B}_0+\rho_1\boldsymbol{B}_1+\cdots+\rho_n\boldsymbol{B}_n\\ \boldsymbol{C}[\boldsymbol{\rho}(t)]=\boldsymbol{C}_0+\rho_1\boldsymbol{C}_1+\cdots+\rho_n\boldsymbol{C}_n\\ \boldsymbol{D}[\boldsymbol{\rho}(t)]=\boldsymbol{D}_0+\rho_1\boldsymbol{D}_1+\cdots+\rho_n\boldsymbol{D}_n\end{cases} \tag{4-72}$$

4.4.2　多胞模型鲁棒控制器闭环仿真

本节仿真验证对象为高速变体飞行器 LPV 凸顶点多胞型，表达形式如下

$$\begin{bmatrix}\dot{\boldsymbol{x}}(t)\\ \boldsymbol{y}(t)\end{bmatrix}=\begin{bmatrix}\boldsymbol{A}(\delta_v,\delta_h) & \boldsymbol{B}(\delta_v,\delta_h)\\ \boldsymbol{C}(\delta_v,\delta_h) & \boldsymbol{D}(\delta_v,\delta_h)\end{bmatrix}\begin{bmatrix}\boldsymbol{x}(t)\\ \boldsymbol{u}(t)\end{bmatrix} \tag{4-73}$$

其状态空间矩阵的具体值也在附录中给出，不再赘述。分别选取 $\delta_v=[-1,\ -0.5,\ 0,\ 0.5,\ 1]$，$\delta_a=[-1,\ -0.5,\ 0,\ 0.5,\ 1]$，求解 5×5=25 个纵向 LTI 模型，将结果存储在张量 $\boldsymbol{S}\in\mathbf{R}^{5\times5\times10\times6}$ 当中进行高阶奇异值分解处理，得到如表 4-8 所示的结果。

表 4-8　张量的奇异值分解结果

展开矩阵	$\boldsymbol{A}_1$	$\boldsymbol{A}_2$
一阶奇异值	9 773.744 854 601 23	9 773.756 431 617 00
二阶奇异值	15.450 512 141 474 3	3.758 131 596 341 71
三阶奇异值	1.309 013 540 706 88	0.080 981 250 870 799 0
四阶奇异值	1.225 973 145 502 51e−12	1.313 189 136 072 75e−12
五阶奇异值	7.487 696 577 406 73e−15	6.646 567 667 750 85e−14

保留扩展矩阵 $\boldsymbol{A}_1$ 和 $\boldsymbol{A}_2$ 非 0 奇异值，顶点模型选取其中 6 个顶点构建多胞顶点模型，首先，根据 4.3 节中获得的速度和高度权重函数，进行拟合以获得可连续使用的多面体模型构造函数

$$\begin{cases}\omega_{V1}=0.378\ 5\times\delta_V^2+0.371\ 7\times\delta_V+0.091\ 23\\ \omega_{V2}=0.432\ 7\times\delta_V^2-0.341\ 4\times\delta_V+0.067\ 35\\ \omega_{V3}=-0.811\ 1\times\delta_V^2-0.030\ 28\times\delta_V+0.841\ 4\\ \omega_{h1}=0.122\ 8\times\delta_h^2-0.5\times\delta_h+0.377\ 2\\ \omega_{h2}=-0.123\ 6\times\delta_h^2+0.5\times\delta_h+0.623\ 6\end{cases} \tag{4-74}$$

分别根据加权函数获得任意点的具有 γ 衰减水平的鲁棒变增益控制器。本部分选取的 6 个顶点中 $\delta_V = [-1, 0, 1]$，$\delta_h = [-1, 1]$，等同于速度变参量取 [1 181.2，1 792.0，2 402.8]，高度变参量取 [20 000，28 000]，针对顶点模型设计的控制器分别如下

$$
\begin{aligned}
\boldsymbol{K}_{\omega(-1,-1)} &= \begin{bmatrix} -1.4165 & -380.9242 & -3.1458 & 5.1988 & -0.1738 \\ -11.9019 & 111.8878 & 0.3221 & 3.6893 & 8.0096 \end{bmatrix} \\
\boldsymbol{K}_{\omega(-1,1)} &= \begin{bmatrix} -1.3996 & -722.5726 & -3.1620 & 3.6357 & -0.4309 \\ -13.9504 & 26.1657 & -0.0428 & 4.6912 & 10.6340 \end{bmatrix} \\
\boldsymbol{K}_{\omega(0,-1)} &= \begin{bmatrix} -1.1653 & -386.8376 & -3.1474 & 4.5904 & -0.2476 \\ -11.5221 & 128.7646 & 0.3064 & 4.2945 & 6.8799 \end{bmatrix} \\
\boldsymbol{K}_{\omega(0,1)} &= \begin{bmatrix} -1.4562 & -725.6434 & -3.1547 & 4.0643 & 0.2204 \\ -13.1446 & 131.7661 & 0.2192 & 4.5529 & 9.0002 \end{bmatrix} \\
\boldsymbol{K}_{\omega(1,-1)} &= \begin{bmatrix} -0.9262 & -388.5669 & -3.1525 & 4.1086 & -0.1107 \\ -11.5192 & 134.1819 & 0.2486 & 6.1657 & 6.7763 \end{bmatrix} \\
\boldsymbol{K}_{\omega(1,1)} &= \begin{bmatrix} -1.2243 & -738.8675 & -3.1560 & 3.6382 & 0.2834 \\ -13.9090 & 150.4775 & 0.1992 & 7.3286 & 8.8683 \end{bmatrix}
\end{aligned}
\tag{4-75}
$$

根据前一节中得到的权系数，结合不同顶点处的鲁棒控制器，可以得到连续的线性变参数鲁棒变增益控制器

$$
\begin{aligned}
\boldsymbol{K} = {} & \omega_{(-1,-1)} \times \boldsymbol{K}_{\omega(-1,-1)} + \omega_{(-1,1)} \times \boldsymbol{K}_{\omega(-1,1)} + \\
& \omega_{(0,-1)} \times \boldsymbol{K}_{\omega(0,-1)} + \omega_{(0,1)} \times \boldsymbol{K}_{\omega(0,1)} + \\
& \omega_{(1,-1)} \times \boldsymbol{K}_{\omega(1,-1)} + \omega_{(1,1)} \times \boldsymbol{K}_{\omega(1,1)}
\end{aligned}
\tag{4-76}
$$

进行仿真分析时，在飞行包线内随机选择几个测试点，以验证针对 Tensor - Product 模型设计的自调度控制器的有效性。对于每个测试点将基于 LPV 方法的自调度控制器与专门为线性模型设计的 LQR 控制器进行比较。在每个图的标题中给出了测试点的具体值，将所设计的变增益控制器加入到 LPV 多胞模型当中，其中各状态量的仿真结果如图 4 - 17 所示。

从图 4 - 17 中的仿真结果来看，在选定的四个测试点，所选定两个控制器的控制效果是相似的。本文提出的控制器设计方法大大减少了设计过程中的计算量，而且保证了变体飞行器的动态性能和稳定性。顶点模型的速度和高度变化都在飞行包线内的可控制范围内，此外速度和高度非常快地收敛到命令值，相对于高度、俯仰角和俯仰速率，速度和攻角的收敛速度较慢；在仿真开始后的短时间内，湍流状态下的迎角和俯仰率也迅速稳定下来。另外还证明所得到的控制器满足了输入约束，证明了所设计控制器的有效性。模型中的速度和高度变化也在可控范围内，而之前一直处于振荡状态的攻角和俯仰角速度也在仿真开始的时间内很快趋于平稳，可见本部分针对高速变体飞行器多胞 LPV 模型提出的变增益鲁棒控制器表现出良好的动态性能。

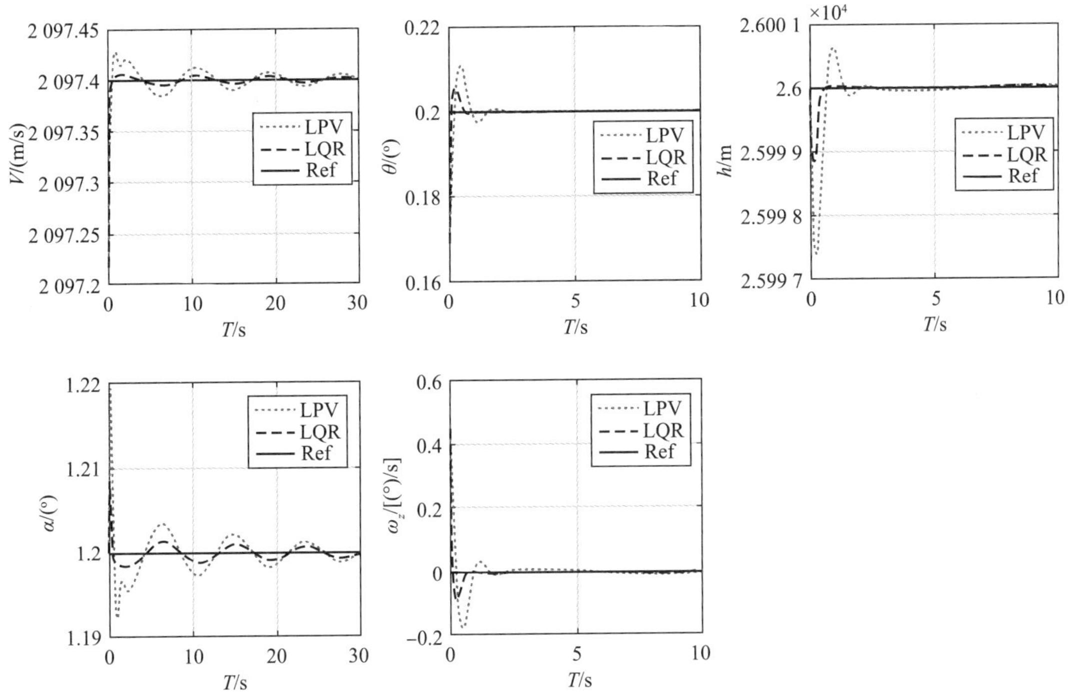

(a) δ_V=0.5, δ_h=0.5

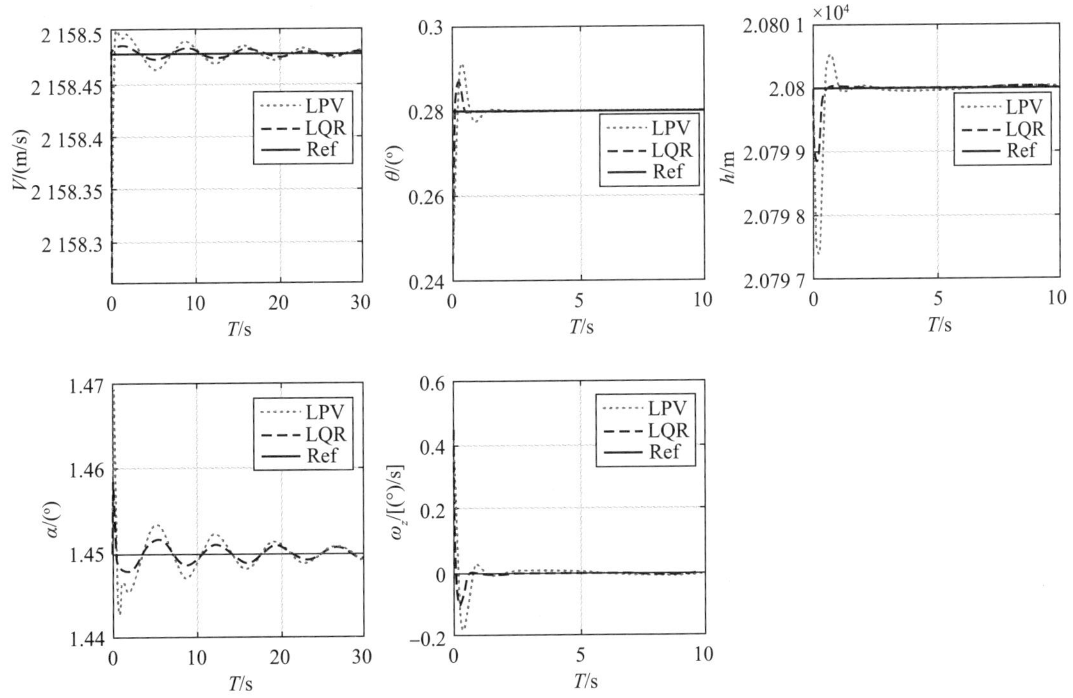

(b) δ_V=0.6, δ_h=−0.8

图 4－17　LPV 多胞模型顶点闭环模型各测试点仿真曲线

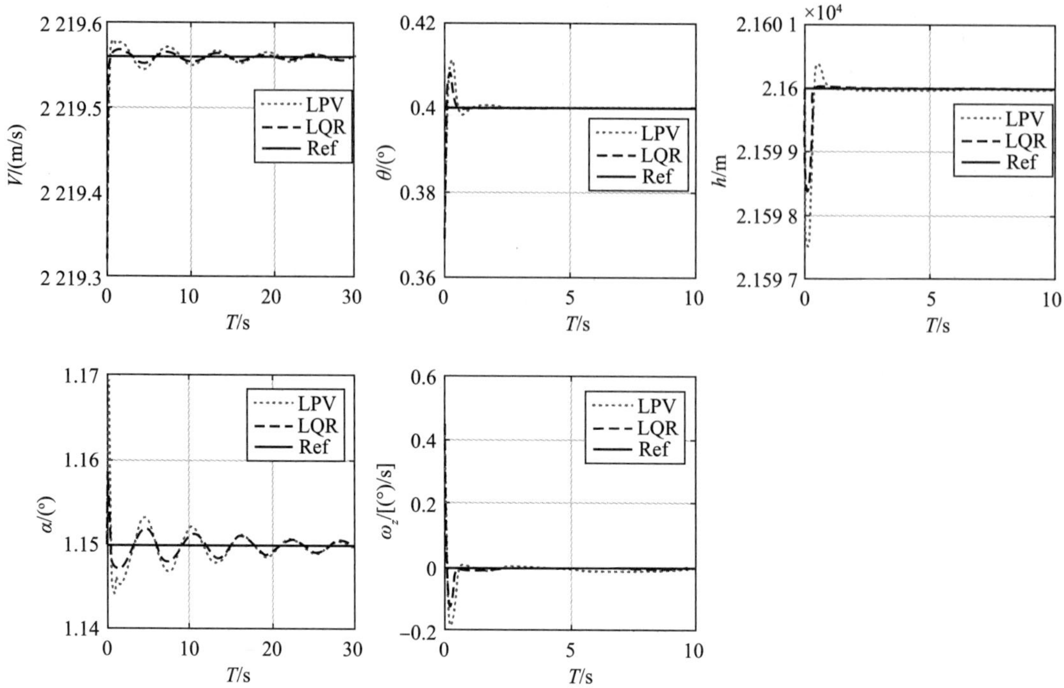

(c) δ_V=0.7, δ_h=-0.6

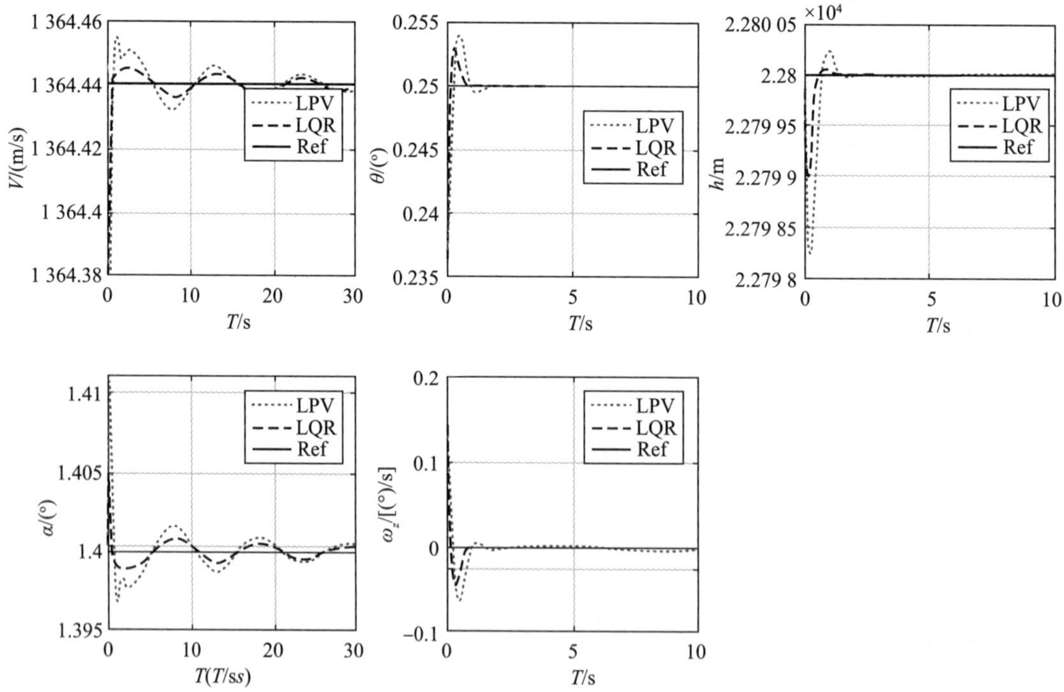

(d) δ_V=-0.7, δ_h=-0.3

图 4 - 17　LPV 多胞模型顶点闭环模型各测试点仿真曲线（续）

参考文献

[1] 刘正华，温暖，祝令谱．变体飞行器有限时间收敛 LPV 鲁棒控制［J］. 系统工程与电子技术，2018，40（6）：1325－1330.

[2] 李文成．变体飞行器动力学建模与稳定性分析及控制［D］. 南京：南京航空航天大学，2017.

[3] 何墉，章卫国，王敏文，等．变体飞行器切换线性变参数鲁棒 H_∞ 控制器［J］. 西北工业大学学报，2016，34（6）：1045－1049.

[4] FUJIWARA G E，NGUYEN N T，LIVNE E，et al. Aerostructural Design Optimization of a Flexible Wing Aircraft with Continuous Morphing Trailing Edge［M］. 2018 Multidisciplinary Analysis and Optimization Conference. American Institute of Aeronautics and Astronautics. 2018.

[5] GRIGORIE T L，KHAN S，BOTEZ R M，et al. Design and experimental testing of a control system for a morphing wing model actuated with miniature BLDC motors［J］. Chinese Journal of Aeronautics，2019.

[6] XU D，HUI Z，LIU Y，et al. Morphing control of a new bionic morphing UAV with deep reinforcement learning［J］. Aerospace Science and Technology，2019，92（232－243.

[7] BAO C，WANG P，TANG G. Integrated Guidance and Control for Hypersonic Morphing Missile Based on Variable Span Auxiliary Control［J］. International Journal of Aerospace Engineering，2019，2019（6413410.

[8] 江未来，董朝阳，王通，等．变体飞行器平滑切换 LPV 鲁棒控制［J］. 控制与决策，2016，31（1）：66－72.

[9] 梁小辉，王青，董朝阳．基于切换系统的变体飞行器鲁棒自适应控制［J］. 北京航空航天大学学报，2019，45（3）：538－545.

[10] 苏晓东．一种 U 型变体无人飞行器气动外形技术研究［J］. 中国科技信息 2020（5）：38－41.

[11] 夏川，董朝阳，程昊宇，等．变体飞行器有限时间切换 H_∞ 跟踪控制［J］. 兵工学报，2018，39（3）：485－493.

[12] Bryan G H. Stability in aviation：An introduction to dynamical stability as applied to the motions of aeroplanes. Macmillan and Co. limited，1911.

[13] 张公平，段朝阳，廖志忠．可变形翼战术导弹气动特性研究［J］. 飞行力学，2011，29（1）：54－58.

[14] 殷明．变体飞行器变形与飞行的协调控制问题研究［D］. 南京：南京航空航天大学，2015.

[15] 程昊宇，董朝阳，王青，等．变体飞行器的非脆弱有限时间鲁棒控制器设计［J］. 控制与决策，2017，32（11）：1933－1940.

[16] 刘姝含，朱战霞．高超声速可变形双翼气动特性［J］. 航空学报，2017，38（9）：233－243.

[17] 陈铁彪，龚旻，王洪波，等．临近空间可变形滑翔飞行器轨迹优化与性能分析［J］. 宇航学报，2018，39（09）：944－952.

[18] 陈伟，卢京潮，王晓光，等．基于 backstepping/RHO 的变体飞机控制器设计［J］. 北京航空航天

大学学报，2014，40 (8)：1060 - 1065.

[19] 储培，倪昆，程林，等．基于反步滑模的高超声速变体飞行器鲁棒控制 [J]. 计算机仿真，2018，35 (8)：41 - 45.

[20] 龚春林，赤丰华，谷良贤，等．基于 Karhunen - Loève 展开的分布式变体飞行器最优控制方法 [J]. 航空学报，2018，39 (2)：83 - 96.

[21] 刘燕斌，陆宇平，姚克明，等．高超声速变体飞行器优化设计的概念研究 [J]. 中国科技论文在线，2010.

[22] 万航，徐胜利，张庆振，等．基于动态逆的空天变体飞行器姿态控制 [J]. 空天防御，2019，2 (4)：25 - 31.

[23] 贾臻，董朝阳，王青．链式平滑切换变体飞行器 LPV 鲁棒跟踪控制 [J]. 北京航空航天大学学报，2017，43 (4)：831 - 841.

[24] KAO J Y，CLARK D L，BURTON S A，et al. Planform Design and Optimization of Morphing Aircraft [M]. AIAA Scitech 2020 Forum. American Institute of Aeronautics and Astronautics. 2020.

[25] HUANG R，YANG Z，YAO X，et al. Parameterized Modeling Methodology for Efficient Aeroservoelastic Analysis of a Morphing Wing [J]. AIAA Journal，2019，57 (12)：5543 - 5552.

[26] Yue T，Wang L，Ai J. Gain self - scheduled H - infinity control for morphing aircraft in the wing transition process based on an LPV model. Chinese Journal of Aeronautics，2013，26 (4)：909 - 917.

[27] Shi R Q，Peng J. Morphing strategy design for variable - wing aircraft. 15th AIAA Aviation Technology，Integration，and Operations Conference，Dallas，TX，2015：1 - 11.

[28] 温暖，刘正华，祝令谱，等．深度强化学习在变体飞行器自主外形优化中的应用 [J]. 宇航学报 2017，38 (11)：1153 - 1159.

[29] 胡巍．变体飞行器动力学建模及气动弹性特性研究 [D]. 西安：西北工业大学，2017.

[30] Huang R，Zhao Y H，Hu H Y. Wind - tunnel tests for active flutter control and closed - loop flutter identification. AIAA Journal，2016，54 (7)：2089 - 2099.

[31] SCHRASS J A，LEAL P B，HARTL D J. Structurally Feasible Morphing of a Low - Boom Supersonic Transport [M]. AIAA Scitech 2020 Forum. American Institute of Aeronautics and Astronautics. 2020.

[32] Shi R Q，Wan W Y. Analysis of flight dynamics for large - scale morphing aircraft. Aircraft Engineering and Aerospace Technology，2015，87 (1)：38 - 44.

[33] 李新国，方群．有翼导弹飞行动力学 [M]. 西安：西北工业大学出版社，2005.

[34] 朱云骥，史忠科．高超声速飞行器飞行特性和控制的若干问题 [J]. 飞行力学，2005 (03)：5 - 8.

[35] 宋志国．高超声速飞行器自抗扰姿态控制研究 [D]. 哈尔滨：哈尔滨工业大学，2011.

[36] 钱杏芳，林瑞雄，赵亚男．导弹飞行力学 [M]. 北京：北京理工大学出版社，2014.

[37] 张红梅．高超声速飞行器的建模与控制 [D]. 天津：天津大学，2012.

[38] 张浩．高超声速飞行器线性变参数建模及其鲁棒控制 [D]. 南京：南京航空航天大学，2015.

[39] Marcos A，Balas G J. Development of Linear - Parameter - Varying Models for Airerafl [J]. Journal of Guidance，Control，and Dynamics，2004，27 (2)：V01. 27，N. 2，2004，218 - 228.

[40] SHAMMA J S，CLOUTIER J R. Gain - scheduled missile autopilot design using linear parameter varying transformations [J]. Journal of Guidance，Control，and Dynamics，1993，16 (2)：

256 - 263.

[41] Sun C Y Huang YQ，Qian C s，et al. On modeling and control of a flexible air - breathing hypersonic vehicle based on LPV method [J]. Front. Electr. Electron. Eng，2012，7 (1)：56 - 68.

[42] Shin，J Y Worst - Case Analysis and Linear Parameter - Varying Gain - Scheduled Control of Aerospace Systems，Ph. D. Dissertation，University of Minnesota，Minneapolis，2000.

[43] 张勇 . 面向控制的高超声速飞行器一体化设计 [D]. 南京：南京航空航天大学，2011.

[44] 吉月辉 . 基于 LPV 方法的临近空间飞行器建模和控制研究 [D]. 天津：天津大学，2009.

[45] 李文强 . LPV 系统变增益鲁棒控制研究及其应用 [D]. 长沙：国防科学技术大学，2009.

第 5 章　空天高速飞行器耦合度量化协调操控

5.1　国内外研究现状

5.1.1　高超声速飞行器耦合状态分析方法

耦合状态分析指对多个互相耦合的通道或变量的交叉作用或影响进行分析的过程。针对空天高速飞行器控制器设计的强耦合性等难点，Ma Wenfeng 等人[1]研究了其气动耦合特性，以及耦合补偿的设计方法。Feng Li 等人[2]针对乘波体式空天高速飞行器所具有的耦合特性进行了分析。Feng Cheng 等人[3]基于流线追踪技术以及高超声速动力学理论，建立了一个宽速域的空气动力学模型，并在此模型的基础上建立了气动/推进耦合模型。基于该模型对空天高速飞行器的气动/推进耦合特性以及对控制带来的影响进行了分析。Matthias C. Haupt[4]为了对空天高速飞行器的结构进行热和力学耦合分析，基于德国 IMENS 项目开发了一个仿真环境。该仿真环境结合了现有的和经过验证的流体和结构分析代码，并提供了用于数值耦合的最新技术。Hou Siyuan 等人[5]在分析高速飞行器三通道空气动力与力矩之间关系的基础上利用动力学耦合分析方法得出通道间的耦合关系，并求解出耦合矩阵。据此判断耦合现象是否需要忽略，对不可忽略的部分设计了相应的协调控制方法。仿真结果表明所设计的控制器能够在保证姿态稳定的前提下，优化系统的动态响应特性。Bristol E[6]提出了基于数理统计的耦合度分析策略。相比于传统的耦合度分析策略该方法无需精确的状态模型，只需系统耦合量间的输入与输出数据就可以求出耦合变量间耦合度的大小，并将求得的变量耦合度在控制方法设计时加以利用。

从现有文献可以看出，对于空天高速飞行器耦合特性的分析大多是定性了解耦合状况，从而进行补偿控制方案设计。目前国内外研究中对空天高速飞行器模型的线性化处理可能会导致控制精度上的损失。相比于线性系统的耦合度分析，对空天高速飞行器非线性耦合度研究还较少。如果可以将这些耦合量化出来并运用到控制器设计中，那么对空天高速飞行器的控制效果包括控制的鲁棒性、动态特性等也将得到很大程度上的改善。从空天高速飞行器所具有的气动/推力/控制耦合特性以及大包线飞行时所导致的气动舵效不足的分析可以看出，进行协调控制是一种有针对性的操控方式，我们认为也是当前空天高速飞行器异类操控的一种重要类型。

5.1.2　飞行器协调控制方法研究现状

飞行器协调控制方法的设计大致分为两类：第一，采用近似原则将耦合系统进行解耦，将整个系统分解成数个子系统，然后对各子系统分别设计控制器；最后将所有子系统的控制器进行协调整合，最终将形成整个大系统的控制器。这种近似解耦原则仅适用于耦合程度较弱、低动态的常规飞行器。第二，对整个系统其从全局视角出发进行一体化的设计，全面考虑系统中的各个部分，让它们可以协调配合；这种方案引导产生了协调控制思想。近年来，协调控制方法应用于空天高速飞行器耦合问题的处理受到广大研究者的关注。牟金震等人[7]较详细地分析了空天高速飞行器的强耦合问题并对此给出协调控制方案。对高速飞行器状态量间的耦合推导出耦合熵，并设计了协调因子。刘海龙等人[8]利用螺旋理论对空天高速飞行器的运动模型进行建模，使耦合项不存在参数奇异问题，为耦合度的分析以及协调控制方案设计带来了便利。冯星凯等人[9,10]对飞行器动态方程进行耦合度分析，以此反映动力学方程存在的动态耦合特性并设计多层协调控制器来实现飞行稳定控制。X Hao 等人[11]提出了一种适用于吸气式空天高速飞行器和超燃冲压发动机协调控制方案的初步设计构想。该文献所设计的模型不仅包含空气动力学以及推进系统之间的重要耦合，而且能够体现超燃冲压发动机工作的安全边界。目前对于空天高速飞行器稳定性和机动性协调控制器设计的研究还较少，而要解决空天高速飞行器的强耦合特性问题，采用协调控制思想是重要的解决思路。

5.2　高超声速稳定性与机动性协调控制问题

本章针对空天高速飞行器稳定性与机动性的协调控制将进行两方面的工作。

第一，对于非线性与不确定性较强的空天高速飞行器来说，将系统进行解耦分析显然不能保证控制精度，最终导致控制效果不能达到预期。因此本章应用协调控制的思想，利用空天高速飞行器系统控制通道变量之间的耦合特性在控制器设计中产生有益效果。针对空天高速飞行器存在的耦合特性的处理问题，要实现空天高速飞行器更高性能指标的控制能力，将系统所存在的耦合度进行量化并引入至控制器的设计和实现中是重要的方法。本章正是基于此思想对耦合现象较严重的空天高速飞行器进行姿态的稳定控制。

第二，本章考虑空天高速飞行器发动机内流体质量变化引起的附加力与力矩特性，对于这种高动态、强非线性与不确定性的飞行器控制系统的精确设计来说其不能忽视。在飞行器运动建模方面，考虑飞行器发动机内流体质量变化引起的附加力与力矩给控制系统带来的不确定性问题。基于此，本章采用基于动态逆的滑模控制方法，将耦合度量化方法与滑模控制相结合，在对耦合度进行量化之后方便系统的协调控制。

5.3　乘波体空天高速飞行器的耦合控制

5.3.1　建模分析

本章针对某一类乘波体空天高速飞行器的姿态控制方法进行研究，首先考虑这些耦合因素并建立飞行器纵向运动的数学模型。该飞行器的构型如图 5 - 1 所示。借鉴参考文献［12］提供的乘波体飞行器的相关模型及其推导，并在此基础上进行相应改进。飞行器上可以参与气动计算的各表面包括机体上表面 F_{bu} 、机体的前体下表面 F_{pl} ，发动机腹部 F_{eb} 、机身的后体下表面 F_{bl} 、机翼 F_{mw} 。根据 Prandtl－Meyer 理论与斜激波理论可计算得出前体下表面、机身上表面以及发动机腹部分别受到的压强为 P_{pl}、P_{bu}、P_{eb} 。

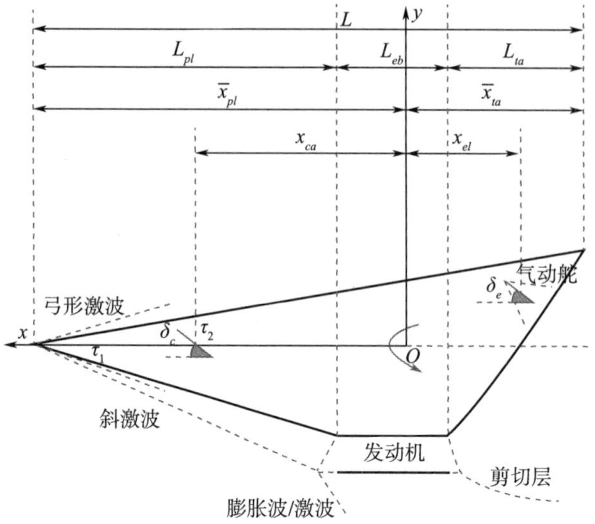

图 5－1　乘波体飞行器构型示意图

本章仅研究乘波体飞行器的纵向运动，气动力可分为轴向力 F_x 、法向力 F_y 以及俯仰力矩 M_z ，其计算如下

$$\begin{cases} F_x = F_{x\_bu} + F_{x\_pl} + F_{x\_eb} + F_{x\_bl} + F_{x\_mw} + T_{x\_ab} \\ F_y = F_{y\_bu} + F_{y\_pl} + F_{y\_eb} + F_{y\_bl} + F_{y\_mw} + T_{y\_ab} \\ M_z = M_{z\ \_bu} + M_{z\ \_pl} + M_{z\ \_eb} + M_{z\ \_bl} + M_{z\ \_mw} + M_{z\_ab} \end{cases} \tag{5-1}$$

需要注意的是，飞行器的后体下表面受到 F_{x_bl} 、F_{y_bl} 气动力以及 $M_{z\ \_bl}$ 力矩的作用，这些力与力矩需要结合发动机的建模才可以求解。本节中参考使用 Fiorentini L 等[13]计算的发动机模型，得到后体下表面所受的轴向力、法向力和低头力矩，则飞行器所受的各个力与力矩如下。

1）后体下表面

$$\begin{cases} F_{x\_bl} = p_0 L_{bl} \dfrac{p_9}{p_0} \dfrac{\ln(p_9/p_0)}{p_9/p_0 - 1} \tan\tau_3 \\ F_{y\_bl} = -p_0 L_{bl} \dfrac{p_9}{p_0} \dfrac{\ln(p_9/p_0)}{p_9/p_0 - 1} \tan\tau_3 \\ M_{z\_bl} = y_{bl} F_{x\_bl} - x_{bl} F_{y\_bl} \end{cases} \tag{5-2}$$

2）前体下表面

$$\begin{cases} F_{x\_pl} = -P_{pl} L_{pl} \tan\tau_1 \\ F_{y\_pl} = -P_{pl} L_{pl} \\ M_{z\_pl} = \dfrac{1}{2} F_{x\_pl} L_{pl} \tan\tau_{11} - F_{y\_pl} \left(\bar{x}_{pl} - \dfrac{1}{2} L_{pl} \right) \end{cases} \tag{5-3}$$

3）机身上表面

$$\begin{cases} F_{x\_bu} = -P_{bu} L_{bu} \tan\tau_2 \\ F_{y\_bu} = -P_{bu} L_{bu} \\ M_{z\_bu} = \dfrac{1}{2} F_{x\_bu} L_{bu} \tan\tau_2 - F_{y\_bu} \left(\bar{x}_{bu} - \dfrac{1}{2} L_{bu} \right) \end{cases} \tag{5-4}$$

4）发动机腹部

$$\begin{cases} F_{y\_eb} = -P_l L_{eb} \\ M_{z\_eb} = -F_{y\_eb} \left(\bar{x}_f - L_f - \dfrac{1}{2} L_{eb} \right) \end{cases} \tag{5-5}$$

把舵面当成一块处于超声速气流中的面积为 S 的平板，如图 5-2 所示。

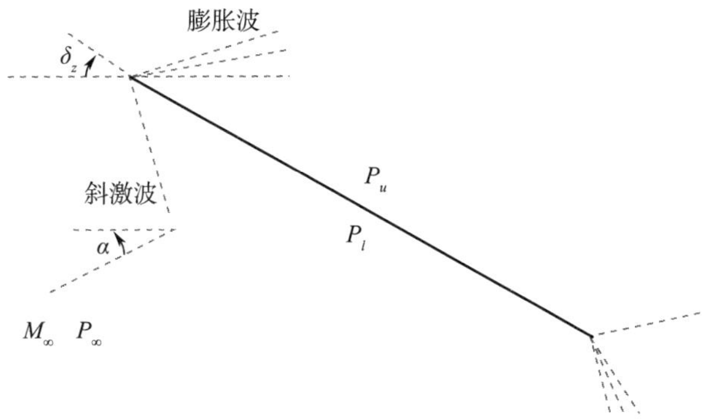

图 5-2　处于超声速气流中的舵面等效平板图

由图 5-2 可知，上游是自由流，气动舵面相对于气流的迎角 δ 为攻角 α 与舵偏角 δ_z 之和，即，当 $\delta_z > \alpha$，平面板前端上下面分别产生膨胀波与斜激波。由 Prandtl - Meyer 理论可得到平板表面压强 P_u，P_l 与舵面的控制力与力矩

$$\begin{cases} F_{x\_mw} = -(P_l - P_u) S \sin\delta_e \\ F_{y\_mw} = -(P_l - P_u) S \cos\delta_e \\ M_{z\_mw} = F_{x\_mw} y_{mw} - F_{y\_mw} x_{mw} \end{cases} \tag{5-6}$$

则飞行器的气动力、力矩以及推力的计算如下，其中轴向力与法向力分别由波阻系数以及法向力系数得出

$$\begin{cases} C_{AP} = \dfrac{F_x}{(0.5\rho V^2) S_{\text{ref}}} \\ C_N = \dfrac{F_y}{(0.5\rho V^2) S_{\text{ref}}} \end{cases} \tag{5-7}$$

推力以及力矩的计算公式如下

$$\begin{cases} C_T = \dfrac{T}{(0.5\rho V) S_{\text{ref}}} \\ C_M = \dfrac{M_z}{(0.5\rho V) S_{\text{ref}} L_{\text{ref}}} \end{cases} \tag{5-8}$$

飞行器的升力、阻力与轴向力系数计算方式如下

$$\begin{cases} C_L = C_N \cos\alpha - C_A \sin\alpha \\ C_D = C_A \cos\alpha + C_N \sin\alpha \\ C_A = C_{AP} + C_f \end{cases} \tag{5-9}$$

5.3.2 考虑流体质量变化的飞行器运动建模

结合上述模型，考虑飞行器的俯仰和法向加速度与结构动力学之间的惯性耦合效应，得出相关的结构数据以及惯性参数[12]。首先给出飞行器的几何外形参数如式（5-10）所示，其中距离参数均是以飞行器头部为参考的。

$$\begin{cases} L = 100\ \text{ft} \\ s = 17\ \text{ft}^2 \cdot \text{ft}^{-1} \\ \rho_0 = 6.742\,9 \times 10^{-5}\ \text{slugs} \cdot \text{ft}^{-3} \\ z_T = 8.36\ \text{ft} \\ c = 17\ \text{ft} \\ c_e = -1.289\,7\ \text{rad}^{-1} \\ \bar{x}_p = 55\ \text{ft} \\ \bar{x}_b = 45\ \text{ft} \end{cases} \tag{5-10}$$

飞行器的质量特性为

$$\begin{cases} I_z = 5 \times 10^5\ \text{slugs} \cdot \text{ft}^2/\text{ft} \\ \text{EI} = 4.663\,5 \times 10^8\,\text{lbf} \cdot \text{ft}^2/\text{ft} \\ m = 300\ \text{slug/ft} \\ \hat{m}_p = 2.454\,5\ \text{slugs} \cdot \text{ft}^{-1}/\text{ft} \\ \hat{m}_b = 3.666\,7\ \text{slugs} \cdot \text{ft}^{-1}/\text{ft} \end{cases} \tag{5-11}$$

式中　下标 p，b 分别代表飞行器的前体和后体；

m ——单位宽度质量；

$\hat{m}_p$ ——飞行器前体单位宽度分布质量；

$\hat{m}_b$ ——飞行器后体单位宽度分布质量；

c ——平均气动弦长；

c_e ——气动系数 $C_M^{\delta_e}$ 中的参数；

z_T ——推力偏心距离；

EI ——杨氏模量。

根据以上数据，可计算出惯性耦合量参数如下

$$\begin{cases}\lambda_p = \int_0^{\overline{x}_p} \hat{m}_p \phi_p(x)\mathrm{d}x = 105.7 \\ \lambda_b = \int_0^{\overline{x}_b} \hat{m}_b \phi_b(x)\mathrm{d}x = 129.19 \\ \psi_p = \int_0^{x_p} \hat{m}_p x \phi_p(x)\mathrm{d}x = 4\ 223.44 \\ \psi_b = \int_0^{x_b} \hat{m}_b x \phi_b(x)\mathrm{d}x = 4\ 223.55 \end{cases} \tag{5-12}$$

其中，ϕ_p，ϕ_b 分别为前后体的结构振型。由以上数据可得出乘波体空天高速飞行器的气动力与力矩（升力、阻力、俯仰力矩）、推力以及结构载荷力为

$$\begin{cases}L = \frac{1}{2}\rho V^2 SC_L(\alpha,\delta_e,\lambda) = \frac{1}{2}\rho V^2 S(C_L^{\alpha}\alpha + C_L^{\delta_e}\delta_e + C_L^0 + C_L^{\lambda}\lambda) \\ D = \frac{1}{2}\rho V^2 sC_D(\alpha,\delta_e,\lambda) \\ \quad = \frac{1}{2}\rho V^2 S(C_D^{\alpha^2}\alpha^2 + C_D^{\alpha}\alpha + C_D^{\delta_e^2}\delta_e^2 + C_D^{\delta_e}\delta_e + C_D^0 + C_D^{\lambda}\lambda) \\ M_z = z_{\mathrm{T}}T + \frac{1}{2}\rho V^2 Sc\,[C_{M,\alpha}(\alpha) + C_{M,\delta_e}(\delta_e)] \\ \quad = z_{\mathrm{T}}T + \frac{1}{2}\rho V^2 Sc(C_{M,\alpha}^{\alpha^2}\alpha^2 + C_{M,\alpha}^{\alpha}\alpha + C_{M,\alpha}^0 + c_e\delta_e) \\ T = C_T^{\alpha}\alpha^3 + C_T^{\alpha}\alpha^2 + C_T^{\alpha}\alpha + C_T^0 \\ \quad = (\varphi_1\lambda + \varphi_2)\alpha^3 + (\varphi_3\lambda + \varphi_4)\alpha^2 + (\varphi_5\lambda + \varphi_6)\alpha + (\varphi_7\lambda + \varphi_8) \\ N_p = N_p^{\alpha^2}\alpha^2 + N_p^{\alpha}\alpha + N_p^0 \\ N_b = N_b^{\alpha^2}\alpha^2 + N_b^{\alpha}\alpha + N_b^{\delta_e}\delta_e + N_b^{\alpha} \end{cases} \tag{5-13}$$

当飞行速度达到 $Ma \approx 3$ 时超燃发动机启动，超高速气流被吸进进气道导致流体质量变化，燃料消耗速率实时改变。因此发动机内部的质量，包括气流质量与燃料质量在飞行过程中是变化的。而对于空天高速飞行器，发动机及其燃料所占总质量的比重较大，其质量变化将会直接对飞行器的动力学模型产生影响。流体流进/流出发动机会产生附加力与力矩，而不同的飞行状态又会对其稳定性造成不同程度的扰动。对于发动机/机体一体化构型来说，这将使飞行器控制难度增大[14]。本章考虑乘波体空天高速飞行器在飞行过程中发动机中流体质量的变化耦合因素的动力学建模，以此优化操控效果。

本章采用 Lagrange 方程对发动机内流附加力与力矩进行求解。借鉴参考文献［15］中有关考虑发动机流体质量变化所引起的附加力与力矩的推导，设发动机中流体流动对系统的动能产生的附加项为 K，广义坐标为 ν，由此该系统的 Lagrange 方程可表示为如下形式

$$\frac{\mathrm{d}}{\mathrm{d}t}\left(\frac{\partial K}{\partial \dot{\nu}_i}\right) - \frac{\partial K}{\partial \nu_i} = Q_i \quad (i = 1,2,\cdots) \tag{5-14}$$

设质点 $\mathrm{d}m$ 相对与惯性坐标系原点的位置矢量为 $\boldsymbol{E}$，则系统的动能等于所有质点的动

能之和

$$K=\sum_{i=1}^{\infty}K_i=\frac{1}{2}\int\left.\frac{\mathrm{d}\boldsymbol{E}}{\mathrm{d}t}\right|_l\cdot\left.\frac{\mathrm{d}\boldsymbol{E}}{\mathrm{d}t}\right|_l\mathrm{d}m \tag{5-15}$$

设飞行器的当前质心相对于惯性坐标系原点的位置矢量为 $\boldsymbol{R}$，质点相对于惯性坐标系原点的位置矢量为 $\boldsymbol{r}$，则有 $\boldsymbol{E}=\boldsymbol{R}+\boldsymbol{r}$，令惯性坐标系下的飞行器的速度为 V_I，则上式可展开为

$$\boldsymbol{K}=\boldsymbol{V}_I\cdot\int\left.\frac{\mathrm{d}\boldsymbol{r}}{\mathrm{d}t}\right|_I\mathrm{d}m \tag{5-16}$$

在飞行器机体系下将该项积分并考虑质心的定义

$$\boldsymbol{V}_I\cdot\int\left.\frac{\mathrm{d}\boldsymbol{r}}{\mathrm{d}t}\right|_I\mathrm{d}m=-\boldsymbol{V}_I\cdot\sum_{\mathrm{on}}\dot{m}_{\mathrm{flu}}\boldsymbol{r}_{\mathrm{on}} \tag{5-17}$$

其中，r_{on} 为进气道进口或出口相对质心平均的位置，$\dot{m}_{\mathrm{flu}}$ 指流体的质量变化率。上式代表发动机中流体变化产生的动能。定义 Lagrange 方程的广义力为

$$\boldsymbol{Q}=[Q_F,Q_M] \tag{5-18}$$

其中，$Q_i=\dfrac{\partial(\delta W)}{\partial(\delta\nu_i)}$，$(i=F，M)$，虚功 δ_W 为飞行器运动中所作虚功在广义力沿广义坐标虚位移方向的投影。因此广义力为

$$\boldsymbol{Q}_F=\sum_{\mathrm{on}}\dot{m}_{\mathrm{flu}}\left(\boldsymbol{V}_I+\left.\frac{\mathrm{d}E_{\mathrm{flu}}}{\mathrm{d}t}\right|_I\right) \tag{5-19}$$

将以上所推导的 $\boldsymbol{Q}_F$ 与 $\boldsymbol{K}$ 代入系统的 Lagrange 方程，得到流体运动所产生的力在惯性坐标系中的表达式为

$$\boldsymbol{F}_{aI}=\sum_{\mathrm{on}}2\dot{m}_{\mathrm{flu}}\left(\left.\frac{\mathrm{d}\boldsymbol{r}_{\mathrm{on}}}{\mathrm{d}t}\right|_B+\boldsymbol{\omega}_{B,I}\right)+r_{\mathrm{on}}\cdot\dot{m}_{\mathrm{flu}} \tag{5-20}$$

其中，$\omega_{B,I}$ 为机体系与惯性系的相对角速度。在飞行器纵向运动模型中，$\omega_{B,I}=\omega_z$。设地面固连系与惯性系的相对旋转角速度为 $\omega_{E,I}$，则

$$\boldsymbol{F}_{aI}=\boldsymbol{F}_{aB}+\boldsymbol{\omega}_{B,I}\times\boldsymbol{V}+\boldsymbol{\omega}_{E,I}\times\boldsymbol{V}+\boldsymbol{\omega}_{E,I}\times(\boldsymbol{\omega}_{E,I}\times\boldsymbol{R}) \tag{5-21}$$

由上式可计算出附加力在机体系中的形式为 $\boldsymbol{F}_{aB}=\boldsymbol{F}_a=[F_{ax}，F_{ay}]^{\mathrm{T}}$，则 F_{ax}，F_{ay} 的具体表达式为

$$\begin{cases}F_{ax}=2\dot{m}_{\mathrm{air}}\omega_z(y_{\mathrm{out}}-y_{\mathrm{in}})+\dot{m}_{\mathrm{air}}(x_{\mathrm{out}}-x_{\mathrm{in}})+\dot{m}_{\mathrm{fuel}}\omega_z y_{\mathrm{out}}+\dot{m}_{\mathrm{fuel}}x_{\mathrm{out}}\\F_{ay}=-2\dot{m}_{\mathrm{air}}\omega_z(x_{\mathrm{out}}-x_{\mathrm{in}})+\dot{m}_{\mathrm{air}}(y_{\mathrm{out}}-y_{\mathrm{in}})-\dot{m}_{\mathrm{fuel}}\omega_z x_{\mathrm{out}}+\dot{m}_{\mathrm{fuel}}y_{\mathrm{out}}\end{cases} \tag{5-22}$$

其中，x_{in} 和 x_{out} 分别为进气道进口及出口相对于质心在机体坐标系 x 轴上的位置。同理，y_{in} 和 y_{out} 分别为进气道进口及出口相对于质心在机体坐标系 y 轴上的位置。$\dot{m}_{\mathrm{air}}$ 和 $\dot{m}_{\mathrm{air}}$ 分别为进入发动机的气流流速以及流速变化率，$\dot{m}_{\mathrm{fuel}}$ 和 $\dot{m}_{\mathrm{fuel}}$ 分别为发动机的燃料流速以及流速变化率。由式（5－22）可见，流体质量的变化引起的附加力与质心和进气道进口及出口的相对位置、飞行状态有紧密联系。类似地，可推导流体的流动产生的附加力矩 M_a 在

机体坐标系中的形式为

$$\boldsymbol{M}_a = \dot{m}_{\mathrm{air}}\omega_z\left[\left(x_{\mathrm{out}}^2 - x_{\mathrm{in}}^2\right) + \left(y_{\mathrm{out}}^2 - y_{\mathrm{in}}^2\right)\right] + \dot{m}_{\mathrm{fuel}}\omega_z\left(y_{\mathrm{out}}^2 + x_{\mathrm{in}}^2\right) \tag{5-23}$$

$\boldsymbol{F}_a$，$\boldsymbol{M}_a$ 即发动机内流体流动对飞行器数学模型的附加项，表示流体质量的变化对飞行器的动力学模型带来的影响。将附加力由机体系转换成速度系下的升力 L_a 与阻力 D_a，可以得到其表达式如下

$$\begin{cases} L_a = F_{ax}\sin\alpha - F_{ay}\cos\alpha \\ D_a = -F_{ax}\cos\alpha - F_{ay}\sin\alpha \end{cases} \tag{5-24}$$

因此，空天高速飞行器的动力学模型中整体的升力 L 、阻力 D 和俯仰力矩 M_z 如下

$$\begin{cases} L = \dfrac{1}{2}\rho V^2 S\left(C_L^\alpha\alpha + C_L^{\delta_e}\delta_e + C_L^0 + C_L^\lambda\lambda\right) + L_a \\ D = \dfrac{1}{2}\rho V^2 S\left(C_D^{\alpha^2}\alpha^2 + C_D^\alpha\alpha + C_D^{\delta_e^2}\delta_e^2 + C_D^{\delta_e}\delta_e + C_D^0 + C_D^\lambda\lambda\right) + D_a \\ M_z = z_{\mathrm{T}}T + \dfrac{1}{2}\rho V^2 Sc\left(C_{M,\alpha}^{\alpha^2}\alpha^2 + C_{M,\alpha}^\alpha\alpha + C_{M,\alpha}^0 + c_e\delta_e\right) + M_a \end{cases} \tag{5-25}$$

下面以空天高速飞行器在平稳及机动状态这两种情况下对发动机内流体附加力与力矩对飞行器的影响进行研究，以此探究如何对空天高速飞行器进行优化操纵和控制。超燃冲压发动机主要作用在平稳飞行段，在该情况下由于飞行器的攻角 α，速度 V 变化幅度较小，使得发动机中气流流速的变化率 $\ddot{m}_{\mathrm{air}}$ 以及燃料流速变化率 $\ddot{m}_{\mathrm{fuel}}$ 较小。但由于高速的飞行状态，导致气流流速 $\dot{m}_{\mathrm{air}}$ 与燃料流速 $\dot{m}_{\mathrm{fuel}}$ 的值较大，所以发动机内流体质量变化所引起的附加力与力矩仍不可忽略。而当飞行器处于机动状态时，其俯仰角速度 ω_z 较大，而其他状态量同样也会发生较大变化，导致 $\ddot{m}_{\mathrm{air}}$ 与 $\ddot{m}_{\mathrm{fuel}}$ 的值发生大幅变化。高速飞行导致 $\dot{m}_{\mathrm{air}}$，$\dot{m}_{\mathrm{fuel}}$ 较大，而速度 V 的大幅变化则导致 $\ddot{m}_{\mathrm{air}}$，$\ddot{m}_{\mathrm{fuel}}$ 的值增大，结合式（5－22）、式（5－23）可得知流体质量变化对动力学模型影响的规律。

5.4　基于耦合度量化的空天高速飞行器协调滑模控制技术

5.4.1　空天高速飞行器耦合度量化与分析

5.4.1.1　空天高速飞行器运动模型的耦合特性分析

对于空天高速飞行器来说，除气动/推力耦合之外还具有其他耦合现象，如轨迹/速度耦合、状态量/控制量耦合等。这些耦合特性与推力/气动耦合密切相关，均会对飞行器的稳定控制产生影响。这些耦合现象与空天高速飞行器一体化的特殊结构以及宽速域、大包线飞行紧密相关。正确处理这些耦合因素所设计出来的飞行控制系统才能更有利地对姿态进行稳定、鲁棒、精准的控制[16,17]。下面，首先根据飞行器运动的数学模型分析各状态量之间、控制量之间以及它们之间的耦合情况。根据已给的空天高速飞行器的运动模型，可以做出如下各状态变量与控制量之间的耦合特性图，如图 5－3 所示。

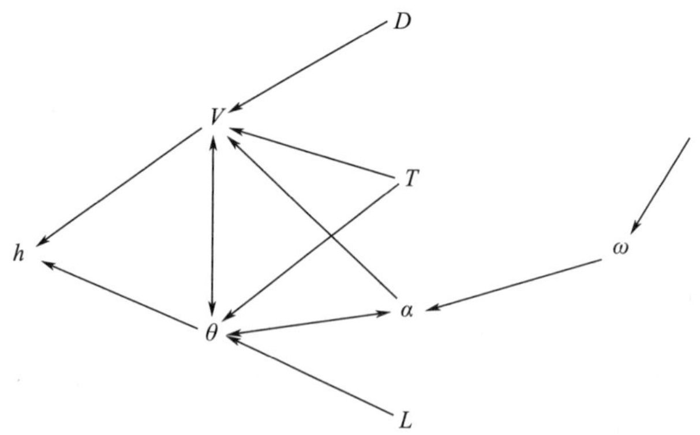

图 5-3　空天高速飞行器变量耦合示意图

在上图中将有耦合关系的量通过箭头连接起来，箭头由参变量指向被影响量。如果箭头是双向的，说明连接的两个量之间存在相互影响。由上图可见，在运动模型中最基本的并影响其他状态量的是力与力矩参数 L，D，T，M 。其他参数 h，α，ω_z 相关的耦合则比较简单，影响到它们的变量的数目较少。在这些变量中耦合情况最严重的是航迹角 θ 与速度 V 。其中，θ 受到四个变量的影响，同时也影响着其他三个变量。而 V 也主要受到四个变量的影响，同时也影响着另外两个变量。升力 L 与阻力 D 为气动力，在纵向模型中主要是通过调整姿态角实现其控制的，而舵偏 δ_e 对其影响较小。在本章中，我们通过调节油门开度以及气动舵偏角度来实现推力 T 与俯仰力矩 M_z 的控制，进而实现飞行器各状态变量的控制；而且油门调节和气动舵这两类执行机构之间也存在耦合。本章则要将空天高速飞行器所存在的耦合现象进一步量化，并在控制器的设计中使用这些耦合度量化的结果，从而可以实现更为有效的操纵控制。

5.4.1.2　空天高速飞行器耦合度量化方法

借鉴参考文献［18］中对飞行器耦合特性的处理方式，设 $x_i(i=1, 2, \cdots, m)$，$y_j(j=1, 2, \cdots, n)$ 为两个相互耦合的变量组。对变量进行采样计算得到 $p(x_i)$，$p(y_j)$，用 a_{ij} 表示 y_j 对 x_i 的影响量化指标，则 y_j 对 x_i 的影响可以表示为

$$p(x_i)=a_{i1}p(y_1)+a_{i2}p(y_2)+\cdots+a_{im}p(y_m) \tag{5-26}$$

同理，可计算出 b_{ji}，即 x_i 对 y_j 的影响度。

于是 x_i 与 y_j 之间的耦合度 ϕ_{ij} 可表示为

$$\phi_{ij}=a_{ij}\cdot b_{ji} \tag{5-27}$$

飞行器的运动模型为

$$\begin{cases}\dot{h}=V\sin\theta \\ \dot{V}=\dfrac{T\cos\alpha-D}{m}-\dfrac{\mu\sin\theta}{r^2} \\ \dot{\theta}=\dfrac{L+T\sin\alpha}{mV}+\dfrac{(\mu-V^2r)\cos\theta}{Vr^2} \\ \dot{\alpha}=\omega_z-\dot{\theta} \\ \dot{\omega}_z=\dfrac{M_z}{J_z}\end{cases} \tag{5-28}$$

空天高速飞行器状态量向量为 $\boldsymbol{x}_1=[h, V, \theta, \alpha, \omega_z]^{\mathrm{T}}$，控制量向量为 $\boldsymbol{u}=[\delta_e, \lambda]^{\mathrm{T}}$，选定采样点个数，对各变量进行均匀采样可得

$$\begin{aligned}\boldsymbol{p}(\boldsymbol{x}_1)&=[\boldsymbol{p}(h)\boldsymbol{p}(V)\boldsymbol{p}(\theta)\boldsymbol{p}(\alpha)\boldsymbol{p}(\omega_z)]^{\mathrm{T}} \\ &=\boldsymbol{A}[\boldsymbol{p}(\delta_e)\boldsymbol{p}(\lambda)]^{\mathrm{T}}=\boldsymbol{A}\boldsymbol{p}(u)\end{aligned} \tag{5-29}$$

其中，$\boldsymbol{A}=\mathbf{R}^{5\times2}$，$\boldsymbol{p}(x_i)=\sum\limits_{k=1}^{n}(x_{ik}-\bar{x}_i)$，$\boldsymbol{p}(u_j)=\sum\limits_{k=1}^{m}(u_{jk}-\bar{u}_j)$，$x_{ik}$，$u_{jk}$ 分别为 x_i，u_j 在第 k 个采样点的值。$\bar{x}_i$，$\bar{u}_j$ 分别为 x_i，u_j 的采样均值。

令 $\boldsymbol{C}=\boldsymbol{P}(\boldsymbol{x})\boldsymbol{P}(\boldsymbol{u})^{\mathrm{T}}$，$\boldsymbol{D}=\boldsymbol{P}(\boldsymbol{u})\boldsymbol{P}(u)^{\mathrm{T}}$，则 $\boldsymbol{u}$ 对于 $\boldsymbol{x}$ 的影响度矩阵可表示如下

$$\mathbf{A}=\boldsymbol{C}\boldsymbol{D}^{-1} \tag{5-30}$$

令 $\boldsymbol{E}=\boldsymbol{P}(\boldsymbol{x})\boldsymbol{P}(\boldsymbol{x})^{\mathrm{T}}$，$\boldsymbol{F}=\boldsymbol{P}(\boldsymbol{u})\boldsymbol{P}(\boldsymbol{x})^{\mathrm{T}}$，则 $\boldsymbol{x}$ 对于 $\boldsymbol{u}$ 的影响度矩阵可表示如下

$$\mathbf{B}=\boldsymbol{E}\boldsymbol{F}^{-1} \tag{5-31}$$

由上述 ϕ_{ij} 表达式可得

$$\boldsymbol{\phi}=[\phi_{ij}]^{5\times2}=[a_{ij}\cdot b_{ji}], i=1,2,\cdots,5, j=1,2$$

接下来求解姿态向量组 $[h, V]^{\mathrm{T}}$ 与轨迹向量组 $[\theta, \alpha, \omega_z]^{\mathrm{T}}$ 的耦合度

$$\boldsymbol{\chi}=[\pi_{ij}]^{2\times3}=[e_{ij}\cdot f_{ji}], i=1,2, j=1,2,3 \tag{5-32}$$

将本节所设计的基于抽样统计的耦合度量化方法与前面对飞行器所存在的耦合情况的数据结合起来。计算出的各个耦合度矩阵为

$$\boldsymbol{\phi}=\begin{matrix} \\ h \\ V \\ \theta \\ \alpha \\ \omega_z\end{matrix}\begin{matrix}\begin{matrix}\quad\delta_e\quad & \quad\lambda\quad\end{matrix} \\ \begin{bmatrix}0.0351 & -0.1061 \\ -0.0811 & 0.6527 \\ 0.0136 & -0.0562 \\ 0.2692 & 0.5037 \\ 0.0008 & 0.0010\end{bmatrix}\end{matrix} \tag{5-33}$$

$$\boldsymbol{\chi}=\begin{matrix} \\ h \\ V\end{matrix}\begin{matrix}\begin{matrix}\quad\theta\quad & \quad\alpha\quad & \quad\omega_z\quad\end{matrix} \\ \begin{bmatrix}0.1065 & 0.5381 & 0.0646 \\ 0.3549 & -0.0348 & -0.0153\end{bmatrix}\end{matrix} \tag{5-34}$$

根据耦合度矩阵 $\boldsymbol{\phi}$ 可知 δ_e 与攻角 α 的耦合特性最为显著，这也表明攻角和气动舵偏存在较为密切的关系，因为攻角的控制一般是通过调整气动舵偏来实现的；δ_e 与俯仰角速度 ω_z 的耦合度最弱。而油门开度 λ 与速度 V 的耦合度最大，这也表明 λ 与 V 之间存在直接

的关系，因为速度 V 的控制一般是由油门开度 λ 调整实现的。能反映这种飞行器的推力/气动耦合特性的还有 λ 与 h，θ 存在负耦合关系，当 λ 增大时，使 V 增大的同时也使低头力矩增大，航迹角 θ 减小，且高度有降低的趋势。和气动舵偏 δ_e 类似，λ 与俯仰角速度 ω_z 的耦合度最小，且远小于与 h，V，θ，α 的耦合。根据矩阵 χ 可知，高度 h 和 θ，α，ω_z 的耦合量化指标为正值，其中与 α 的耦合特性最明显。速度 V 与 α，ω_z 的耦合特性为负值，而与 θ 存在正耦合关系，且与 θ 的耦合特性最为显著。本书计算出空天高速飞行器各状态量与各控制量的耦合度，且得出的结果与参考文献［18，19］的结论具有一致性。

5.4.2 空天高速飞行器协调滑模控制方法设计

5.4.2.1 问题背景

本章针对空天高速飞行器的控制，不只考虑气动/推力/控制间的耦合，而且还将发动机中内流体质量的变化所产生的附加力与力矩通过 Lagrange 方程推导出来，其附加的力与力矩直接影响空天高速飞行器的控制模型。当飞行器平稳飞行时，该附加力与力矩的值虽然会占到合力与合力矩的一小部分，但如果要精确设计高速飞行器姿态控制方法以及进行其他精准计算，该附加力与力矩是不可忽略的。而当飞行器进行机动或者跟踪姿态控制信号时，由于状态量发生大幅度改变，且随着飞行器速度的提高，气流与燃料的变化将会更加剧烈[20,21]。通过上一节对于空天高速飞行器存在的耦合现象的耦合度分析与量化得知，这种飞行器不仅存在较为严重的推力/气动耦合现象，还存在状态变量之间、状态量与控制量的耦合[22]。对于常规飞行器，由于动态较低，因此可以进行近似的解耦处理。然而对于本章研究的空天高速飞行器，强制进行解耦以及忽略某些耦合现象会导致飞行器模型被大大简化，带来控制性能损失。因此针对空天高速飞行器所存在的耦合特性进行协调处理是必要的。另外空天高速飞行器由于飞行包线较大，因此在高度较高时会因为大气密度较低导致动压不足，进而使气动控制的效率出现较大程度的削弱，需要考虑引入前面章节所分析的混合异类操纵方式或变体变形方式来实现操纵。

具体到空天高速飞行器的控制器设计问题，本章所给出的解决方案思路为：利用动态逆方法对飞行器的控制系统进行解耦，分析解耦后的模型相对于原非线性模型的一致性。动态逆方法对数学模型的依赖程度较强，如果模型在姿态控制的过程中存在一定扰动以及其他不确定性，则会严重影响控制精度。因此在应用动态逆理论对模型进行伪线性化后，利用滑模理论设计姿态控制方法，使控制系统对不确定性具有较强的鲁棒性。

5.4.2.2 基于动态逆理论与滑模控制方法的控制器设计及其仿真

飞行器的状态量取 $\boldsymbol{x}=[V \quad \theta \quad \alpha \quad \lambda \quad h]^{\mathrm{T}}$，输入量取 $[V_c,\ h_c]^{\mathrm{T}}$，控制量为气动舵偏角 δ_e 与油门开度 λ。首先对发动机的油门开度指令进行控制量分离

$$\ddot{\lambda}=-2\xi_n\omega_n\dot{\lambda}-\omega_n\lambda+\omega_n^2\lambda_c \tag{5-35}$$

令 $\ddot{\lambda}_0=-2\xi_n\omega_n\dot{\lambda}-\omega_n\lambda$，则有

$$\ddot{\lambda}=\ddot{\lambda}_0+\omega_n^2\lambda_c \tag{5-36}$$

类似地

$$
\begin{aligned}
\ddot{\alpha} &= \dot{\omega}_z - \ddot{\theta} \\
&= \frac{M_z}{I_z} - \ddot{\theta} \\
&= \frac{\rho V^2 Sc(m_z^{\alpha}\alpha + m_z^{\omega_z}\omega_z + m_z^0 + m_z^{\delta_e}\delta_e)}{2I_z} - \ddot{\theta} \\
&= \ddot{\alpha}_0 + \frac{\rho V^2 Scm_z^{\delta_e}}{2I_z}\delta_e
\end{aligned}
\tag{5-37}
$$

其中，$\ddot{\alpha}_0 = \dfrac{\rho V^2 Sc(m_z^{\alpha}\alpha + m_z^{\omega_z}\omega_z + m_z^0)}{2I_z} - \ddot{\theta}$ 。

经过上述控制量的分离，可以看出，α 与 λ 的二阶微分后分别含有控制量舵偏角 δ_e 与油门开度 λ 。状态变量的二阶微分为 $\ddot{\boldsymbol{x}} = [\ddot{V} \quad \ddot{\theta} \quad \ddot{\alpha} \quad \ddot{\lambda} \quad \ddot{h}]^{\mathrm{T}}$ 。

(1) 速度对时间求导

$$
\begin{cases}
\dot{V} = \dfrac{T\cos\alpha - D}{m} - \dfrac{\mu\sin\theta}{r^2} \\[2ex]
\ddot{V} = \dfrac{\boldsymbol{\omega}_1 \boldsymbol{x}}{m} = \dfrac{\rho V\dot{V}S(C_T\cos\alpha - C_D) + qs(\dot{C}_T\cos\alpha - \dot{\alpha}C_T\sin\alpha - \dot{C}_D)}{m} + \dfrac{2V\mu\sin^2\theta}{r^3} - \dfrac{\mu\cos\theta}{r^2}\dot{\theta} \\[2ex]
\dddot{V} = \dfrac{\boldsymbol{\omega}_1\ddot{\boldsymbol{x}} + \dot{\boldsymbol{x}}^{\mathrm{T}}\boldsymbol{\varpi}_2\dot{\boldsymbol{x}}}{m}
\end{cases}
\tag{5-38}
$$

其中，$\boldsymbol{\omega}_1 = \left[\dfrac{\partial T}{\partial V}\cos\alpha - \dfrac{\partial D}{\partial V},\ -\dfrac{m\mu\cos\theta}{r^2},\ -T\sin\alpha - \dfrac{\partial D}{\partial \alpha},\ \dfrac{\partial T}{\partial \lambda}\cos\alpha,\ \dfrac{2m\mu\sin\theta}{r^3}\right]$

$\boldsymbol{\varpi}_2^{\mathrm{T}}$ 为 $\boldsymbol{\omega}_1^{\mathrm{T}}$ 的 Jacobi 矩阵，形式如下

$$
\boldsymbol{\varpi}_2 = \begin{bmatrix}
\dfrac{\partial^2 T}{\partial V^2}\cos\alpha - \dfrac{\partial^2 D}{\partial V^2} & 0 & -\dfrac{\partial T}{\partial V}\sin\alpha - \dfrac{\partial^2 D}{\partial V\partial\alpha} & \dfrac{\partial^2 T}{\partial V\partial\lambda}\cos\alpha & 0 \\[2ex]
0 & \dfrac{m\mu\sin\theta}{r^2} & 0 & 0 & \dfrac{2m\mu\cos\theta}{r^3} \\[2ex]
-\dfrac{\partial T}{\partial V}\sin\alpha - \dfrac{\partial^2 D}{\partial V\partial\alpha} & 0 & -T\cos\alpha - \dfrac{\partial^2 D}{\partial\alpha^2} & -\dfrac{\partial T}{\partial\lambda}\sin\alpha & 0 \\[2ex]
\dfrac{\partial^2 T}{\partial V\partial\lambda}\cos\alpha & 0 & -\dfrac{\partial T}{\partial\lambda}\sin\alpha & 0 & 0 \\[2ex]
0 & \dfrac{2m\mu\cos\theta}{r^3} & 0 & 0 & -\dfrac{6m\mu\sin\theta}{r^4}
\end{bmatrix}
\tag{5-39}
$$

由此可以看出，在速度的微分中出现了控制量 λ 。同理，对高度进行类似处理。

(2) 高度对时间求导

$$
\begin{cases}
\dot{h} = V\sin\theta \\
\ddot{h} = \dot{V}\sin\theta + V\dot{\theta}\cos\theta \\
\dddot{h} = \ddot{V}\sin\theta + 2\dot{V}\dot{\theta}\cos\theta - V\dot{\theta}^2\sin\theta + V\ddot{\theta}\cos\theta \\
\ddddot{h} = \dddot{V}\sin\theta + 3\ddot{V}\dot{\theta}\cos\theta - 3\dot{V}\dot{\theta}^2\sin\theta + 3\dot{V}\ddot{\theta}\cos\theta - 3V\dot{\theta}\ddot{\theta}\sin\theta - V\dot{\theta}^3\cos\theta + V\dddot{\theta}\cos\theta
\end{cases}
\tag{5-40}
$$

令
$$
\begin{cases}
\ddot{\theta} = \boldsymbol{\pi}\dot{\boldsymbol{x}} \\
\dddot{\theta} = \boldsymbol{\pi}\ddot{\boldsymbol{x}} + \dot{\boldsymbol{x}}^{\mathrm{T}}\boldsymbol{\Pi}\dot{\boldsymbol{x}}
\end{cases}
$$

其中

$$
\boldsymbol{\pi}^{\mathrm{T}} = \begin{bmatrix}
\dfrac{\partial L/\partial V + (\partial T/\partial V)\sin\alpha}{mV} - \dfrac{L + T\sin\alpha}{mV^2} + \dfrac{\mu\cos\theta}{V^2r^2} + \dfrac{\cos\theta}{r} \\
\dfrac{\mu\sin\theta}{Vr^2} - \dfrac{V\sin\theta}{r} \\
\dfrac{\partial L/\partial\alpha + T\cos\alpha}{mV} \\
\dfrac{(\partial T/\partial\lambda)\sin\alpha}{mV} \\
\dfrac{2\mu\cos\theta}{Vr^3} - \dfrac{V\cos\theta}{r^2}
\end{bmatrix}
\tag{5-41}
$$

$$
\boldsymbol{\Pi} = [\boldsymbol{\pi}_1, \boldsymbol{\pi}_2, \boldsymbol{\pi}_3, \boldsymbol{\pi}_4, \boldsymbol{\pi}_5]
\tag{5-42}
$$

$$
\boldsymbol{\pi}_1 = \begin{bmatrix}
\dfrac{\partial^2 L/\partial V^2 + (\partial^2 L/\partial V^2)\sin\alpha}{mV} - \dfrac{2[\partial L/\partial V + (\partial T/\partial V)\sin\alpha]}{mV^2} + \dfrac{2(L + T\sin\alpha)}{mV^3} - \dfrac{2\mu\cos\theta}{V^3r^2} \\
-\dfrac{\mu\sin\theta}{V^2r^2} - \dfrac{\sin\theta}{r} \\
\dfrac{\partial^2 L/\partial\alpha\partial V + (\partial T/\partial V)\cos\alpha}{mV} - \dfrac{\partial L/\partial\alpha + T\cos\alpha}{mV^2} \\
\dfrac{(\partial^2 T/\partial\lambda\partial V)\sin\alpha}{mV} - \dfrac{(\partial T/\partial\lambda)\sin\alpha}{mV^2} \\
-\dfrac{2\mu\cos\theta}{V^2r^3} - \dfrac{\cos\theta}{r^2}
\end{bmatrix}
\tag{5-43}
$$

$$
\boldsymbol{\pi}_2 = \left[-\frac{\mu\sin\theta}{V^2r^2} - \frac{\sin\theta}{r}, \frac{\mu\cos\theta}{Vr^2} - \frac{V\cos\theta}{r}, 0, 0, -\frac{2\mu\sin\theta}{Vr^3} + \frac{V\sin\theta}{r^2}\right]^{\mathrm{T}}
\tag{5-44}
$$

$$\boldsymbol{\pi}_3=\begin{bmatrix}\dfrac{\partial^2 L/\partial V\partial\alpha+(\partial T/\partial V)\cos\alpha}{mV}-\dfrac{\partial L/\partial\alpha+T\cos\alpha}{mV^2}\\0\\\dfrac{\partial^2 L/\partial\alpha^2-T\sin\alpha}{mV}\\\dfrac{(\partial T/\partial\lambda)\cos\alpha}{mV}\\0\end{bmatrix}\tag{5-45}$$

$$\boldsymbol{\pi}_4=\left[\frac{(\partial^2 T/\partial V\partial\lambda)\sin\alpha}{mV}-\frac{(\partial T/\partial\lambda)\sin\alpha}{mV^2},0,\frac{(\partial T/\partial\lambda)\cos\alpha}{mV},0,0\right]^{\mathrm{T}}\tag{5-46}$$

$$\boldsymbol{\pi}_5=\left[-\frac{2\mu\cos\theta}{V^2r^3}-\frac{\cos\theta}{r^2},-\frac{2\mu\sin\theta}{Vr^3}+\frac{V\sin\theta}{r^2},0,0,-\frac{6\mu\cos\theta}{Vr^4}+\frac{2V\cos\theta}{r^3}\right]^{\mathrm{T}}\tag{5-47}$$

由此可见，在分别对速度与高度求 $l_1=3$，$l_2=4$ 阶微分后均出现了 $\ddot{\boldsymbol{x}}=[\ddot{V},\ddot{\theta},\ddot{\alpha},\ddot{\lambda},\ddot{h}]^{\mathrm{T}}$，又因为系统为 7 阶，而系统相对阶 $l_1+l_2=7$ 等于系统的阶数，因此可以对控制模型进行精细线性化处理[23]。令 $\ddot{\boldsymbol{x}}_0=[\ddot{V},\ddot{\theta},\ddot{\alpha}_0,\ddot{\lambda}_0,\ddot{h}]^{\mathrm{T}}$，则可以整理如下

$$\begin{bmatrix}\dddot{V}\\\ddddot{h}\end{bmatrix}=\begin{bmatrix}f_V\\f_h\end{bmatrix}+\begin{bmatrix}k_{11}&k_{12}\\k_{21}&k_{22}\end{bmatrix}\begin{bmatrix}\lambda_c\\\delta_e\end{bmatrix}\tag{5-48}$$

其中

$$\begin{cases}f_V=\dfrac{\boldsymbol{\omega}\ddot{\boldsymbol{x}}_0+\dot{\boldsymbol{x}}^{\mathrm{T}}\boldsymbol{\varpi}\dot{\boldsymbol{x}}}{m}\\f_h=3\ddot{V}\dot{\theta}\cos\theta-3\dot{V}\dot{\theta}^2\sin\theta+3\dot{V}\ddot{\theta}\cos\theta-3V\dot{\theta}\ddot{\theta}\sin\theta-\\\qquad V\dot{\theta}^3\cos\theta+\dfrac{(\boldsymbol{\omega}\ddot{\boldsymbol{x}}_0+\dot{\boldsymbol{x}}^{\mathrm{T}}\boldsymbol{\varpi}\dot{\boldsymbol{x}})\sin\theta}{m}+V\cos\theta(\boldsymbol{\pi}\ddot{\boldsymbol{x}}_0+\dot{\boldsymbol{x}}^{\mathrm{T}}\boldsymbol{\Pi}\dot{\boldsymbol{x}})\end{cases}\tag{5-49}$$

$$\begin{cases}k_{11}=\dfrac{\partial T/\partial\lambda\,\omega_n^2\cos\alpha}{m}\\k_{12}=-\dfrac{\rho V^2Scm_z^{\delta_e}(T\sin\alpha+\partial D/\partial\alpha)}{2mI_z}\\k_{21}=\dfrac{\partial T/\partial\lambda\,\omega_n^2\sin(\alpha+\gamma)}{m}\\k_{22}=\dfrac{\rho V^2Scm_z^{\delta_e}}{2mI_z}[T\cos(\alpha+\theta)+\partial L/\partial\alpha\cos\theta-\partial D/\partial\alpha\sin\theta]\end{cases}\tag{5-50}$$

因此动态逆方法所推导的控制律为

$$\boldsymbol{u}=\begin{bmatrix}\lambda_c\\\delta_e\end{bmatrix}=\begin{bmatrix}k_{11}&k_{12}\\k_{21}&k_{22}\end{bmatrix}^{-1}\left\{\begin{bmatrix}\dddot{V}\\\ddddot{h}\end{bmatrix}-\begin{bmatrix}f_V\\f_h\end{bmatrix}\right\}\tag{5-51}$$

至此，得到的系统可以采用线性系统的控制方法设计姿态控制方案，如图 5 - 4 所示。

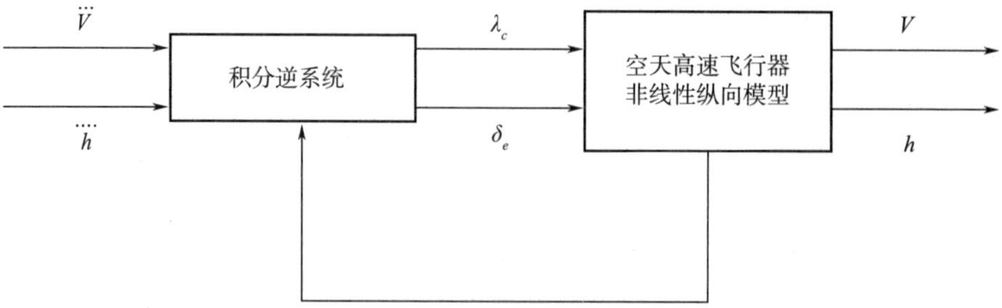

图 5 - 4　动态逆控制结构示意图

动态逆系统的输入量为 $\dddot{V}$，$\ddddot{h}$ ，控制量也包含 $\dddot{V}$，$\ddddot{h}$ 。而且速度与高度在反馈线性化后是独立的，故分别独立设计速度与高度的滑模面来提升控制的鲁棒性。首先定义误差 $e_1 = V - V_c$ 与 $e_2 = h - h_c$ ，速度通道的滑模面选为

$$\boldsymbol{S}_1 = \boldsymbol{c}_1 \boldsymbol{e}_1 \tag{5-52}$$

其中，$\boldsymbol{c}_1 = [c_{v1} \quad c_{v2} \quad c_{v3}]$ ，$\boldsymbol{e}_1 = [e_1 \quad \dot{e}_1 \quad \ddot{e}_1]^{\mathrm{T}}$

选取指数趋近律

$$\dot{S}_1 = c_1 \dot{e}_1 \tag{5-53}$$

令两式相等，得出

$$c_{v1}\dot{e}_1 + c_{v2}\ddot{e}_1 + c_{v3}\dddot{e}_1 = -\varepsilon_1 \operatorname{sgn}(s) - k_1 s \tag{5-54}$$

则

$$\dddot{e}_1 = \frac{-\varepsilon_1 \operatorname{sgn}(s) - k_1 s - c_{v1}(\dot{V} - \dot{V}_c) - c_{v2}(\ddot{V} - \ddot{V}_c)}{c_{v3}} \tag{5-55}$$

从而得出

$$\dddot{V} = \frac{-\varepsilon_1 \operatorname{sgn}(s) - k_1 s - c_{v1}(\dot{V} - \dot{V}_c) - c_{v2}(\ddot{V} - \ddot{V}_c)}{c_{v3}} + V_c \tag{5-56}$$

类似地，对于高度通道选择滑模面为

$$\boldsymbol{S}_2 = \boldsymbol{c}_2 \boldsymbol{e}_2 \tag{5-57}$$

其中，$\boldsymbol{c}_2 = [c_{h1} \quad c_{h2} \quad c_{h3} \quad c_{h4}]$ ，$\boldsymbol{e}_2 = [e_2 \quad \dot{e}_2 \quad \ddot{e}_2 \quad \dddot{e}_2]^{\mathrm{T}}$

选择指数趋近律，则

$$c_{h1}\dot{e}_2 + c_{h2}\ddot{e}_2 + c_{h3}\dddot{e}_2 + c_{h4}\ddddot{e}_2 = -\varepsilon_2 \operatorname{sgn}(s) - k_2 s \tag{5-58}$$

$$\ddddot{e}_2 = \frac{-\varepsilon_2 \operatorname{sgn}(s) - k_2 s - c_{h1}(\dot{h} - \dot{h}_c) - c_{h2}(\ddot{h} - \ddot{h}_c) - c_{h3}(\dddot{h} - \dddot{h}_c)}{c_{h4}} \tag{5-59}$$

从而得出

$$\ddddot{h} = \frac{-\varepsilon_2 \operatorname{sgn}(s) - k_2 s - c_{h1}(\dot{h} - \dot{h}_c) - c_{h2}(\ddot{h} - \ddot{h}_c) - c_{h3}(\dddot{h} - \dddot{h}_c)}{c_{h4}} + \ddddot{h}_c \tag{5-60}$$

由于空天高速飞行器具有较强的不确定性，因此可能会使系统产生高频抖振[24]，为

尽可能削弱这种抖振现象，本章使用饱和函数 sat(s) 替代符号函数 sgn(s)。

$$\operatorname{sat}(s)=\begin{cases}1, & s>\Delta \\ ks, & |s|\leqslant\Delta, k=\dfrac{1}{\Delta} \\ -1, & s<\Delta\end{cases} \tag{5-61}$$

ε_1，ε_2，k_1，k_2，c_{v1}，c_{v2}，c_{v3}，c_{h1}，c_{h2}，c_{h3}，c_{h4} 为本节控制系统所需调整的参数。

前面已经对基于耦合度分析与量化的协调控制方法进行了简要分析，并通过采样统计算法对状态量与控制量之间的耦合特性进行了具体量化，得到了各变量之间的耦合度量化特性。将协调控制所需要的耦合度代入以上控制器中，使变量之间的耦合特性对飞行器的姿态控制起到有益的效果。上面推导出的控制器如下

$$\boldsymbol{u}=\begin{bmatrix}\lambda_c \\ \delta_e\end{bmatrix}=\begin{bmatrix}k_{11}k_{12} \\ k_{21}k_{22}\end{bmatrix}^{-1}\left\{\begin{bmatrix}\dddot{V} \\ \ddddot{h}\end{bmatrix}-\begin{bmatrix}f_V \\ f_h\end{bmatrix}\right\} \tag{5-62}$$

为了使耦合特性产生有益的控制效果，从耦合度矩阵中提取出表征控制量与速度及高度的耦合特性的元素，并将该元素与误差变量进行乘积，取负值后作为附加项添加到原有的控制律中

$$\boldsymbol{u}'=\begin{bmatrix}\lambda_c \\ \delta_e\end{bmatrix}=\begin{bmatrix}k_{11} & k_{12} \\ k_{21} & k_{22}\end{bmatrix}^{-1}\left\{\begin{bmatrix}\dddot{V} \\ \ddddot{h}\end{bmatrix}-\begin{bmatrix}f_V \\ f_h\end{bmatrix}\right\}-\begin{bmatrix}\phi_{12} & \phi_{22} \\ \phi_{11} & \phi_{12}\end{bmatrix}\begin{bmatrix}e_2 \\ e_1\end{bmatrix} \tag{5-63}$$

分别对动态逆滑模控制方法以及加入基于耦合度分析与量化的协调项控制方法进行仿真。

仿真的初始条件为，飞行高度 $h_0=20\ 000$ m，速度 $V_0=1\ 800$ m/s，航迹角 $\theta_0=0$，攻角 $\alpha_0=0$，俯仰角速度 $\omega_z=0$，$m_0=4\ 378$ kg，因为考虑到发动机内流体质量的变化，所以令 $\dot{m}_{\text{air}}=-0.5$ kg，$\dot{m}_{\text{fuel}}=-21.89$ kg，舵偏角 $\delta_e=\delta_a=0$，油门开度 $\lambda_0=0$。同时给其一幅值分别为 500 m，100 m/s 的高度与速度指令信号 $h_c=20\ 500$ m，$V_c=1\ 900$ m/s。同时为了验证系统的鲁棒性与稳定性，现对气动系数分别做±20%的摄动。当跟踪高度与速度指令时，各状态量与控制量的变化曲线如图 5-5、图 5-6 所示。

由图 5-5、图 5-6 可以看出，在标称情况下可以对速度与高度信号进行良好的跟踪，由于在仿真中利用 sat(s) 代替 sgn(s)，从而尽可能地减弱系统抖振现象，导致一定的稳态误差，但速度 V 的稳态误差近似为零，而高度 h 的稳态误差也不大于 2%。在气动系数与推力系数同时分别进行最大程度的摄动时，系统仍可以在较短时间内跟踪速度与高度信号，且稳态误差较小，具备较为优良的稳定性与鲁棒性。然而由于参数摄动，导致各状态量的变化幅度较标称情况大，且到达稳态的时间也较长。另外从各变量的变化幅度与稳定时间也可以看出，对于本章研究的乘波体飞行器，气动系数与推力系数进行负摄动对系统的稳定性造成的影响较正摄动要大。

下面进行协调控制与动态逆滑模控制的对比仿真，设置与图 5-5、图 5-6 相同仿真初始条件，结果如图 5-7、图 5-8 所示。

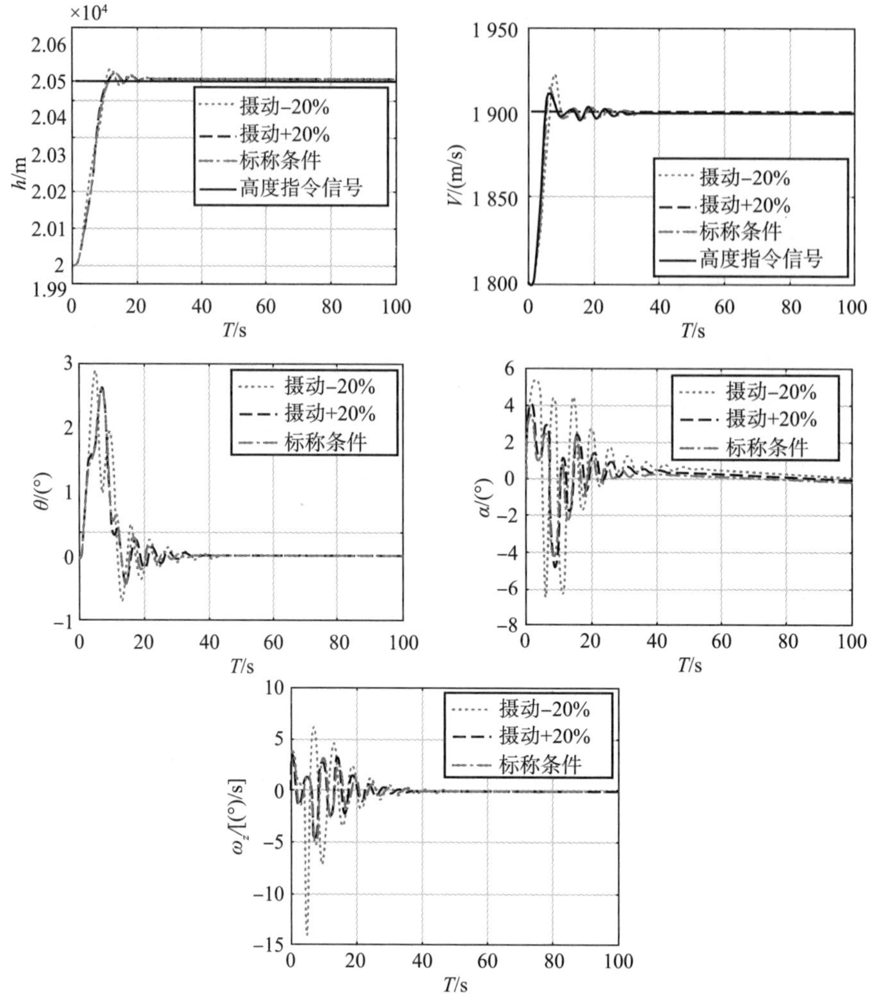

图 5－5　空天高速飞行器在不同摄动条件下各状态量变化曲线

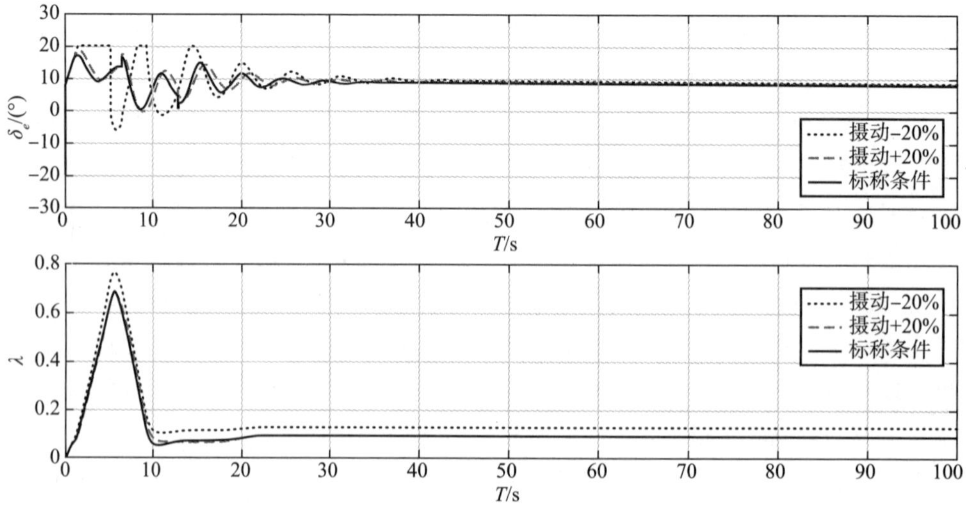

图 5－6　空天高速飞行器在不同摄动条件下各控制量变化曲线

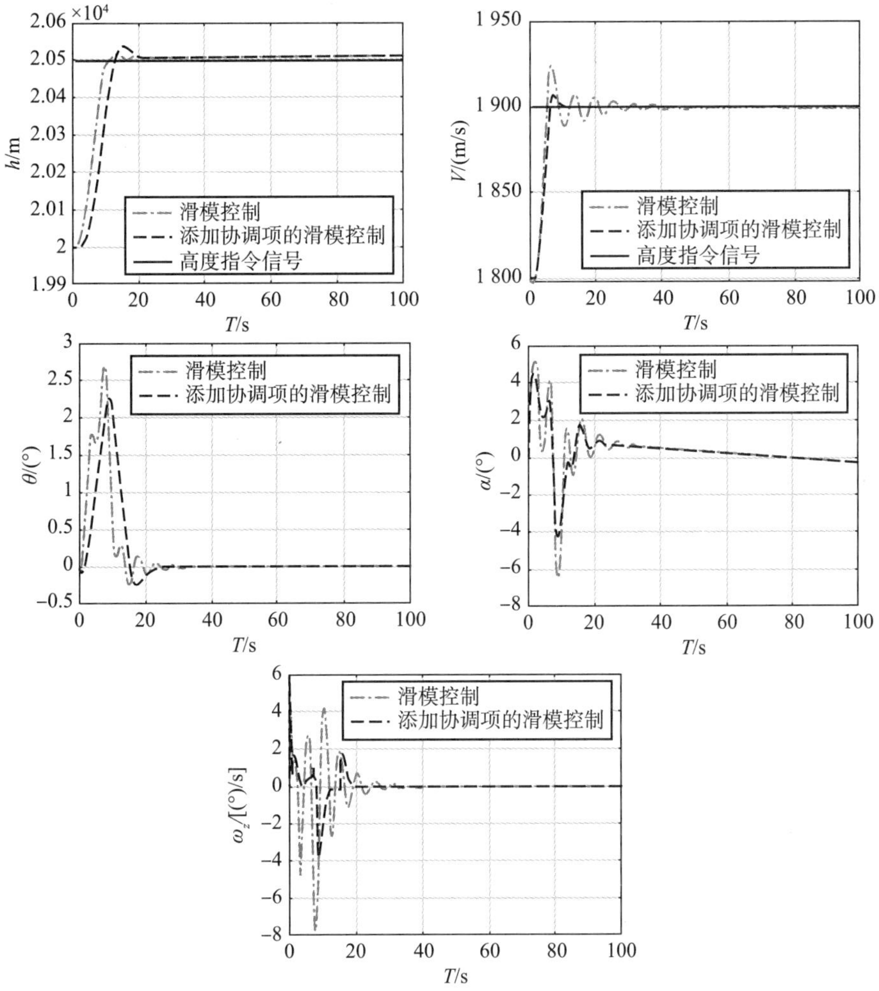

图 5-7　空天高速飞行器协调控制与滑模控制的状态量变化曲线

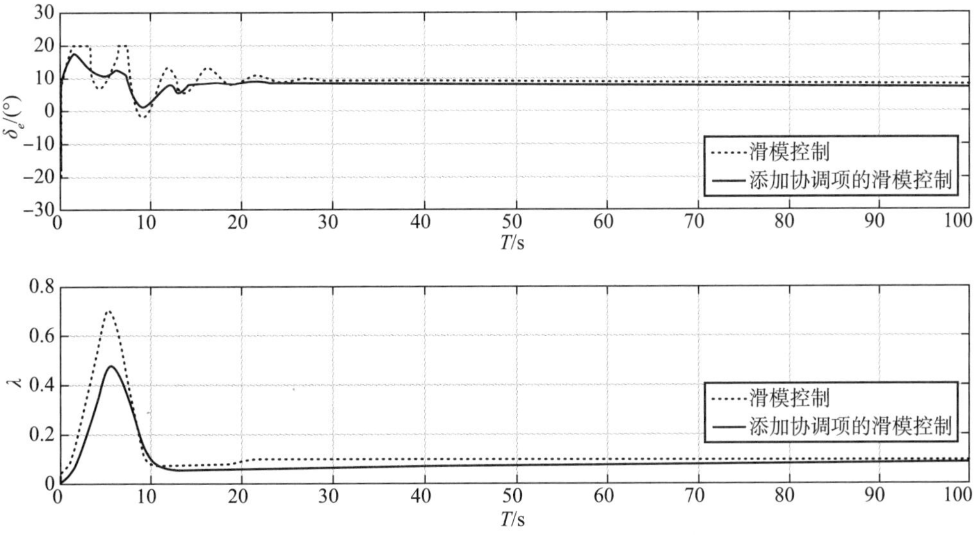

图 5-8　空天高速飞行器协调控制与滑模控制的控制量变化曲线

由图 5－7、图 5－8 可以看出，在对动态逆滑模控制方法加入了基于耦合度的协调项之后，速度的稳态误差近似为零且超调量明显减小，而且可以在更短的时间内跟踪速度指令。高度的跟踪稳态误差却小于动态逆滑模控制方法。同时其他各状态量在姿态稳定的过程中变化幅度也小于动态逆滑模控制方法，该对比在俯仰角速度 ω_z 体现的较为突出。而且加入了基于耦合度的协调项后状态量达到稳态所消耗的时间均比动态逆滑模控制方法要短。说明加入基于耦合度的协调控制方法后稳定性以及动态性能要优于动态逆滑模方法。

5.5 引入吸气式电推进系统的控制方法研究

5.5.1 引入吸气式电推进系统的研究背景

在本节中我们尝试一种新的“吸气式电推进”动力系统，对其控制方法进行探索性的初步研究，作为本书结尾的前瞻性环节。顾名思义，“吸气式电推进”是不同于太空传统电推进的一种动力方式，用于 100～200 km 的亚轨道飞行，是通过电离稀薄空气来产生推进力的一种新技术。由于电离的工质来自稀薄大气，因此比自身携带工质更有利于长时间工作。同时吸气式电推进系统本身也为飞行器带来了不同于传统舵面的新操控方式。亚轨道稀薄大气空域的空天高速飞行器引入“吸气式电推进”技术主要的几点优势为：

1）在亚轨道产生持续的电推力。空天高速飞行器低空飞行所配备的超燃冲压发动机，其在超声速燃烧时需要将燃气进行混合、点火与充分燃烧[25]。但由于高超声速飞行条件下燃气在发动机中的停留时间较短，仅为微秒至毫秒量级，目前工作很长时间跨度的超燃发动机仍是巨大的技术障碍和难点。而吸气式电推进系统可以通过放电的方式激发等离子体，进而增加燃烧室中的活性基分子的浓度，从而可以加速点火以及促进燃料燃烧[26]。在亚轨道产生持续有效的等离子喷流理论上可产生足够长时间的推力。

2）比冲高。比冲是用于评价推进系统的关键指标。化学推进剂比冲约为 2～4 km/s，氢氧推进剂比冲约为 4 ～ 5.5 km/s ，而电推进方式的比冲较高，尤其是电磁式与静电式电推进的比冲可到达 10 ～ 100 km/s [27,28]。

3）寿命长。吸气式电推进系统依靠电能提供能源，可长时间工作。且吸收大气粒子产生等离子推力，这样可以省去复杂推进设备，所以可携带更多有效载荷或者减少燃料携带量，延长飞行器的工作寿命。

4）控制精度高。吸气式电推进产生的推力较小，可以对姿态进行较为精准的控制，不易引起扰动问题[29]。

本节考虑在亚轨道空天高速飞行器机体上安装吸气式电推进系统，对该系统的结构进行合理改进，并提出该组合结构的有效操控方法。其中电推进系统结构的改进在于使吸气式电推进系统可以在姿态控制小推力与阻尼补偿大推力之间进行灵机切换，满足精度要求。那么设计一套切实有效的执行机构分配算法，保证各个机构的协调配合以及提高飞行器的可操纵性则尤为重要，所以本节加入电推进系统后的姿态控制方法的研究在于协调各个执行机构的工作，保证操控的高效性以及稳定性。

5.5.2　吸气式电推进系统结构改进设计

在目前的研究中，吸气式电推进系统主要尝试用于低轨航天活动，最显著的特点是可以吸收稀薄大气粒子在发动机内进行电离，然后喷出，从而产生所需推力。吸气式电推进系统主要由进气道、电离室、加速机构以及电源组成[30]，具体结构示意图如图 5－9 所示。本节研究的电推进系统，有条件产生有效的推力来提高空天高速飞行器在亚轨道稀薄大气条件下的稳定飞行与机动能力。但为实现姿态控制小推力与阻尼补偿大推力的有效协调，需要进行结构上的改进。

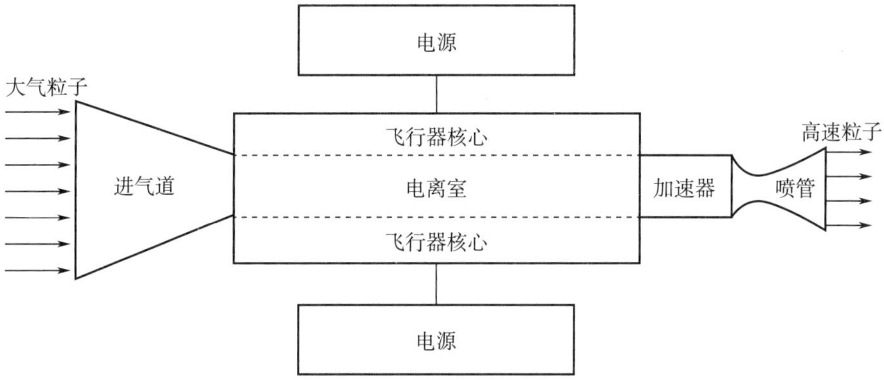

图 5－9　吸气式电推进系统结构图

在结构上，通过两级执行机构实现大气阻尼补偿以及姿态控制所使用的等离子喷流的合理分配，使吸气式电推进系统可以产生不同方向、不同大小的推力，完成大气阻尼补偿以及姿态控制的要求。电推力的大小以及方向可通过响应操控指令加以改变。就以上问题进行姿态控制以及阻尼补偿系统的设计，以实现吸气式电推进与姿态的协调控制。如图 5－10 所示，加速后的等离子喷流大部分以羽流的形式通过推力喷嘴向后喷射产生推力，从而补偿大气阻尼[31]。而少部分高速等离子喷流通过气体分流装置进入姿态控制系统的集气装置，用于产生小推力，维持飞行器的姿态稳定。因等离子喷流质量流量是时刻变化的，不宜将喷嘴喉道截面面积设计成恒定的方式，而应该独立控制每个喉道截面面积。采用这种姿态控制方式的大致流程如下：

通过飞行器上的控制器计算出电推进系统所需要的力与力矩，并将命令传输至等离子喷流分配控制系统，由该分配系统计算分配至负责姿态控制的推力子系统的总等离子喷流流量，以及分配至各个方向喷管的流量，然后将第一条命令传输至第一级执行机构（阀门），由一级执行机构运动控制流入姿控推力系统的等离子喷流总流量。剩余等离子喷流以很高速度喷出，进行大气阻尼补偿，从而完成大气阻尼补偿与姿态控制所用等离子喷流的分配。本章所设计的电推进系统第二级分配机构的结构如图 5－10 所示。等离子喷流分配控制系统计算出的分配至各方向喷管的流量指令传输至第二级执行机构，由该机构控制销钉前后移动，以控制从各个姿控喷管喷出的等离子喷流流量。制导控制系统产生制导控制指令，传入控制模块，由控制模块经过相应控制算法产生执行机构指令，这一指令即销钉移动方向与距离。由执行机构执行控制命令，驱动销钉移动从而控制气流的大小，进而控制姿态控制系统的推力矢量。本文所设计的两级粒子分配机构的控制指令分别为阀门开度 ψ 、销钉移动方向与距离 ΔL 。通过此设计，吸气式电推进系统可以根据控制系统实时需求完成大气阻尼补偿以及姿态控制。

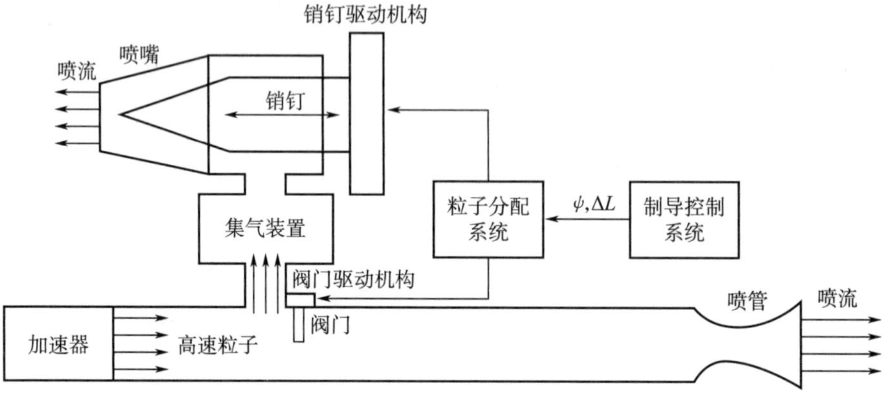

图 5-10 吸气式电推进系统第二级等离子喷流分配机构改进结构示意图

5.5.3 吸气式电推进系统的数学建模

本节介绍吸气式电推进系统产生推力的计算方法。吸气式电推进系统在结构上除了电源外主要由三部分组成，依次为气体收集装置、电离装置和加速装置[32-34]。引用参考文献［35］中有关吸气式电推进系统的分析，推力的推导如下

$$T_{ab}=I_b\sqrt{\frac{2m_i}{q}V_b} \tag{5-64}$$

其中，电流 $I_b=\frac{1}{2}n_iqv_aT_gA$ 。根据电荷与电场方程，通过积分从而求得单个离子穿过栅极间隙所用的时间

$$d=\iint\frac{qE}{m_i}\mathrm{d}t^2 \tag{5-65}$$

其中，d 为已知的网格间隙，E 为电场强度。故离子穿过栅极间隙时的速度为

$$v_g=\frac{qV_bt}{m_id} \tag{5-66}$$

推进系统所产生的推力可表述为

$$T_{ab}=\rho v_gT_gA\sqrt{\frac{qV_b}{2m_i}} \tag{5-67}$$

而飞行器受到的阻力可以表示为

$$D_{ab}=\frac{1}{2}\rho Av^2C_D \tag{5-68}$$

推力与阻力主要随大气密度的改变而改变。若表示推力与阻力的公式所示的关系是线

性的，则推阻比可以表示为

$$\frac{T_{ab}}{D_{ab}}=\frac{\rho v_g T_g A\sqrt{qV_b/(2m_i)}}{(1/2)Av^2 C_D}=\frac{C}{v^2}\sqrt{\frac{1}{m_i}} \tag{5-69}$$

其中 C 这一项表示仅与飞行器与吸气式电推进系统有关的物理参数 ($C_{D_{ab}}$，A，T_g，V_b) 。这一关系表明，亚轨道空天高速飞行器的推阻比取决于大气组成与飞行器的亚轨道速度。

吸气式电推进的推力还涉及对由系统设计决定的三个效率参数进行修正。第一个效率参数是电离效率 η_1，即大气粒子中被电离从而可以产生推力的部分，第二、三个效率参数分别为束流发散修正系数 η_2 以及双荷离子修正系数 η_3。考虑到这些效率后，推力可重写为

$$T_{ab}=\eta_1\eta_2\eta_3 I_b\sqrt{\frac{2m_i}{q}V_b} \tag{5-70}$$

由以上公式得出的 T_{ab} 即为吸气式电推进系统所产生的等离子喷流引起的总推力，根据改进后的二级执行机构对从加速装置中喷射出的等离子喷流进行合理的二级分配，将阀门开度当作第一级执行机构，从而对亚轨道维持以及姿态控制的等离子喷流进行分配，设阀门开度大小为 ψ ，其取值范围为 0～1。那么经过第一级阀门的分配作用之后，用于轨道维持的推力为

$$T_{ab\_\mathrm{orb}}=\psi T_{ab} \tag{5-71}$$

用于姿态控制的总推力大小为

$$T_{ab\_\mathrm{att}}=(1-\psi)T_{ab} \tag{5-72}$$

而后用于姿态控制的等离子喷流流经第二级粒子分配机构，该机构为沿喷管轴线前后运动的销钉，由于喷管的截面积沿喷管轴线是变化的，所以可以通过销钉的前后移动控制喷出等离子体的数量。令销钉初始位置为：销钉圆柱部分前部与喷管尾部位置对齐，此时销钉不对等离子喷流产生阻挡作用。设喷管尾部最大直径为 l_1，销钉圆柱部分直径为 l_2，喷管沿轴线长度为 $L_{\max}$ ，销钉移动距离设置为 ΔL ，而飞行器质心到喷管轴线的距离为 l ，则当销钉运动 ΔL 时，所产生的推力大小为

$$T'_{ab\_\mathrm{att}}=T_{ab\_\mathrm{att}}\frac{[(L_{\max}-\Delta L)/L_{\max}+l_2/2]^2-(l_2/2)^2}{(l_1/2)^2-(l_2/2)^2} \tag{5-73}$$

产生的控制力矩的大小为

$$M_{ab\_\mathrm{att}}=T'_{ab\_\mathrm{att}}l. \tag{5-74}$$

由此可以得出，加入吸气式电推进系统之后的空天高速飞行器的动力学模型可进行如下修正

$$\begin{cases}L=\dfrac{1}{2}\rho V^2 S(C_L^{\alpha}\alpha+C_L^{\delta_e}\delta_e+C_L^0)\\ D=\dfrac{1}{2}\rho V^2 S(C_D^{\alpha^2}\alpha^2+C_D^{\alpha}\alpha+C_D^{\delta_e^2}\delta_e^2+C_D^{\delta}\delta_e+C_D^0)\\ M_z=\dfrac{1}{2}\rho V^2 Sc(C_{M,\alpha}^{\alpha^2}\alpha^2+C_{M,\alpha}^{\alpha}\alpha+C_{M,\alpha}^0+c_e\delta_e)+M_{ab\_\mathrm{att}}\\ T=\psi T_{ab}\end{cases} \tag{5-75}$$

5.5.4　引入吸气式电推进系统的姿态控制方法

在本节中空天高速飞行器采用小推力的吸气式电推进系统产生亚轨道维持以及姿态控制所需要的力与力矩的方式，提高飞行器的姿态稳定与机动能力。空天高速飞行器作为一种高超声速飞行器，因为其具有高动态、大包线飞行的特性，当飞行器在超高空飞行时除了自身不确定性与扰动，还存在杂质粒子对飞行造成的摩擦与碰撞。随着微弱影响的累积，可能对飞行器的稳定与机动飞行造成较为严重的影响。

本节采用多层鲁棒滑模控制方法对亚轨道空天高速飞行器进行姿态控制。飞行器的异类操纵控制系统主要包括：高度控制器、航迹角/速度滑模控制器、攻角/俯仰角速度滑模控制器、电推进阀门开度/销钉移动协调控制器。其中电推进阀门开度/销钉移动协调控制器采用基于加权的能量最优的异类操控方法。控制系统示意图如图 5－11 所示。

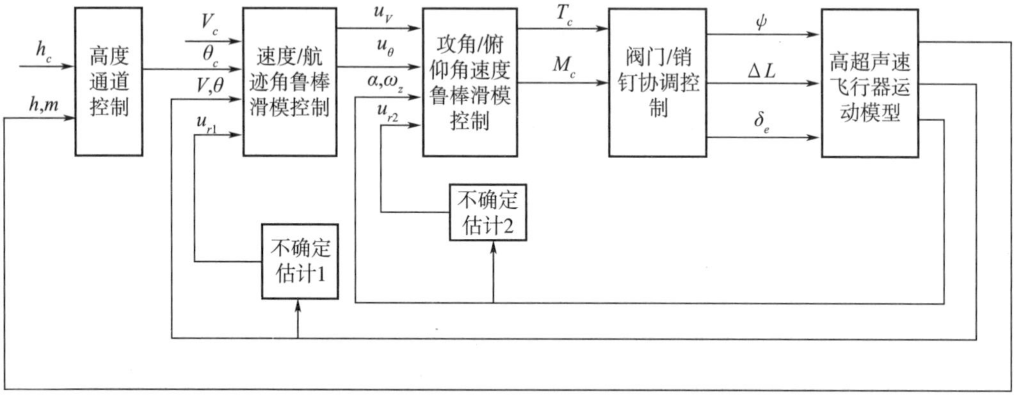

图 5－11　引入吸气式电推进系统的多层鲁棒协调滑模控制系统

在本节中采用基于加权能量最优的多层次鲁棒协调控制方法，对引入吸气式电推进系统的飞行器的姿态进行控制，但有两点是需要注意的。第一，因为吸气式电推进系统所产生的推力与力矩都比较小，因此这类系统的存在就决定着带有该系统的空天高速飞行器必须飞行在较高的高度。在此高度上大气极其稀薄，因此在姿态控制器设计中控制量没有常规舵面偏角等参数。第二，根据前文对于吸气式电推进系统的改进设计，其两级等离子喷流分配系统的第一级分配即是分配用于亚轨道维持的等离子喷流。根据阻力大小以及所需推阻比确定维持轨道飞行所需要的推力大小，进而推算出电推进系统第一级分配系统中的阀门开度大小。剩余的为用于姿态控制的高速等离子喷流；而等离子喷流分配系统中的第二级分配则是用于姿态控制各喷管中的等离子喷流分配。下面具体说明本章所设计多层滑模设计方法。

5.5.4.1　高度控制器设计

本节所设计的高度控制器以飞行器亚轨道高度指令为输入，将 Terminal 滑模方法选为主体控制方法。定义高度误差

$$e_h = h - h_c \tag{5-76}$$

设计滑模控制的控制面

$$s_h = e_h + \int_0^t (k_{11} e_h + k_{12} e_h^{\frac{a_1}{b_1}}) \mathrm{d}t \tag{5-77}$$

其中，$b_1 > a_1 > 0$ 且均为奇数，k_{11}，$k_{12} > 0$，此处添加积分的目的是为了缩短初始阶段系统状态到达滑模面的时间，提高控制的鲁棒性。则对滑模面进行一阶微分

$$\dot{s}_h = \dot{e}_h + k_{11} e_h + k_{12} e_h^{\frac{a_1}{b_1}} = V\sin\theta - \dot{h}_C + k_{11} e_h + k_{12} e_h^{\frac{a_1}{b_1}} \tag{5-78}$$

采用幂次趋近律

$$\dot{s}_h = -k_h \ |s_h|^{\nu_h} \operatorname{sgn} s_h \tag{5-79}$$

其中，$k_h > 1$，$0 < \nu_h < 1$，由以上两式得

$$V\sin\theta - \dot{h}_C + k_{11} e_h + k_{12} e_h^{\frac{a_1}{b_1}} = -k_h \ |s_h|^{\nu_h} \operatorname{sgn} s_h \tag{5-80}$$

推导出控制指令信号表达式

$$\theta_C = \arcsin\left[\frac{1}{V}(\dot{h}_C - k_{11} e_h - k_{12} e_h^{\frac{a_1}{b_1}} - k_h \ |s_h|^{\nu_1} \operatorname{sgn} s_h)\right] \tag{5-81}$$

为证明所设计的快速 Terminal 滑模控制方法能够保证有限时间收敛，现需要对滑模收敛时间进行计算。令 $s_h = 0$，得

$$e_h = -\int_0^t (k_{11} e_h + k_{12} e_h^{\frac{a_1}{b_1}}) \mathrm{d}t \tag{5-82}$$

两边求导得

$$\dot{e}_h = -k_{11} e_h - k_{12} e_h^{\frac{a_1}{b_1}} \tag{5-83}$$

等式右侧由两项组成，均是一系数与高度误差指数相乘。但第一项指数为 1，第二项指数小于 1。故当误差较大时，第一项也会较大，则该项就可以对误差的快速收敛起到主导作用。相反，当误差较小时，则第二项就会起到主导作用。上式可化为

$$e_h^{-\frac{a_1}{b_1}} \frac{\mathrm{d}e_h}{\mathrm{d}t} + k_{11} e_h^{\frac{b_1 - a_1}{b_1}} = -k_{12} \tag{5-84}$$

令 $y = e_h^{\frac{b_1 - a_1}{b_1}}$，得到

$$\frac{\mathrm{d}y}{\mathrm{d}t} = \frac{b_1 - a_1}{b_1} e_h^{-\frac{a_1}{b_1}} \frac{\mathrm{d}e_h}{\mathrm{d}t} \tag{5-85}$$

结合以上两式得到

$$\frac{\mathrm{d}y}{\mathrm{d}t} + \frac{b_1 - a_1}{b_1} k_{11} y = -\frac{b_1 - a_1}{b_1} k_{12} \tag{5-86}$$

该微分方程的解为

$$\begin{aligned} y &= e_h^{-\frac{b_1 - a_1}{b_1} k_{11} t} \left(-\frac{b_1 - a_1}{b_1} k_{12} \frac{b_1}{(b_1 - a_1) k_{11}} e_h^{\frac{b_1 - a_1}{4} k_{11} t}\right)^t + y(0)\Bigg) \\ &= -\frac{c_{12}}{c_{11}} + \frac{c_{12}}{c_{11}} e_h^{-\frac{b_1 - a_1}{b_1} k_{11} t} + y(0) e_h^{-\frac{b_1 - a_1}{b_1}} k_{11} t \end{aligned} \tag{5-87}$$

当 $e_h = 0$ 时，$y = 0$。求解上式中 $y = 0$ 时所对应的时间 t，则可以求得原微分方程中 e_h

$=0$ 所对应的时间 t ，亦即控制方法的收敛时间，令 $y=0$，得

$$t=\frac{b_1}{k_{11}(b_1-a_1)}\ln\left(\frac{k_{11}y(0)+k_{12}}{k_{12}}\right)=\frac{b_1}{k_{11}(b_1-a_1)}\ln\left(\frac{k_{11}e_h(0)^{\frac{b_1-a_1}{b_1}}+k_{12}}{k_{12}}\right) \tag{5-88}$$

由公式可知，初始的高度误差 $e_h(0)$ 有界，且各参数均为正的常数，因此上文中所设计的快速 Terminal 滑模面收敛时间有限。由此完成高度通道控制器的推导与设计。

5.5.4.2　航迹角/速度鲁棒滑模控制器设计

航迹角/速度鲁棒滑模控制器以飞行器航迹角以及速度反馈值、航迹角指令、速度指令为输入。同时考虑不确定性，通过 Terminal 滑模控制、鲁棒控制的设计组成虚拟指令对航迹角/速度进行有效的控制方法。航迹角与速度的数学模型均是非仿射非线性的，对其进行控制器的设计较为困难，需要利用虚拟控制量 u_θ，u_V 将模型进行伪线性化。得

$$\begin{aligned}\begin{bmatrix}\dot{V}\\ \dot{\theta}\end{bmatrix}&=\begin{bmatrix}-g\sin\theta-\dfrac{D}{m}\\ -\dfrac{g}{V}\cos\theta+\dfrac{L}{mV}\end{bmatrix}+\begin{bmatrix}\dfrac{1}{m}&0\\ 0&\dfrac{1}{mV}\end{bmatrix}\begin{bmatrix}u_V\\ u_y\end{bmatrix}\\ &=\begin{bmatrix}-g\sin\theta-\dfrac{D}{m}\\ -\dfrac{g}{V}\cos\theta+\dfrac{L}{mV}\end{bmatrix}+\begin{bmatrix}\dfrac{1}{m}&0\\ 0&\dfrac{1}{mV}\end{bmatrix}\begin{bmatrix}T\cos\alpha\\ T\sin\alpha\end{bmatrix}\end{aligned} \tag{5-89}$$

将上式转化为以下形式，从而更直观地表示系统存在的建模误差以及外部扰动等不确定性

$$\dot{\boldsymbol{x}}=\boldsymbol{f}(\boldsymbol{x})+\boldsymbol{g}_1(\boldsymbol{x})\boldsymbol{u}+\boldsymbol{g}_2(\boldsymbol{x})\boldsymbol{\kappa} \tag{5-90}$$

其中

$$\boldsymbol{x}=\begin{bmatrix}V\\ \theta\end{bmatrix},\boldsymbol{f}(\boldsymbol{x})=\begin{bmatrix}-g\sin\theta-\dfrac{D}{m}\\ -\dfrac{g}{V}\cos\theta+\dfrac{L}{mV}\end{bmatrix},\boldsymbol{g}_1(\boldsymbol{x})=\begin{bmatrix}\dfrac{1}{m}&0\\ 0&\dfrac{1}{mV}\end{bmatrix},\boldsymbol{u}=\begin{bmatrix}u_V\\ u_\theta\end{bmatrix},\boldsymbol{g}_2(x)\in\mathbf{R}^{2\times2},\boldsymbol{\kappa}\in\mathbf{R}^{2\times1}$$

$\boldsymbol{\kappa}$ 即系统存在的不确定性。

针对上式等式右边前两项，设计 Terminal 滑模控制方法。针对第三项即不确定项，设计鲁棒控制项 $\boldsymbol{u}_r$ 。首先设计 Terminal 滑模控制方法，与高度协调控制器类似。定义速度与航迹角的跟踪误差

$$\boldsymbol{e}_2=\boldsymbol{x}-\boldsymbol{x}_C=\begin{bmatrix}V-V_C\\ \theta-\theta_C\end{bmatrix} \tag{5-91}$$

定义滑模面

$$\boldsymbol{s}_{V\theta}=\boldsymbol{e}_{V\theta}+\int_0^t(\boldsymbol{k}_2\boldsymbol{e}_{V\theta}+\boldsymbol{k}_3\boldsymbol{e}_{V\theta}^{\frac{a_2}{b_2}})\,\mathrm{d}t \tag{5-92}$$

其中，$\boldsymbol{k}_2=\mathrm{diag}(k_{21},\ k_{22})$，$\boldsymbol{k}_3=\mathrm{diag}(k_{31},\ k_{32})$ ，里面的参数均为大于零，$b_2>a_2>0$ 且

均为奇数

$$\begin{aligned}\dot{\boldsymbol{s}}_{V\theta} &= \dot{\boldsymbol{e}}_{V\theta} + \boldsymbol{k}_2 \boldsymbol{e}_{V\theta} + \boldsymbol{k}_3 \boldsymbol{e}_{V\theta}^{\frac{a_2}{b_2}} \\ &= \boldsymbol{f}(\boldsymbol{x}) + \boldsymbol{g}_1(\boldsymbol{x})\boldsymbol{u} - \dot{\boldsymbol{x}}_C + \boldsymbol{k}_2 \boldsymbol{e}_{V\theta} + \boldsymbol{k}_3 \boldsymbol{e}_{V\theta}^{\frac{a_2}{b_2}}\end{aligned} \tag{5-93}$$

趋近律选为

$$\dot{\boldsymbol{s}}_2 = -\boldsymbol{k}_2 \operatorname{sgn}(\boldsymbol{s}_2) \tag{5-94}$$

其中，$\boldsymbol{k}_2 = \operatorname{diag}(k_{21}, k_{22})$　$k_{21}, k_{22} > 0$。由此，解得滑模控制项为

$$\boldsymbol{u}_s = \boldsymbol{g}_1(\boldsymbol{x})^{-1}\left[\boldsymbol{x}_C - \boldsymbol{f}(\boldsymbol{x}) - \boldsymbol{k}_2 \boldsymbol{e}_{V\theta} - \boldsymbol{k}_3 \boldsymbol{e}_{V\theta}^{\frac{a_2}{b_2}} - \boldsymbol{k}_2 \operatorname{sgn}(\boldsymbol{s}_{V\theta})\right] \tag{5-95}$$

为克服系统不确定性 $\boldsymbol{\kappa}$，设计非线性干扰观测器对不确定性进行观测，观测器定义为

$$\begin{cases}\hat{\boldsymbol{\kappa}} = \boldsymbol{w} + \boldsymbol{\varphi}(\boldsymbol{x}) \\ \dot{\boldsymbol{w}} = -\boldsymbol{l}(\boldsymbol{x})\boldsymbol{g}_2(\boldsymbol{x})[\boldsymbol{w} + \boldsymbol{\varphi}(\boldsymbol{x})] - \boldsymbol{l}(\boldsymbol{x})[\boldsymbol{f}(\boldsymbol{x}) + \boldsymbol{g}_1(\boldsymbol{x})\boldsymbol{u}]\end{cases} \tag{5-96}$$

其中，$\hat{\boldsymbol{\kappa}} \in \mathbf{R}^{2\times1}$ 代表不确定性估值，$\boldsymbol{w}$ 为观测器内部状态量，$\boldsymbol{\varphi}(\boldsymbol{x}) \in \mathbf{R}^{2\times1}$ 为观测器待定函数，$\boldsymbol{l}(\boldsymbol{x}) \in \mathbf{R}^{2\times2}$ 为观测器的增益系数，且为 $\boldsymbol{\varphi}(\boldsymbol{x})$ 对于 $\boldsymbol{x}$ 的一阶微分。则控制器中的第三项，即鲁棒控制项可设计为

$$\boldsymbol{u}_r = -\boldsymbol{g}_0(\boldsymbol{x})\hat{\boldsymbol{\kappa}} \tag{5-97}$$

其中 $\boldsymbol{g}_2(\boldsymbol{x}) = \boldsymbol{g}_0(\boldsymbol{x})\boldsymbol{g}_1(\boldsymbol{x})$，设计鲁棒控制项 $\boldsymbol{u}_r$ 的结构为

$$\boldsymbol{u}_{V\theta} = \boldsymbol{u}_s + \boldsymbol{u}_r \tag{5-98}$$

至此，航迹角/速度鲁棒滑模控制器设计结束。

5.5.4.3 攻角/俯仰角速度鲁棒滑模控制器设计

对于攻角/俯仰角速度控制器的设计，原理与前文类似。利用虚拟控制信号 u_V，u_θ 求解出推力及攻角指令信号 T_c，α_c

$$\begin{cases}\alpha_c = \arctan\left(\dfrac{u_\theta}{u_V}\right) - \pi_{12} e_h - [\pi_{22} \quad 0]\,\boldsymbol{e}_{V\theta} \\ T_c = \dfrac{u_V}{\cos\alpha} - \phi_{13} e_h - [\phi_{23} \quad \phi_{33}]\,\boldsymbol{e}_{V\theta}\end{cases} \tag{5-99}$$

攻角与俯仰角速度的运动模型为二阶模型

$$\begin{cases}\dot{\alpha} = \omega_y \\ \dot{\omega}_y = \dot{I}_{\omega_y}^{\omega_y}\omega_y + g_M^{\omega_y}(M_A + M_{ab\_\mathrm{att}})\end{cases} \tag{5-100}$$

其中，M_{ab_att} 为经过两级粒子分配机构作用后电推进系统提供的俯仰力矩，L_{ab} 为飞行器质心到电推力喷管轴线的距离。设计非奇异全阶 Terminal 滑模面

$$S_\alpha = \ddot{e}_\alpha + k_{\alpha1}\operatorname{sgn}(\dot{e}_\alpha)\,|\dot{e}_\alpha|^{\nu_{\alpha1}} + k_{\alpha2}\operatorname{sgn}(e_\alpha)\,|e_\alpha|^{\nu_{\alpha2}} \tag{5-101}$$

其中 $\nu_{\alpha1}$、$\nu_{\alpha2}$ 的取参原则如下

$$\begin{cases}\nu_{\alpha1} = \nu_\alpha, n = 1 \\ \nu_{\alpha_{i-1}} = \dfrac{\nu_{\alpha_i}\nu_{\alpha_{i+1}}}{2\nu_{\alpha_{i+1}} - \nu_{\alpha_i}}, i = 2, \cdots, n \quad \forall n \geqslant 2\end{cases} \tag{5-102}$$

而 $k_{\alpha1}$，$k_{\alpha2}$ 的选择则取决于所使用的 Hurwitz 多项式。例如选用 Hurwitz 多项式为

$$p^2+8p+15=(p+3)(p+5) \tag{5-103}$$

则 $k_{\alpha1}=8$，$k_{\alpha2}=15$，如果要使非线性系统在有限时间内使滑模面 $\boldsymbol{s}$ 快速趋近于零，则滑模控制律的设计如下

$$\begin{cases} u=g^{-1}(\boldsymbol{x},t)(u_{eq}+u''_n) \\ u_{eq}=-f(\boldsymbol{x},t)-k_{\alpha1}\operatorname{sgn}(\dot{e}_\alpha)\,|\dot{e}_\alpha|^{\nu_{\alpha1}}-k'_{\alpha2}\operatorname{sgn}(e_\alpha)\,|e_\alpha|^{\nu_{\alpha2}} \\ \dot{u}_n+Tu_n=\nu \\ \nu=-(k_d+k_T+\eta)\operatorname{sgn}(S_\alpha) \end{cases} \tag{5-104}$$

其中，$u_n(0)=0$，$\eta>0$，为切换增益，而 k_d 的选择原则是：$k_d\geqslant|\dot{d}(\boldsymbol{x},t)|$，为一正常数。$T\geqslant0$ 且 k_T 满足如下条件

$$k_T\geqslant Tl_d \tag{5-105}$$

那么本节所设计的攻角/俯仰角速度鲁棒协调控制器的形式即为

$$u=g^{-1}(\boldsymbol{x},t)[-f(\boldsymbol{x},t)-k_{\alpha1}\operatorname{sgn}(\dot{e}_\alpha)\,|\dot{e}_\alpha|^{\nu_{\alpha1}}-k_{\alpha2}\operatorname{sgn}(e_\alpha)\,|e_\alpha|^{\nu_{\alpha2}}+u_n] \tag{5-106}$$

得到的控制指令为

$$u=\left(\frac{1}{2}\rho V^2 sc\,(C_{M,\alpha}^{\alpha^2}\alpha^2+C_{M,\alpha}^{\alpha}\alpha+C_{M,\alpha}^{0}+c_e\delta_e)\right)+ \\ T_{ab\_att}\,l\,\frac{[(L_{\max}-\Delta L)/L_{\max}+l_2/2]^2-(l_2/2)^2}{(l_1/2)^2-(l_2/2)^2} \tag{5-107}$$

其中，T_{ab_att} 是由销钉移动距离 ΔL 决定的。

为验证本章所设计的引入吸气式电推进系统的姿态协调控制方法的有效性，本节对该方法进行仿真验证。仿真的初始条件设为：飞行高度 $h_0=100\ 000$ m，速度 $V_0=4\ 600$ m/s，航迹角 $\theta_0=0$，攻角 $\alpha_0=0$，俯仰角速率 $\omega_z=0$，飞行器总质量为 $m_0=136\ 820$ kg。吸气式电推进系统总质量 $m_{ab}=200$ kg，$l_1=0.50$ m，$l_2=0.30$ m，初始阀门开度 $\psi_0=0$，初始销钉移动距离为 $\Delta L_0=0$。控制器的参数选择如下

$$k_{11}=0.2, k_{12}=0.2, k_{21}=0.2, k_{22}=0.5, k_{31}=0.5, k_{32}=0.5, k_{41}=3, k_{42}=3,$$
$$a_1=1, b_1=3, a_2=1, b_2=2, a_3=1, b_3=2, k'_h=0.5, k'_{21}=0.2, k'_{22}=0.2, k'_\alpha=0.5,$$
$$k'_{31}=0.2, k'_{32}=0.2, v'_h=0.5, v'_\alpha=0.5$$

在 100 km 高空大气稀薄，吸气式电推进系统中控制销钉向喷口方向前进取正值，意味着减小推力；后退取负值，意味着增大推力，得到仿真结果如图 5-12～图 5-13 所示。由图 5-12～图 5-13 可以看出，加入吸气式电推进系统后，对于高度与速度的阶跃指令信号飞行器可以在较短时间内完成跟踪，且高度的稳态误差在 3%以内，而速度的稳态误差接近于零。而对于销钉移动距离 ΔL，由于其在该高度范围内起着控制主导作用，因此变化较为明显。在收到高度与速度指令信号后，电推进系统需要快速产生较大推力，因此在初始段销钉快速向后移动至负极值，即可以使推力达到最大，而后为了稳定姿态，销钉仍在此位置保持一段时间。当完成姿态跟踪后，销钉便向前移动直至达到可以使姿态保持

稳定所需的最小推力处，并稳定在此值附近。由此可以看出，本节针对吸气式电推进系统所设计的多层鲁棒协调控制器对于姿态控制具有较强的稳定性及动态性能。

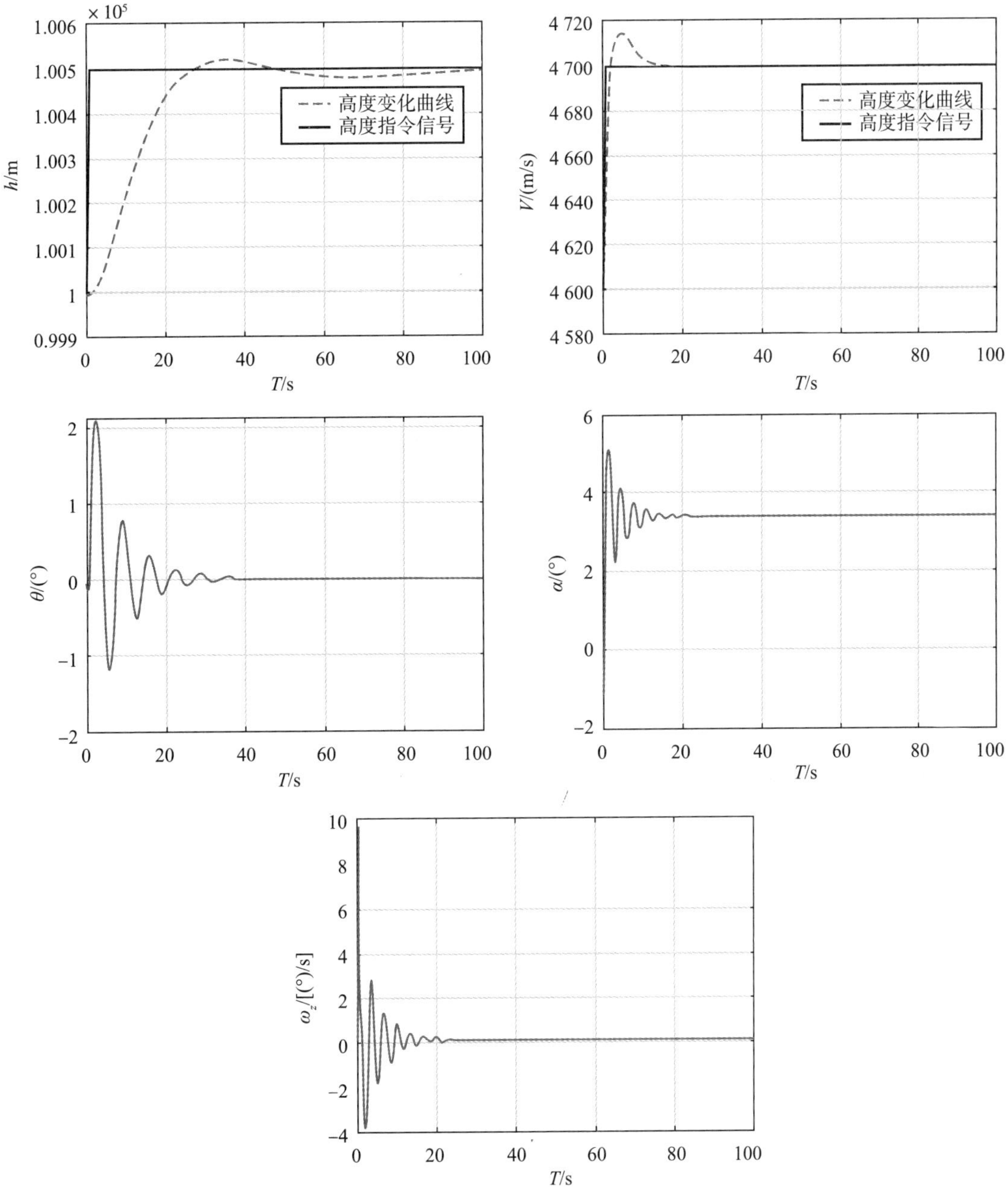

图 5-12　引入吸气式电推进系统后姿态控制的状态量变化曲线图

本节针对空天高速飞行器所面临的姿态控制、亚轨道维持以及长时间提供推力等问题提出引入吸气式电推进系统的方式。因为吸气式电推进系统使用稀薄大气中的等离子喷流作为产生推力的能源，因此发动机长时间工作的问题得以解决。针对姿态控制和轨道维持

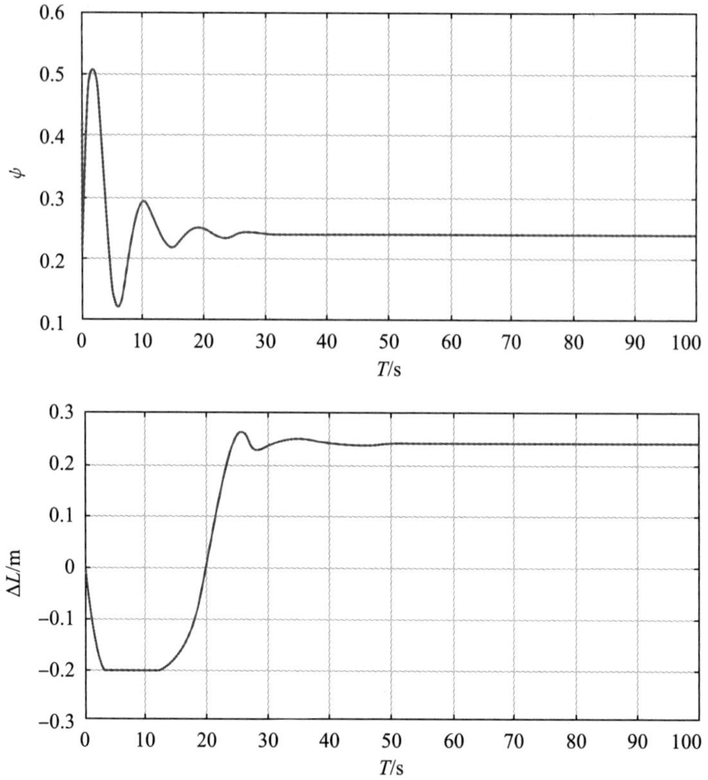

图 5－13　引入吸气式电推进系统后姿态控制的控制量变化曲线图

所需要的推力问题，本节对吸气式电推进系统结构进行了改进，并使用两级执行机构完成等离子喷流的分配。

参考文献

[1] Wenfeng M, Peng W , Guojian T. Research on Aerodynamic Coupling Characteristics and Compensation Control for Hypersonic Vehicle [J]. Tactical Missile Technology, 2017: 562 - 568.

[2] Li F, Wang C , Zhang N , et al. Coupling characterization analysis and control system design of XK - 2 waverider hypersonic vehicle [C] // 2016 IEEE Chinese Guidance, Navigation and Control Conference (CGNCC) . IEEE, 2016: 1758 - 1760.

[3] Feng C, Dong Z , Shuo T , et al. Aerodynamics/propulsion coupled modeling and analysis of hypersonic vehicle within wide speed range [J]. Journal of Zhejiang University (Engineering Science), 2019: 368 - 374.

[4] Haupt, Matthias C, Niesner, Reinhold, Unger, Ralf, et al. Computational Aero - Structural Coupling for Hypersonic Applications [C] // AIAA/ASME Joint Thermophysics & Heat Transfer Conference. 2006: 2 - 9.

[5] Siyuan H, Qingxian W U , Yuhui W , et al. Aerodynamic Coupling Analysis and Coordinated Control of Hypersonic Vehicle [J]. Journal of Jilin University (Information Science Edition), 2019: 19 - 22.

[6] Bristol E. On a new measure of interaction for multivariable process control [J]. IEEE Transactions on Automatic Control, 1966, AC - 11 (1): 133 - 135.

[7] 牟金震，王玉惠，吴庆宪，等．空天高速飞行器姿态运动协调研究 [J]. 电光与控制，2017 (10): 21 - 25.

[8] 刘海龙．航天器相对运动姿轨耦合二阶滑模控制研究 [D]. 哈尔滨：哈尔滨工业大学，2016: 30 - 54.

[9] 冯星凯．基于动态耦合分析的空天高速飞行器鲁棒协调控制 [D]. 南京：南京航空航天大学，2019: 37 - 52.

[10] Feng X, Wang Y, Wu Q, et al. Longitudinal coordination control of hypersonic vehicle based on dynamic equation [J]. Proceedings of the Institution of Mechanical Engineers, 2019, 233 (14): 5205 - 5216.

[11] Hao X , Chang J , Bao W , et al. Preliminary design for coordinated control of airbreathing hypersonic vehicle and scramjet engine [C] // Control Conference. IEEE, 2015: 910 - 913.

[12] 李惠峰．空天高速飞行器制导与控制技术 [M]. 北京：中国宇航出版社，2012: 523 - 528.

[13] Fiorentini L, Serrani A, Bolender M A, et al. Nonlinear control of a hypersonic vehicle with structural flexibility [C] // IEEE Conference on Decision & Control. IEEE, 2008: 579 - 582.

[14] 吴颖川，贺元元，贺伟，等．吸气式空天高速飞行器机体推进一体化技术研究进展 [J]. 航空学报，2015, 036 (001): 255 - 260.

[15] 李浩．吸气式空天高速飞行器气推耦合特性研究 [D]. 哈尔滨：哈尔滨工业大学，2013: 3 - 10.

[16] 马文风，王鹏，汤国建．空天高速飞行器气动耦合特性分析与补偿控制 [J]. 战术导弹技术，2017

(5)：32 - 50.

[17] 李宪强．空天高速飞行器耦合控制及安全控制研究［D］．西安：西北工业大学，2015：26 - 31.

[18] 甄武斌．基于耦合分析方法的空天高速飞行器协调一体化控制［D］．南京航空航天大学，2018：25 - 42.

[19] 胡楠希，吴森堂．高超声速飞行器机体推力耦合分析与协调控制方法研究，［J］．控制与决策，2011（09）：1529 - 1532.

[20] 赵婷婷．空天高速飞行器控制研究综述［J］．电子技术与软件工程，2016（19）.

[21] Jason T. Parker，Andrea Serrani，Stephen Yurkovich，et al. Control - Oriented Modeling of an Air - Breathing Hypersonic Vehicle［J］．Journal of Guidance Control and Dynamics，2007，30（3）：856 - 869.

[22] Hunter D. Hughes，Fen Wu. LPV H_∞ Control for Flexible Hypersonic Vehicle［J］.，2012：513 - 555.

[23] 李飞，李新国．基于动态逆-滑模的空天高速飞行器控制器设计［J］．飞行力学，2016，35（02）：65 - 67.

[24] 储培，倪昆，程林，张庆振．基于反步滑模的高超声速变体飞行器鲁棒控制［J］．计算机仿真，2018，35（08）：51 - 55.

[25] 于锦禄，黄丹青，王思博，等．等离子体点火与助燃技术在航空发动机上的应用［J］．航空发动机，2018，055（003）：12 - 20.

[26] 洪延姬，席文雄，李兰，等．等离子体辅助燃烧机制及其在高速气流中的燃烧应用研究评述［J］．推进技术，2018，039（010）：2275 - 2288.

[27] 张中磊，丁永杰，于达仁．面向任务的电推进航天器性能优化与控制［J］．宇航学报，2016（8）：1006 - 1015.

[28] 扈延林，毛威，李栋，等．面向全电推进卫星的霍尔推进技术［J］．空间控制技术与应用，2017，53（001）：73 - 78.

[29] 蒯政中，沈红新．地球静止卫星电推进轨道保持策略优化［J］．中国空间科学技术，2018，38（003）：69 - 75.

[30] Christopher A Paissoni. Development Status and Way Forward of SITAEL's Air - breathing Electric Propulsion Engine［J］．AIAA Propulsion and Energy Forum. 2019：3 - 6.

[31] 陈盼，武志文，刘向阳，等．一种用于临近空间飞行器的吸气式电推进技术［J］．宇航学报，2016，37（002）：203 - 208.

[32] Diamant K. A 2 - Stage Cylindrical Hall Thruster for Air Breathing Electric Propulsion［C］// 56th AIAA/ASME/SAE/ASEE Joint Propulsion Conference & Exhibit. 2010：2 - 3.

[33] Romano F，Massuti B，Herdrich G，et al. System Analysis and Test Bed for an Air - Breathing Electric Propulsion System［C］// Russian - german Conference on Electric Propulsion. 2015：115 - 121.

[34] Jinyi X，Zhiwen W，Pan C，et al. Parametric Study of an Air - Breathing Electric Propulsion for Near - Space Vehicles［J］．Journal of Propulsion & Power，2018：1 - 8.

[35] Jackson S W，Marshall R. Conceptual Design of an Air - Breathing Electric Thruster for CubeSat Applications［J］．Journal of Spacecraft & Rockets，2017：1 - 8.

[36] 程超．可重复使用飞行器再入模型非线性度分析与控制方法研究［D］．哈尔滨：哈尔滨工业大学，2016.

附录 X-37B 气动参数模型

以下内容基于第 5 章的参考文献 [36] 获得。

1. 阻力系数表示形式

$$c_X=f(Ma,\alpha,\beta,\bar{\alpha},\delta_{loa},\delta_{lia},\delta_{ria},\delta_{roa},\delta_{lr},\delta_{rr},\delta_{bf},\delta_{df})$$

$$=c_{X_0}+c_{X,\delta_{loa}}+c_{X,\delta_{roa}}+c_{X,\delta_{lia}}+c_{X,\delta_{rta}}+c_{X,\delta_{lr}}+c_{X,\delta_{rr}}+c_{X,\delta_{bf}}+c_{X,\delta_{df}}$$

$$c_{X_0}=-2.42\times10^{-2}+1.09\times10^{-1}Ma+3.79\times10^{-2}Ma^3-8.89\times10^{-4}\alpha+3.14\times10^{-5}\alpha^2-5.13\times10^{-4}\alpha Ma+6.35\times10^{-5}\beta+8.46\times10^{-6}\beta^2+9.01\times10^{-8}\bar{\dot{\alpha}}$$

$$c_{X,\delta_{loa}}=1.52\times10^{-5}\delta_{loa}^2+3.61\times10^{-7}Ma\delta_{loa}-3.23\times10^{-5}\alpha\delta_{loa}+4.21\times10^{-6}\alpha Ma\delta_{loa}-3.76\times10^{-7}Ma^2\delta_{loa}^2-2.34\times10^{-8}\alpha^2\delta_{loa}^2+2.35\times10^{-9}\alpha^2Ma^2\delta_{loa}^2-1.24\times10^{-5}\beta^*\delta_{loa}+3.12\times10^{-6}\beta Ma\delta_{loa}$$

$$c_{X,\delta_{lia}}=2.34\times10^{-5}\delta_{lia}^2-2.11\times10^{-5}\alpha\delta_{lia}+5.45\times10^{-7}Ma\delta_{lia}+1.62\times10^{-5}\alpha Ma-2.01\times10^{-8}\alpha^2\delta_{lia}^2+5.23\times10^{-6}\alpha Ma\delta_{lia}-2.87\times10^{-7}Ma^2\delta_{lia}^2+3.11\times10^{-9}\alpha^2Ma^2\delta_{lia}^2+3.89\times10^{-6}\beta Ma\delta_{lia}$$

$$c_{X,\delta_{lr}}=1.81\times10^{-7}Ma\delta_{lr}+2.56\times10^{-8}\alpha\delta_{lr}+1.03\times10^{-9}\alpha Ma\delta_{lr}+8.87\times10^{-6}\delta_{lr}^2-2.49\times10^{-7}Ma^2\delta_{lr}^2-2.89\times10^{-8}\alpha^2\delta_{lr}^2+8.54\times10^{-10}\alpha^2Ma^2\delta_{lr}^2+5.13\times10^{-9}\beta Ma\delta_{lr}$$

$$c_{X,\delta_{bf}}=4.35\times10^{-5}\delta_{bf}^2-3.21\times10^{-5}\alpha\delta_{bf}+2.79\times10^{-6}Ma\delta_{bf}+9.35\times10^{-7}\alpha Ma\delta_{bf}-1.31\times10^{-7}Ma^2\delta_{bf}^2-7.14\times10^{-8}\alpha^2\delta_{bf}^2+5.43\times10^{-9}\alpha^2Ma^2\delta_{bf}^2$$

$$c_{X,\delta_{df}}=1.30\times10^{-5}\delta_{df}^2-4.71\times10^{-5}\alpha\delta_{df}+1.21\times10^{-3}Ma\delta_{df}+6.89\times10^{-5}\alpha Ma+5.39\times10^{-5}\alpha Ma\delta_{df}+8.81\times10^{-7}\alpha^2Ma^2\delta_{df}^2+8.42\times10^{-7}\beta Ma\delta_{df}$$

$$c_{X,\delta_{roa}}=c_{X,\delta_{loa}},\quad c_{X,\delta_{ria}}=c_{X,\delta_{lia}},\quad c_{X,\delta_{rr}}=c_{X,\delta_{lr}}$$

2. 升力系数表示形式

$$c_Y=f(Ma,\alpha,\beta,\bar{\alpha},\delta_{lia},\delta_{ria},\delta_{lr},\delta_{rr},\delta_{bf},\delta_{df})$$

$$=c_{Y_0}+c_{Y,\delta_{lia}}+c_{Y,\delta_{ria}}+c_{Y,\delta_{lr}}+c_{Y,\delta_{rr}}+c_{Y,\delta_{bf}}+C_{Y,\delta_{df}}$$

$$c_{Y_0}=-1.66\times10^{-2}+2.34\times10^{-3}Ma-3.82\times10^{-3}\alpha+6.95\times10^{-4}\alpha^2-2.46\times10^{-4}\alpha Ma+6.35\times10^{-5}\beta+9.01\times10^{-8}\bar{\dot{\alpha}}$$

$$c_{Y,\delta_{lia}}=1.43\times10^{-4}Ma\delta_{lia}+3.31\times10^{-5}\alpha\delta_{lia}+1.60\times10^{-6}\alpha Ma\delta_{lia}-3.40\times10^{-7}\alpha^2\delta_{lia}^2+8.53\times10^{-7}\beta\delta_{lia}-2.56\times10^{-6}\beta Ma\delta_{lia}$$

$c_{Y,\delta_{\mathrm{lr}}} = 8.20 \times 10^{-4}\delta_{\mathrm{lr}} - 6.15 \times 10^{-5}\alpha\delta_{\mathrm{lr}} + 1.54 \times 10^{-4} Ma\delta_{\mathrm{lr}} - 1.60 \times 10^{-5}\alpha Ma\delta_{\mathrm{lr}} -$

$\quad 1.22 \times 10^{-4}\beta\delta_{\mathrm{lr}} - 4.66 \times 10^{-5}\beta Ma\delta_{\mathrm{lr}}$

$c_{Y,\delta_{\mathrm{bf}}} = 9.45 \times 10^{-4}\delta_{\mathrm{bf}} - 8.37 \times 10^{-5}\alpha\delta_{\mathrm{bf}} + 4.22 \times 10^{-4} Ma\delta_{\mathrm{bf}} - 3.67 \times 10^{-5}\alpha Ma\delta_{\mathrm{bf}} -$

$\quad 3.88 \times 10^{-4}\beta\delta_{\mathrm{bf}} - 6.85 \times 10^{-5}\beta Ma\delta_{\mathrm{bf}}$

$c_{Y,\delta_{\mathrm{df}}} = -7.56 \times 10^{-4}\delta_{\mathrm{df}} + 6.84 \times 10^{-5}\alpha\delta_{\mathrm{df}} - 1.65 \times 10^{-4} Ma\delta_{\mathrm{df}} + 1.71 \times 10^{-5}\alpha Ma\delta_{\mathrm{df}} +$

$\quad 1.51 \times 10^{-4}\beta\delta_{\mathrm{df}} + 3.30 \times 10^{-5}\beta Ma\delta_{\mathrm{df}}$

$c_{Y,\delta_{\mathrm{roa}}} = c_{Y,\delta_{\mathrm{loa}}}, c_{Y,\delta_{\mathrm{ria}}} = c_{Y,\delta_{\mathrm{lia}}}, c_{Y,\delta_{\mathrm{rr}}} = c_{Y,\delta_{\mathrm{lr}}}$

3. 侧向力系数表示形式

$c_Z = f(Ma, \alpha, \beta, \bar{\dot{\beta}}, \delta_{\mathrm{lr}}, \delta_{\mathrm{rr}}) = c_{Z_0} + c_{Z,\delta_{\mathrm{lr}}} + c_{Z,\delta_{\mathrm{rr}}}$

$c_{Z_0} = -2.48 \times 10^{-2}\beta + 2.62 \times 10^{-3}\alpha\beta - 1.07 \times 10^{-2}\beta Ma - 3.80 \times 10^{-4}\alpha\beta Ma +$

$\quad 3.82 \times 10^{-5}\alpha^2\beta^2 Ma^2 + 1.01 \times 10^{-4}\,\bar{\dot{\beta}}$

$c_{Z,\delta_{\mathrm{lr}}} = -2.87 \times 10^{-3}\delta_{\mathrm{lr}} - 2.38 \times 10^{-4}\alpha\delta_{\mathrm{lr}} - 7.05 \times 10^{-4} Ma\delta_{\mathrm{lr}} + 5.38 \times 10^{-6}\alpha Ma\delta_{\mathrm{lr}} +$

$\quad 3.02 \times 10^{-3}\beta\delta_{\mathrm{lr}} + 1.21 \times 10^{-3}\beta Ma\delta_{\mathrm{lr}} + 4.53 \times 10^{-5}\alpha\beta Ma\delta_{\mathrm{lr}}$

$C_{Z,\delta_{\mathrm{rr}}} = C_{Z,\delta_{\mathrm{lr}}}$

4. 滚转力矩系数表示形式

$m_x = f(Ma, \alpha, \beta, \bar{\dot{\alpha}}, \bar{\dot{\beta}}, \delta_{\mathrm{loa}}, \delta_{\mathrm{roa}}) = m_{x_0} + m_{x,\delta_{\mathrm{loa}}} + m_{x,\delta_{\mathrm{roa}}}$

$m_{x_0} = -2.02 \times 10^{-3}\beta - 2.34 \times 10^{-4}\alpha\beta - 7.02 \times 10^{-4}\beta Ma - 6.55 \times 10^{-5}\alpha\beta Ma +$

$\quad 3.17 \times 10^{-6}\alpha\beta^2 Ma^2 + 4.25 \times 10^{-5}\,\bar{\dot{\alpha}} + 2.43 \times 10^{-4}\,\bar{\dot{\beta}}$

$m_{x,\delta_{\mathrm{loa}}} = -6.18 \times 10^{-4}\delta_{\mathrm{loa}} - 5.51 \times 10^{-5}\alpha\delta_{\mathrm{loa}} - 2.56 \times 10^{-4} Ma\delta_{\mathrm{loa}} - 1.53 \times 10^{-4}\alpha Ma\delta_{\mathrm{loa}} +$

$\quad 5.96 \times 10^{-4}\beta\delta_{\mathrm{loa}} + 1.69 \times 10^{-4}\beta Ma\delta_{\mathrm{loa}} + 1.17 \times 10^{-5}\alpha\beta Ma\delta_{\mathrm{loa}} +$

$\quad 1.77 \times 10^{-8}\alpha^2\beta^2 Ma^2\delta_{\mathrm{loa}}^2$

$m_{x,\delta_{\mathrm{loa}}} = m_{x,\delta_{\mathrm{roa}}}$

5. 偏航力矩系数表示形式

$m_y = f(Ma, \alpha, \beta, \bar{\dot{\alpha}}, \bar{\dot{\beta}}, \delta_{\mathrm{lr}}, \delta_{\mathrm{rr}}) = m_{y0} + m_{y,\delta\mathrm{lr}} + m_{y,\delta\mathrm{rr}}$

$m_{y_0} = -2.01 \times 10^{-2}\beta - 2.18 \times 10^{-3}\alpha\beta - 8.01 \times 10^{-3}\beta Ma - 6.52 \times 10^{-4}\alpha\beta Ma +$

$\quad 8.98 \times 10^{-5}\alpha\beta^2 Ma^2 + 8.93 \times 10^{-6}\,\bar{\dot{\alpha}} + 3.15 \times 10^{-4}\,\bar{\dot{\beta}}$

$m_{y,\delta_{\mathrm{lr}}} = -3.13 \times 10^{-3}\delta_{\mathrm{lr}} - 2.85 \times 10^{-4}\alpha\delta_{\mathrm{lr}} - 7.73 \times 10^{-4} Ma\delta_{\mathrm{lr}} - 3.26 \times 10^{-5}\alpha Ma\delta_{\mathrm{lr}}$

$\quad 5.16 \times 10^{-4}\beta^2\delta_{\mathrm{lr}} - 1.92 \times 10^{-4}\beta^2 Ma\delta_{\mathrm{lr}} - 1.53 \times 10^{-5}\alpha\beta^2 Ma\delta_{\mathrm{lr}} +$

$\quad 5.03 \times 10^{-8}\alpha^2\beta^2 Ma^2\delta_{\mathrm{lr}}^2$

$m_{y,\delta_{\mathrm{lr}}} = m_{y,\delta_{\mathrm{rr}}}$

6. 俯仰力矩系数表示形式

$$m_z = f(Ma, \alpha, \beta, \dot{\bar{\alpha}}, \dot{\bar{\beta}}, \delta_{\text{lia}}, \delta_{\text{ria}}, \delta_{\text{lr}}, \delta_{\text{rr}}, \delta_{\text{bf}}, \delta_{\text{df}})$$

$$= m_{z_0} + m_{z,\delta_{\text{lia}}} + m_{z,\delta_{\text{ria}}} + m_{z,\delta_{\text{lr}}} + m_{z,\delta_{\text{rr}}} + m_{z,\delta_{\text{bf}}} + m_{z,\delta_{\text{df}}}$$

$$m_{z_0} = -2.52\times10^{-2}Ma - 4.31\times10^{-2}\alpha + 5.81\times10^{-3}\beta - 2.92\times10^{-3}\alpha\beta Ma - 8.13\times10^{-3}\alpha\beta - 1.46\times10^{-3}\alpha Ma + 5.31\times10^{-4}\dot{\bar{\alpha}} + 1.54\times10^{-6}\dot{\bar{\beta}}$$

$$m_{z,\delta_{\text{lia}}} = -9.62\times10^{-3}\delta_{\text{lia}} - 1.22\times10^{-4}\alpha\delta_{\text{lia}} + 1.09\times10^{-3}Ma\delta_{\text{lia}} + 3.63\times10^{-5}\alpha Ma\delta_{\text{lia}} + 1.06\times10^{-5}\beta\delta_{\text{lia}} - 1.16\times10^{-4}\beta Ma\delta_{\text{lia}} + 1.42\times10^{-5}\alpha\beta Ma\delta_{\text{lia}}$$

$$m_{z,\delta_{\text{lr}}} = 9.21\times10^{-3}\delta_{\text{lr}} + 3.13\times10^{-5}\alpha\delta_{\text{lr}} + 4.22\times10^{-4}Ma\delta_{\text{lr}} + 3.84\times10^{-6}\alpha Ma\delta_{\text{lr}} + 3.05\times10^{-5}\beta^2\delta_{\text{lr}} + 1.64\times10^{-6}\beta^2 Ma\delta_{\text{lr}} + 5.78\times10^{-7}\alpha\beta^2 Ma\delta_{\text{lr}} + 1.07\times10^{-9}\alpha^2\beta^2 Ma^2\delta_{\text{lr}}^2$$

$$m_{z,\delta_{\text{bf}}} = -1.91\times10^{-3}\delta_{\text{bf}} - 1.39\times10^{-4}\alpha\delta_{\text{bf}} - 3.12\times10^{-5}\alpha Ma\delta_{\text{bf}} - 7.82\times10^{-4}Ma\delta_{\text{bf}} + 7.64\times10^{-6}\beta^2\delta_{\text{bf}} - 1.86\times10^{-7}\alpha\beta^2 Ma\delta_{\text{bf}}$$

$$m_{z,\delta_{\text{df}}} = 9.53\times10^{-4}\delta_{\text{df}} + 2.56\times10^{-5}\alpha\delta_{\text{df}} + 2.32\times10^{-4}Ma\delta_{\text{df}} + 9.21\times10^{-7}\alpha Ma\delta_{\text{df}} + 3.82\times10^{-7}\beta^2\delta_{\text{df}} + 4.34\times10^{-7}\alpha\beta^2\delta_{\text{df}} - 4.86\times10^{-8}\alpha\beta^2 Ma\delta_{\text{df}}$$

$$m_{z,\delta_{\text{roa}}} = m_{z,\delta_{\text{loa}}},\ m_{z,\delta_{\text{ria}}} = m_{z,\delta_{\text{lia}}},\ m_{z,\delta_{\text{rr}}} = m_{z,\delta_{\text{lr}}}$$